21世纪高等教育计算机规划教材

现代多媒体技术及应用

Modern Multimedia Technology and Application

张云鹏 编著

人民邮电出版社

北 京

图书在版编目（CIP）数据

现代多媒体技术及应用 / 张云鹏编著. -- 北京：
人民邮电出版社，2014.3（2017.8 重印）
 21世纪高等教育计算机规划教材
 ISBN 978-7-115-34412-0

Ⅰ. ①现… Ⅱ. ①张… Ⅲ. ①多媒体技术—教材
Ⅳ. ①TP37

中国版本图书馆CIP数据核字(2014)第013889号

内 容 提 要

　　本书分为4篇共17章，主要包括多媒体的概述、发展及应用，一些基本的图像、音频、视频处理软件的使用，数字图像、音频、动画的基础，网络多媒体，多媒体信息的存储以及多媒体与加密技术等内容。本书在内容的组织上符合教学规律和认知规律，反映了多媒体技术学科国内外科学研究的先进成果，正确阐述了其科学理论和概念，可帮助读者全面了解多媒体技术。

　　本书深入浅出，覆盖面广。既有丰富的理论知识，又有大量的实战范例及练习题。适合作为计算机公共课基础教材或参考书。对于自学程序设计的计算机爱好者以及从事软件开发和应用的科技人员来说，本书也是极佳的参考用书。

◆ 编　　著　张云鹏
　　责任编辑　许金霞
　　责任印制　彭志环　杨林杰
◆ 人民邮电出版社出版发行　　北京市丰台区成寿寺路 11 号
　　邮编　100164　　电子邮件　315@ptpress.com.cn
　　网址　http://www.ptpress.com.cn
　　固安县铭成印刷有限公司印刷
◆ 开本：787×1092　1/16
　　印张：16　　　　　　　　　　　2014 年 3 月第 1 版
　　字数：418 千字　　　　　　　　2017 年 8 月河北第 3 次印刷

定价：36.00 元
读者服务热线：(010)81055256　印装质量热线：(010)81055316
反盗版热线：(010)81055315

前言

　　21 世纪是知识与信息的社会，是知识经济的时代。多媒体计算机技术正是在此背景下基于计算机、通信和电子技术发展起来的新型学科领域，是目前高效率地掌握知识、获取信息、利用信息、传播信息的有效手段。它的兴起给传统的计算机系统、音频和视频设备带来了方向性的改革，对人们的工作、生活和娱乐产生了深刻的影响。

　　本书系统地介绍了多媒体技术，主要包括多媒体的概述、发展及应用，一些基本的图像、音频、视频处理软件的使用，数字图像、音频、动画的基础，网络多媒体，多媒体信息的存储以及多媒体与加密技术等内容。本书在内容的组织上符合教学规律和认知规律，反映了多媒体技术学科国内外科学研究的先进成果，正确地阐述了其科学理论和概念，可帮助读者全面了解多媒体技术。

　　本书深入浅出，覆盖面广。既有丰富的理论知识，又有大量的实战范例及练习题。适合作为计算机公共课基础教材或参考书。对于自学程序设计的计算机爱好者以及从事软件开发和应用的科技人员来说，本书也是极佳的参考。

　　本书由张云鹏任主编。全书分为 4 篇共 17 章，由张云鹏编写，田枫影参与了后期的校订工作。

　　由于编者水平有限，书中难免存在不当和疏漏之处，恳请读者批评指正。

编　者

2013 年 8 月

目　录

基础篇

第1章　多媒体基本概念 2
1.1　数据、信息与媒体 2
1.2　如何理解多媒体 2
1.3　多媒体技术 5
1.4　多媒体计算机的概念 6
1.5　多媒体系统 6
1.6　习题 7

第2章　多媒体发展 8
2.1　多媒体发展的关键技术 8
　2.1.1　视频音频信号获取技术 8
　2.1.2　多媒体数据压缩编码与解码技术 8
　2.1.3　视频音频数据的实时处理和特技 9
　2.1.4　视频音频数据的输出技术 9
　2.1.5　高速计算机网络传送多媒体信息
　　　　技术 9
2.2　多媒体技术的发展及应用 9
　2.2.1　多媒体技术的发展 9
　2.2.2　多媒体技术的应用 14
2.3　多媒体发展的新技术 16
2.4　习题 20

第3章　超文本和超媒体 21
3.1　超文本和超媒体概念及产生背景 21
　3.1.1　超文本的概念 21
　3.1.2　超媒体的概念 21
3.2　超文本和超媒体的基本原理 22
　3.2.1　超文本和超媒体的组成要素 22
　3.2.2　超文本和超媒体的特点 23
3.3　习题 23

实践篇

第4章　揭开 Flash 的神秘面纱 26
4.1　初看 Flash 26
4.2　直线和圆 30
4.3　文字 32
4.4　一些新工具的介绍 33
　4.4.1　骨骼（Bone） 33

　4.4.2　Deco Tool 35
　4.4.3　2.5D 36
　4.4.4　滤镜（FILTERS） 36
　4.4.5　喷枪（Spray Brush） 37
　4.4.6　舞台和帧 37
4.5　"描猫画虎"的技巧 40
4.6　元件（Symbol） 41
　4.6.1　影片剪辑 42
　4.6.2　按钮 42
　4.6.3　图形 43
4.7　让元素动起来 43
　4.7.1　逐帧动画 43
　4.7.2　传统补间 44
　4.7.3　引导 46
　4.7.4　Motion Tween 47
　4.7.5　动画编程 49
　4.7.6　Shape Tween 49
4.8　Action Script3 应用 50
　4.8.1　侦听器 50
　4.8.2　鼠标输入 51
　4.8.3　键盘输入 52
　4.8.4　用代码作画 53
　4.8.5　AIR 实例——简易下载器 54
　4.8.6　视频 57
4.9　习题 57

第5章　Photoshop 58
5.1　Photoshop 简述 58
5.2　Photoshop 的使用 58
　5.2.1　工具栏图解 59
　5.2.2　工具栏详解 60
5.3　Photoshop 图片案例 65
　5.3.1　准备工作 65
　5.3.2　文字制作 66
　5.3.3　背景制作 73
　5.3.4　丰富背景 76
5.4　习题 80

第6章　Audition 81
6.1　Audition v3.0 的安装和启动 81
　6.1.1　安装界面 81

6.1.2 启动界面·············81
6.2 音频素材制作·············83
6.2.1 获取·············83
6.2.2 播放·············83
6.2.3 编辑·············85
6.3 音频的编辑·············87
6.3.1 音频的录制·············87
6.3.2 音量的控制·············88
6.3.3 消除噪声·············89
6.3.4 回声效果·············90
6.3.5 混响·············90
6.3.6 淡入淡出·············91
6.3.7 复制粘贴·············92
6.3.8 静音·············92
6.3.9 延迟效果·············92
6.3.10 立体音·············93
6.3.11 混响·············94
6.3.12 混缩（混音）·············94
6.4 习题·············96

第7章 其他软件·············97
7.1 视频制作——会声会影·············97
7.1.1 会声会影的安装与启功·············97
7.1.2 会声会影的使用·············99
7.2 视频的编辑——视频编辑专家·············104
7.2.1 使用"视频截取"功能截取
    需要的视频片段·············105
7.2.2 使用"视频分割"功能获取
    需要的视频片段·············107
7.2.3 使用"视频合并"功能合并视频
    片段·············109
7.3 习题·············111

理论篇

第8章 数字图像基础·············114
8.1 图像和数字图像·············114
8.1.1 图像和数字图像的定义·············114
8.1.2 数字图像的相关属性·············114
8.1.3 图像存储方式·············115
8.1.4 数字图像种类·············115
8.1.5 颜色·············116
8.1.6 色彩空间·············117
8.2 图像压缩技术·············117
8.2.1 图像的无损压缩·············118
8.2.2 图像的有损压缩·············118
8.3 数字图像格式·············119
8.3.1 图像文件的一般结构·············119
8.3.2 JPEG 格式·············120

8.3.3 BMP 格式·············122
8.3.4 GIF 格式·············123
8.3.5 PNG 格式·············123
8.3.6 其他图片文件格式·············125
8.4 习题·············127

第9章 数字音频基础·············128
9.1 音频·············128
9.1.1 模拟音频和数字音频·············128
9.1.2 数字音频信号的基本属性·············129
9.1.3 基本的数字音频文件格式·············130
9.1.4 音频信号的特点·············131
9.2 语音和音频编码技术·············131
9.2.1 语音编码技术·············131
9.2.2 音乐编码技术·············132
9.3 音频文件格式简介·············133
9.3.1 常见音频文件格式·············133
9.3.2 其他音频文件及编码格式·············135
9.4 音乐合成、MIDI 规范及波表技术·············136
9.4.1 乐音的基本概念·············136
9.4.2 乐音的合成·············136
9.4.3 MIDI 接口规范·············137
9.4.4 波表·············137
9.5 语音识别与语音合成·············138
9.5.1 语音识别的分类·············138
9.5.2 汉语语音识别技术概述·············139
9.5.3 语音识别技术的应用·············140
9.5.4 计算机语音输出概述·············140
9.5.5 计算机语音输出系统的发展方向·············141
9.6 习题·············142

第10章 动画和视频基础·············143
10.1 动画和视频原理·············143
10.1.1 动画原理·············143
10.1.2 视频原理·············143
10.1.3 动画与视频的区别·············144
10.2 动画制作·············145
10.3 动画应用·············145
10.3.1 影视制作·············145
10.3.2 数字游戏·············146
10.3.3 虚拟现实和 Web 3D·············146
10.4 动画格式·············146
10.4.1 GIF 动画格式·············146
10.4.2 SWF 动画格式·············146
10.4.3 FLV 动画格式·············147
10.4.4 LIC（FLI/FLC）格式·············147
10.5 视频的获取·············147
10.5.1 进行视频转录操作所需的软、
    硬件支持·············147

10.5.2　磁带转录过程 ················148
10.6　视频的格式 ····················149
10.6.1　AVI 格式 ··················149
10.6.2　DV-AVI 格式 ···············149
10.6.3　MPEG 格式 ················149
10.6.4　RM 格式 ··················149
10.6.5　RMVB 格式 ···············149
10.7　习题 ························150
第 11 章　网络多媒体 ···············151
11.1　传输协议 ·····················151
11.1.1　IPv6 协议 ·················151
11.1.2　RTP ·····················156
11.1.3　RTSP ····················157
11.1.4　RSVP ····················157
11.2　多媒体通信 ···················158
11.2.1　多媒体数据流的基本特征 ······159
11.2.2　多媒体网络通信的性能需求 ······160
11.2.3　多媒体通信网络 ·············162
11.2.4　多媒体通信网络的服务质量 ······164
11.3　流媒体 ······················167
11.3.1　流媒体的发展 ··············167
11.3.2　流媒体技术相关概念 ··········167
11.3.3　流式传输基础 ··············167
11.3.4　流式传输技术原理 ···········168
11.3.5　流媒体播放方式 ·············169
11.3.6　智能流技术 ···············170
11.3.7　流媒体格式 ···············170
11.4　多媒体网络与通信技术 ··········171
11.4.1　多媒体通信技术 ·············172
11.4.2　多媒体计算机网络 ··········173
11.5　习题 ························173
第 12 章　多媒体信息的存储 ·········175
12.1　概述 ························175
12.1.1　多媒体数据的特性 ···········175
12.1.2　多媒体存储介质 ·············176
12.1.3　存储管理 ·················176
12.2　CD 光盘的发展 ················176
12.2.1　CD 光盘技术概览 ···········176
12.2.2　光盘的发展历程 ·············177
12.2.3　CD-ROM 光盘的物理结构及
　　　　数据结构 ················178
12.2.4　光盘的规格和标准 ···········179
12.2.5　CD-R 与 CD-RW ············181
12.3　DVD 基础知识 ················182
12.3.1　DVD 光盘的种类 ············182
12.3.2　DVD 影片的特点 ············183
12.3.3　DVD 内容的保护 ············184

12.4　下一代 DVD 标准 ··············185
12.4.1　DVD 标准之争 ·············185
12.4.2　蓝光 DVD ·················186
12.4.3　HD DVD ··················186
12.4.4　中国版的 HD DVD ··········187
12.4.5　EVD 技术 ·················187
12.5　习题 ························187
第 13 章　信息安全与多媒体 ·········189
13.1　信息安全概述 ·················189
13.1.1　安全威胁 ·················189
13.1.2　安全技术 ·················190
13.1.3　信息加密技术 ··············190
13.1.4　防火墙技术 ···············191
13.1.5　入侵检测技术 ··············191
13.1.6　系统容灾技术 ··············192
13.1.7　网络安全管理策略 ···········192
13.1.8　信息安全的目标 ·············192
13.2　加密技术 ·····················193
13.3　信息隐藏技术 ·················194
13.3.1　数字水印 ·················194
13.3.2　信息隐藏 ·················196
13.4　习题 ························197

提高篇

第 14 章　多媒体设计原则 ···········200
14.1　基本设计原则 ·················200
14.1.1　基本界面设计原则 ···········200
14.1.2　基本创意设计原则 ···········200
14.2　多媒体视觉设计原则 ············201
14.2.1　质感 ····················201
14.2.2　线条 ····················201
14.2.3　形状 ····················201
14.2.4　形体明暗 ·················201
14.2.5　色彩 ····················201
14.2.6　连贯性 ··················202
14.2.7　节奏 ····················202
14.2.8　视点 ····················202
14.2.9　均衡与对称 ···············203
14.2.10　对比 ···················203
14.3　多媒体音频设计原则 ············203
14.3.1　听觉系统的特性 ·············203
14.3.2　声音插入原则 ··············204
14.4　界面设计原则 ·················205
14.4.1　设计原则 ·················205
14.4.2　界面分析与规范 ·············205
14.4.3　人机界面的类型 ·············206
14.5　色彩设计 ·····················206

3

14.5.1 色彩心理……………………206
14.5.2 配色原则……………………208
14.5.3 配色中的五角色…………209
14.6 动画设计……………………209
14.6.1 动画角色设计………………210
14.6.2 动画的运动规律……………210
14.6.3 动画场景设计………………211
14.7 习题……………………………212

第 15 章　富媒体技术…………213
15.1 概念……………………………213
15.2 主要应用………………………213
15.2.1 富媒体广告…………………214
15.2.2 GIS 地图……………………215
15.2.3 Web OS………………………218
15.3 富媒体技术概览………………223
15.3.1 Flash…………………………223
15.3.2 Silverlight……………………224
15.3.3 JavaScript……………………224
15.3.4 HTML5………………………225
15.3.5 CSS3…………………………226
15.3.6 JavaFX………………………227
15.4 习题……………………………228

第 16 章　Flash 技术在中国的
发展…………………229
16.1 Flash 技术发展………………229
16.1.1 Flash 的前身…………………229
16.1.2 Flash 工具版本发展…………230
16.1.3 Flash 技术发展现状…………233

16.3.4 Flash 3D……………………233
16.3.5 Flash 与云计算………………233
16.3.6 Flash to HTML………………233
16.2 Flash 技术在中国的发展……234
16.2.1 Flash 传入中国………………234
16.2.2 第一次发展高潮……………234
16.2.3 第二次发展高潮……………234
16.2.4 第三次发展高潮……………234
16.2.5 中国 Flash 技术服务…………235
16.2.6 中国 Flash 开发者就业薪金
情况…………………………235
16.2.7 Flash 在中国的发展局限……236
16.2.8 中国 Flash 的未来……………236
16.4 习题……………………………236

第 17 章　基于二级输入设备的
应用开发……………237
17.1 麦克风相关应用………………237
17.1.1 实现对麦克风设备的访问……237
17.1.2 检测麦克风声音输入………239
17.1.3 由声音控制位图绘制的小程序…240
17.1.4 声控开关程序的实现………241
17.2 摄像头相关应用………………242
17.2.1 视频的输出…………………243
17.2.2 视频和位图…………………244
17.2.3 视频运动检测………………245
17.2.4 视频边缘检测………………247
17.3 习题……………………………248

基础篇

　　《道德经》中说："道可道，非常道；名可名，非常名。"当我们对一个事物的认识发展到一定程度时，反而觉得不好把握它了。几十年来，多媒体领域一直在飞速地发展着，然而"多媒体"却始终没有一个明确的定义。定义就意味着限制，这正反映了多媒体前途不可限量。

　　本书的"多媒体"多限于利用计算机处理文字、图像、声音的技术。强调技术的出现来源于人类的需求，而需求是不断膨胀的；同样，多媒体的出现也来源于人类希望利用多种方式表达信息的需求，而这种需求也在不断地增长。多媒体技术的发展，一定不只限于计算机，不只限于文、图、声。可以想象，未来的世界"万物皆有灵"，或许某一天，你就可以和一棵树谈话、利用墙壁发邮件、通过计算机闻花香了。

第1章
多媒体基本概念

学习多媒体技术知识前有必要了解一些最基本的概念，这是我们建造"多媒体大厦"的基石。

1.1 数据、信息与媒体

数据是记录和描述客观世界的原始记号。信息是经过加工后具有一定意义的数据。信息是主观的，数据是客观的，单纯的数据本身并无实际意义，只有经过解释才能成为有意义的信息。

媒体（Medium）在计算机领域有两种含义：一是指存储信息的实体，如磁盘、光盘、磁带、半导体存储器等，中文译作媒质；二是指传递信息的载体，如数字、文字、声音、图形和图像等，中文译作媒介。多媒体技术中的媒体是指后者。从这个意义来看，媒体在计算机领域中的理解比较狭义。

数据、信息与媒体三者之间有以下关系。

（1）有格式的数据才能表达信息含义。媒体种类不同其所具有的格式也不同，只有对格式能够理解，才能对其承载的信息进行表述。

（2）不同的媒体所表达的信息程序也是不同的。每种媒体都有自己本身承载的信息形式特征，而人们对不同种类信息的接受程序也不同，便产生了差异。

（3）媒体之间的关系也代表着信息。媒体的多样化关键不在于能否接收多种媒体的信息，而在于媒体之间信息表示的合成效果。多种媒体来源于多个感觉通道，其效果远远超出各个媒体单独表达时的效果。

（4）媒体是可以进行相互转换的。媒体转换是指媒体从一种形式转换为另一种形式，同时信息的损失总是伴随着媒体的转换过程。

1.2 如何理解多媒体

"多媒体"一词译自英文"Multimedia"，而该词又是由 Multiple 和 Media 复合而成的，核心词是媒体。与多媒体对应的一词是单媒体（Monomedia）。从字面来看，多媒体是由单媒体复合而成的。但是，这种"复合"不是不同媒体所带有信息的简单相加，而是各种媒体相互配合所表现出的更加丰富的综合信息。人类在信息交流中要使用各种信息载体，多媒体就是指多种信息载体的表现形式和传递方式。这些信息媒体包括：文字（Text）、声音（Audio）、图形（Graphic）、图像（Image）、动画（Animation）、视频（Video）等。

"媒体"的概念范围相当广泛。根据原国际电报电话咨询委员会（CCITT，现改称为"国际电信联盟标准化部门 ITU-T"）对媒体的定义，"媒体"可分为感觉媒体、表示媒体、显示媒体、存储媒体和传输媒体五大类。

1．感觉媒体

感觉媒体（Perception Medium）是指能直接作用于人们的感觉器官，从而能使人产生直接感觉的媒体。感觉媒体的分类直接对应于人的五种自然感觉——视觉、听觉、触觉、味觉、嗅觉，包括视觉类媒体（位图图像、图形、符号、文字、视频、动画等），听觉类媒体（语音、音乐、音效等），触觉类媒体（指点、位置跟踪、力反馈与运动反馈等），味觉类媒体和嗅觉类媒体等。

人类感知信息的途径有以下三种。

视觉：是人类感知信息最重要的途径，人类从外部世界获取信息的 70%～80%都是通过视觉获得。

听觉：人类从外部世界获取信息的 10%是通过听觉获得。

嗅觉、味觉、触觉：通过嗅觉、味觉、触觉获得的信息量约占 10%。

图 1-1 所示为视觉媒体，图 1-2 所示为触觉媒体。

图 1-1　动画《喜羊羊与灰太狼》

图 1-2　触屏手机

2．表示媒体

表示媒体（Representation Medium）是指为了加工、处理和传送感觉媒体而人为研究、构造出来的一种媒体。借助于此种媒体，便能更有效地存储感觉媒体或将感觉媒体从一个地方传送到另一个地方。表示媒体包括各种编码方式如语音编码、文本编码、静止图像和运动图像编码等。图 1-3 所示为语音编码算法。

3．显示媒体

显示媒体（Presentation Medium）是指用于通信中使电信号和感觉媒体之间产生转换的媒体，如输入设施、输出设施、键盘、鼠标器、话筒、喇叭、显示器、打印机等。图 1-4 所示为一款打印机。

4. 存储媒体

存储媒体（Storage Medium）是指用于存储表示媒体的物理介质，以方便计算机加工和调用信息，如纸张、磁带、磁盘、光盘等。图 1-5 所示为 IPOD 车载磁带 MP3。

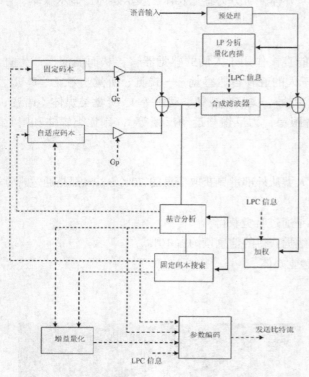

图 1-3　语音编码算法

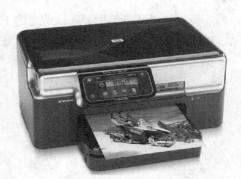

图 1-4　打印机

5. 传输媒体

传输媒体（Transmission Medium）是指用来将表示媒体从一个地方传输到另一个地方的物理介质，是通信的信息载体。常用的有双绞线、同轴电缆、光缆和微波等。图 1-6 所示为同轴电缆。

图 1-5　IPOD 车载磁带 MP3

图 1-6　同轴电缆

除了上面的分类方式之外，还有一些其他对"媒体"分类的方式。表 1-1 所示为媒体分类表。

表 1-1　　　　　　　　　　　　　　　　　媒体分类表

分类标准	类型	技术描述
根据时间属性	离散媒体	不随时间变化而变化的媒体，如图形、静态图像、文本等
	连续媒体	随时间变化而变化的媒体，如声音、视频、动画等
根据空间属性	一维媒体	如单声道的音乐信号
	二维媒体	如立体声、文本、图形
	三维媒体	三维图形、全景图像和空间立体声
根据生成属性	自然媒体	采用数字化方法从自然界获取的媒体，如图像、视频等
	合成媒体	通过计算机创建的媒体，如合成语音、图形、动画等

1.3　多媒体技术

多媒体技术是指能够同时获取、处理、编辑、存储和展示等两个以上不同类型信息媒体的技术。"多媒体"并不是指多种媒体本身，而主要是指处理和应用多媒体的一整套技术。因此，"多媒体"实际上常常被当作"多媒体技术"的同义语。

多媒体技术有如下特性。

1. 多样性

信息载体的多样性是多媒体的主要特征之一，也是多媒体研究要解决的关键问题。多媒体计算机技术改变了计算机信息处理的单一模式，使之能处理多种信息。

2. 集成性

指以计算机为中心综合处理多种信息媒体，包括媒体的集成和处理这些媒体的设备的集成。一方面它能将多种不同媒体信息有机地组合成一个完整的多媒体信息，另一方面能把不同的媒体设备集成在一起，形成多媒体系统。

从硬件的角度来讲，指能够处理多媒体信息的高速及并行的 CPU 系统，并具有大容量的存储能力，适合多媒体和多通道的输入输出能力及外设、宽带的通信网络接口能力。

从软件角度来看，指有集成一体化的多媒体操作系统、适应多媒体信息管理和使用的软件系统、创作工具以及高效的各类应用软件。

3. 交互性

用户可以与计算机进行交互操作，从而为用户提供控制和使用信息的手段。这种交互都要求实时处理，如从数据库中检索信息量、参与对信息的处理等。交互可分成三个层次：媒体信息的简单检索与显示，是多媒体的初级交互应用；通过交互特性使用户进入信息的活动过程中，才达到了交互应用的中级；当用户完全进入一个与信息环境一体化的虚拟信息空间并自由遨游时，才是交互应用的高级阶段。图 1-7 所示为交互式电子白板。

4. 实时性

实时就是在人的感官系统允许下进行多媒体交互，就好像面对面一样，图像和声音都是连续的。声音、动画、视频等是基于媒体信息要求实时处理的。

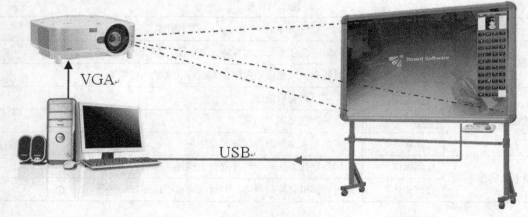

图 1-7　交互式电子白板

5. 高质量

避免信息信号的衰减及噪音的干扰，保障多媒体信息的高质量。

在这些特性中，多样性、集成性和交互性是多媒体技术的主要特征。

1.4　多媒体计算机的概念

多媒体计算机技术是指运用计算机综合处理多种媒体信息（文本、声音、图形、图像、动画等）的技术，包括将多种信息建立逻辑连接，进而集成一个具有交互性的系统。具有这类能力的计算机称为多媒体计算机（Multimedia Computer）。

简单地说，多媒体计算机能综合处理声、文、图信息，并具有集成性和交互性。

从开发和生产厂商以及应用的角度出发，多媒体计算机可以分成两大类。

（1）电视计算机（Teleputer），由家电制造厂商研制的，是将 CPU 放到家电中，通过编程控制管理电视机、音响。图 1-8 所示为电视电脑一体机。

图 1-8　电视电脑一体机

（2）计算机电视（Compuvision），是由计算机厂商研制的，采用微处理器作为 CPU，具有视频图形适配器、光盘驱动器、音响设备以及扩展的多媒体家电系统。

1.5　多媒体系统

多媒体系统是指利用计算机技术和数字通信技术来处理和控制多媒体信息的系统。

例如，电视节目、动画片、多媒体教学系统、多媒体视频会议系统、多媒体出版物、多媒体数据库系统等。

整个多媒体系统分成六层，自下而上分别为：多媒体系统外围设备、多媒体计算机硬件系统、核心系统软件、素材制作工具、编辑创作系统和应用系统。下面的两层构成多媒体计算机的硬件系统，其余四层是软件系统。

1. 应用系统

多媒体应用系统是在多媒体创作平台上设计开发的面向应用领域的软件系统，及支持特定应用的多媒体软件系统。前者如邮局的多媒体查询系统，后者如会议电视系统、视频点播（Video On Demand，VOD）系统等。

2. 编辑创作系统

多媒体编辑创作软件是将分散的多媒体素材按照节目创意的要求集成为一个完整地融合了图、文、声、像等多种表现形式并具有交互多媒体作品的创作工具。常见的工具有：Flash, Director, FrontPage 等。

3. 素材制作工具

多媒体素材制作工具软件是用于采集和处理各种多媒体数据，使其符合创作需要的工具软件。例如，声音录制和编辑软件、图像扫描和处理软件、动画生成和编辑软件、视频采集和编辑软件等。

4. 核心系统软件

多媒体核心系统软件包括多媒体设备硬件驱动程序和支持多媒体功能的操作系统。

多媒体操作系统是整个多媒体计算机系统的核心，其功能是负责多媒体环境下多个任务的调度，以保证音频、视频同步控制及信息处理的实时性，提供多媒体信息的各种基本操作与管理，支持实时数据采集、同步播放等多媒体数据处理流程。

5. 多媒体计算机硬件系统

多媒体计算机硬件系统包括多媒体计算机的核心硬件配置与各种外部设备的控制接口卡。接口卡是根据多媒体系统获取、编辑音频或视频的需要而插接在计算机上的，它可解决各种媒体数据的输入和输出问题。

常用的接口卡有声卡、显示卡、视频压缩卡、视频播放卡、光盘接口卡和网卡等。其中，显示卡也属于多媒体计算机的核心硬件配置。

6. 多媒体系统外围设备

多媒体系统外围设备包括各种媒体的输入/输出设备及网络。按功能输入/输出设备可分为四类：视频、音频输入设备，视频、音频播放设备，人机交互设备，存储设备。

1.6　习　　题

1. 简述数据、信息与媒体三者之间的关系。
2. 媒体包括哪些方面，举例说明各个方面的特点。
3. 多媒体技术的特性有哪些？
4. 简述多媒体系统的构造。

第2章
多媒体发展

本章将介绍多媒体的发展历程，包括多媒体发展历程中的关键技术、技术发展史和应用等。

2.1 多媒体发展的关键技术

多媒体技术是不断发展和完善的，本节我们就来了解多媒体发展经历中的几项关键技术。

2.1.1 视频音频信号获取技术

过去，计算机只需处理数学运算和文字，现在则要综合处理声音、文字和图像。多媒体计算机首先要解决的就是视频音频信号的获取问题。

获取视频信号的方法如下。

（1）利用计算机产生彩色图形、静态图像和动态图像。比如使用画图程序，如 Windows 系统自带的画图程序、专业的 Photoshop 图像处理软件等来创作数字图像。

（2）利用彩色扫描仪扫描输入照片等图像，输入计算机内形成数字图像。

（3）利用视频信号数字化设备（如数码相机、数码摄像机、视频信息转换卡等）把自然景物、模拟彩色全电视信号数字化，输入多媒体计算机中，获得静态或动态图像。

2.1.2 多媒体数据压缩编码与解码技术

过去，计算机无法综合处理声音、文字和图像的原因就在于文件数据量过大。

在信息化社会里，数字化后的信息尤其是数字化后的视频和音频信息具有数据海量性，给信息的存储和传输带来较大的困难，成为阻碍人类有效获取和使用信息的瓶颈问题之一。

多媒体数据压缩编码和解码技术是多媒体系统的关键技术。关于多媒体数据的压缩已形成许多标准，如静态压缩标准（Joint Photograohic Exoerts Group，JPEG）、动态视频压缩标准（Moving Picture Expert Group，MPEG）等。在压缩编码中也有许多常用算法，如预测编码、变换编码、统计编码、混合编码等。

静态及动态数据量分析如下。

1. 静态视频

以一幅彩色静态图像（RGB）为例：设分辨率为 80×80，每一种颜色用 8bit 表示。

则该幅彩色静态图像的数据量为：$80 \times 80 \times 3 \times 8 = 153600$ bits。

2. 动态视频

PAL（Phase Alternation Line）——称为逐行倒相彩色电视制式：是通用于中国大陆、中国香港、日本与西欧（除法国）等地的彩色电视信号制式，以交错方式扫描，每秒钟输出 25 幅画面，每幅画面含 625 条水平扫描线。

NTSC（National Telvision Standards Committee）——国家电视标准委员会，为美国一个专门制订彩色电视标准的组织。它制订的 NTSC 制式，每秒钟输出 30 幅画面，每 5 幅画面含 525 条水平扫描线。

以 PAL 视频为例（分辨率为 120×90，每秒 25 帧），一秒钟的数据量：$120 \times 90 \times 3 \times 8 \times 25 = 6480000 bits = 791 KB$。

2.1.3　视频音频数据的实时处理和特技

一幅图像一般都有数百 KB，甚至更大。

为完成视音频的实时处理，需要利用预处理、分割、扫描、识别、解释等多种处理与数学的点运算、二维卷积运算、二维正交变换等计算。

2.1.4　视频音频数据的输出技术

过去计算机只处理数和文字，现在要综合处理声、文、图，文件格式复杂，就要解决视频音频的输出问题。不仅要考虑如何将标准文件存到内存与外存，还需要解决如何将不同的视频音频文件格式进行转换，在输出设备上输出等问题。

2.1.5　高速计算机网络传送多媒体信息技术

在网络多媒体出现之前，网络上传输的绝大部分内容都是文本信息。而多媒体数据在网络上传输至少有三方面的难度。

（1）网络多媒体应用通常需要更高的网络带宽。一个 25s、320×240 分辨率的 QuickTime 电影片段就需要占据 2.3MB 的存储空间，相当于 1000 屏的文本数据，这在只有文本传输的过去是不可想象的。

（2）大多数多媒体应用都要求实时传输。视频和音频数据必须按照其采样的速率进行连续回放。如果数据未能及时到达，回放过程就停止，人的眼睛和耳朵就会感觉到流畅性有问题。

（3）多媒体数据流通常都有一定的突发性，仅仅增加带宽还不能解决突发性带来的问题。缓冲区可能会上溢（数据到达过快，使部分数据丢失，导致质量变差）或下溢（数据到达太慢，应用就会处于饥饿状态）。

2.2　多媒体技术的发展及应用

本节我们追本溯源，了解多媒体技术的发展及应用。

2.2.1　多媒体技术的发展

多媒体技术经历了不断发展的过程，而科学技术的进步和社会的需求是促进多媒体发展的基本动力。

1. 启蒙发展阶段

图 2-1 所示为敦煌壁画。

远古时代，人们利用壁画、文字等传达信息。在人类发展的过程中，报纸可能是第一种重要的群众性通信介质，主要使用文字内容，也使用图形和图像。电视是 20 世纪出现的新媒介，带来了视频并从此改变了群体通信世界。多媒体技术的一些概念和方法起源于 20 世纪 60 年代，多媒体技术实现于 80 年代中期。尽管"多媒体"这个名词是由谁在什么时候开始第一次运用的已无法考证，但是 1985 年 10 月 IEEE 计算机杂志首次出版了完备的"多媒体通信"专集，是文献中可以找到最早出处。

启蒙发展阶段重要事件年表：

1895 年，俄罗斯亚·斯·波波夫和意大利工程师马可尼（Gugliemo Marconi）分别独立地实现了第一次无线电传输。到了 1901 年 12 月，马可尼又完成跨越大西洋、距离为 3700km 的无线电越洋通信。无线电最初作为电报被发明，现在则成了最主要的音频广播介质。图 2-2 所示为马可尼与无线电。

图 2-1　敦煌壁画

图 2-2　马可尼与无线电

1945 年，Vannevar Bush（1890—1974）（见图 2-3）在其发表的论文"As We May Think"中提出 Memex 系统：图书馆将各种信息存储在缩微胶片中，各书目之间的连接可自动跳转。Memex 提供了一种方法，使任何一条信息都可以随意直接自动地选择另一条信息。而且，更重要的是将两条信息连接到一起。这就是 hypertext 的概念。

1965 年，纳尔逊（Ted Nelson）为计算机上处理文本文件提出了一种把文本中遇到的相关文本组织在一起的方法，并为这种方法杜撰了"hypertext（超文本）"一词。与传统方式不同，超文本以非线性方式组织文本，使计算机能够响应人的思维以及能够方便地获取所需要的信息。万维网（WWW）上的多媒体信息正是采用了超文本思想与技术，组成了全球范围的超媒体空间。

1967 年，Nicholas Negroponte 在美国麻省理工学院（MIT）组织了体系结构机器组（Architecture Machine Group）。

1968 年，Douglas Engelbart 在 SRI 演示了 NLS 系统。

1969 年，纳尔逊（Nelson）和 Van Dam 在布朗大学（Brown）开发出超文本编辑器。

1976 年，美国麻省理工学院体系结构机器组向 DARPA 提出了多媒体（Multiple Media）的建议。

1977 年，Apple II 改变了一切。图 2-4 所示为第一台应用彩色图形界面的 PC。

图 2-3　Vannevar Bush

图 2-4　Apple II

1984 年，Apple 公司的 Macintosh 个人计算机首先引进了"位映射"的图形机理、用户接口，开始使用 Mouse 驱动的窗口技术和图标。最早用 GUI（图形用户接口）代替 CUI（计算机用户接口），大大方便了用户的操作。Apple 公司在 1987 年又引入了"超级卡"（Hypercard），使 Macintosh 机成为更容易使用、易学习并且能处理多媒体信息的机器，受到计算机用户的一致称赞。

1985 年，Microsoft 公司推出了 Windows，它是一个多用户的图形操作环境。图 2-5 所示为微软公司 Windows1.0 的包装，还可以看见 IBM 字样。

1985 年，美国 Commodore 公司推出世界上第一台多媒体计算机 Amiga 系统（见图 2-6）。Amiga 机采用 Motorola M68000 微处理器作为 CPU，并配置 Commodore 公司研制的图形处理芯片 Agnus 8370、音响处理芯片 Pzula 8364 和视频处理芯片 Denise 8362 三个专用芯片。Amiga 机有专用的操作系统，能够处理多任务，并具有下拉菜单、多窗口、图标等功能。

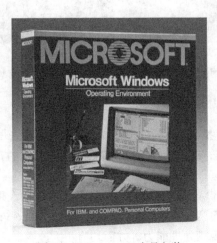

图 2-5　Windows1.0 产品包装

图 2-6　Amiga 系统

1985 年，Negroponte 和 Wiesner 成立了麻省理工学院媒体实验室（MIT Media Lab）。

1985 年 10 月，IEEE 计算机杂志首次出版了完备的"多媒体通信"专集。图 2-7 所示为 IEEE 搜索结果。

图 2-7　IEEE 搜索结果

1986 年，荷兰 Philips 公司和日本 Sony 公司联合研制并推出交互式紧凑光盘系统（Compact Disc Interactive，CD-I），同时公布了该系统所采用的 CD-ROM 光盘的数据格式。这项技术对大容量存储设备光盘的发展产生了巨大影响，并经过国际标准化组织（ISO）的认可成为国际标准。大容量光盘的出现为存储和表示声音、文字、图形、音频等高质量的数字化媒体提供了有效的手段。

1987 年 3 月，美国无线电公司 RCA 研究中心在国际第二届 CD-ROM 年会上展示了这项称为交互式数字视频（Digital Video Interactive，DVI）的技术，这便是多媒体技术的雏形。图 2-7 所示为 DVI 技术应用。DVI 与 CD-I 之间的实质性差别在于，前者的编、解码器置于微机中，由微机控制完成计算，这就把彩色电视技术与计算机技术融合在一起；而后者的设计目的，只是用来播放记录在光盘上的按照 CD-I 压缩编码方式编码的视频信号（类似于后来的 VCD 播放器）。这便是 DVI 技术出现后，人们立即就对 CD-I 失去兴趣的原因。如图 2-8 所示。

图 2-8　DVI 技术应用

1987 年，Apple 公司引入 HyperCard，使 Macintosh 机成为方便用户学习使用且能处理多媒体信息的计算机。

1989 年，由 Intel 和 IBM 公司推出第一代 DVI 产品。

Intel 和 IBM 公司合作，在 Comdex/Fall'89 展示会上推出 Action Media 750 多媒体开发平台。该平台硬件系统由音频板、视频板和多功能板块等专用插板组成，其硬件是基于 DOS 系统的音频视频支撑系统（Audio Video Support System，AVSS）。

1991 年，Intel 和 IBM 合作又推出了改进型的 Action Media Ⅱ。该系统中硬件部分集中在采集板和用户板两个专用插件上，集成程度更高；软件采用基于 Windows 的音频视频内核（Audio Video Kernel，AVK）。Action Media Ⅱ在扩展性、可移植性、视频处理能力等方面均有很大改善。

2. 初期应用和标准化阶段

自 20 世纪 90 年代以来，多媒体技术逐渐成熟。多媒体技术从以研究开发为重心转移到以应用为重心。由于多媒体技术是一种综合性技术，其实用化涉及计算机、电子、通信、影视等多个行业技术协作；其产品的应用目标，既涉及研究人员也涉及普通消费者，面向各个用户层次。因此，标准化问题是多媒体技术实用化的关键。在标准化阶段，研究部门和开发部门首先各自提出方案，然后经分析、测试、比较、综合，总结出最优、最便于应用推广的标准，以指导多媒体产品的研制。

3. 蓬勃发展

多媒体各种标准的制定和应用，极大地推动了多媒体产业的发展。许多多媒体标准和实现方法（如 JPEG，MPEG 等）已被做到芯片级，并作为成熟的商品投入市场；涉及多媒体领域的各种软件系统及工具也层出不穷。这些既解决了多媒体发展过程中必须解决的难题，又为多媒体的普及和应用提供了可靠的技术保障，并促使多媒体成为一个产业而迅猛发展。

下面介绍多媒体技术蓬勃发展中的代表事件。

代表之一是进一步发展多媒体芯片和处理器。1997 年 1 月，美国 Intel 公司推出了具有 MMX 技术的奔腾处理器（Pentium processor with MMX），使它成为多媒体计算机的一个标准。如图 2-9 所示为奔腾 I 处理器。奔腾处理器在体系结构上有三个主要特点。

（1）增加了新的指令，使计算机硬件本身就具有多媒体的处理功能（新添了 57 个多媒体指令集），能更有效地处理视频、音频和图形数据。

（2）单条指令多数据处理（Single Instruction Multiple Data process，SIMD）减少了视频、音频、图形和动画处理中常有的耗时的多循环。

（3）更大的片内高速缓存减少了处理器不得不访问片外低速存储器的次数。

图 2-9　奔腾 I 处理器

奔腾处理器使多媒体的运行速度成倍增加，并已开始取代一些普通的功能卡板。除具有 MMX 技术的奔腾处理器外，还有 AGP 规格、MPEG-2、AC-97、PC-98、2D/3D 绘图加速器、Java Code（Processor Chip）等最新技术，也为多媒体大家族增添了风采。

另一代表是 AC97 杜比数字环绕音响的推出。在视觉进入 3D 立体视觉空间的境界后，对听觉也提出了环绕及立体音效的要求。电影制片商在讲究大场景下，更会要求有逼真及临场感十足的声音效果。加上个人计算机游戏（PC Game）的刺激，将音效的需求带到巅峰。AC97（Audio Codec 97）在此推动下，由声霸卡（Sound Blaster）的创始者 Creative 公司及深耕此领域的 Analog Device，NS，Yamaha，Intel 主导生产。在 AC97 硬件解决方案中，由 Controller（声音产生器）及 Codec IC 两片 IC 构成。

随着网络电脑（Internet PC，NC）及新一代消费性电子产品如电视机顶盒（Set-Top Box）、DVD、视频电话（Video Phone）、视频会议（Video Conference）等观念的崛起，强调应用于影像及通信处理上最佳的数字信号处理器（DSP），经过另一番结构包装，可由软件驱动组态的方式进入咨询及消费性的多媒体处理器市场。

1996 年，Chromatic Research 推出整合 MPEG-1、MPEG-2、视频、音频、2D、3D、电视输出等七合一功能的 Mpact 处理器，一举提高了其知名度，引起市场的高度重视。现已推出 Mpact2 第二代产品，应用于 DVD、计算机辅助制造（CAM）、个人数字助手（PDA）、蜂窝电话（Cellular phone）等新一代消费性电子产品市场。继 Chromatic 后，Fujitsu，Matsushita，Mitsubishi，Philips，Samsung，Sharp 等几大厂商亦相继投入此市场。

多媒体处理器结合了数字信号处理 DSP 的优势，并可发挥其在通信方面的优点。除了最初应用于网络 PC 的构想外，日本 Sharp 将其多媒体微处理器（Data-Driven Media Processor，DDMP）应用于打印机、复印机、传真机及扫描器四合一的多功能摄像机 Camcoder 中。Fujitsu 也将其 MMA（Multi Media Assist）系列应用于汽车导航系统中，并将推出第二代甚至第三代。

与此同时，MPEG 压缩标准得到推广应用，已开始把活动影视图像的 MPEG 压缩标准推广用于数字卫星广播、高清晰电视、数字录像机以及网络环境下的电视点播（VOD）、DVD 等各方面。

虚拟现实（Virtual reality）技术正向各个应用领域开拓。它是在计算机系统环境下，集视、听、说、触动等多种感觉器官的功能于一体的仿真综合体技术。利用虚拟现实技术推广应用到各个领域，带动各领域实现可视仿真，这一发展趋势在美国特别明显。1994 年，美国几所大学公开发表了视听实验的示范成果。

2.2.2　多媒体技术的应用

多媒体技术在许多领域得到深入的应用，近年来在多媒体数据库、多媒体通信及多媒体创作工具等方面已有广泛应用。

1．多媒体数据库

传统的数据库管理系统——处理结构化的数据，应用于文字、数值等信息处理。

多媒体数据库管理系统——多种媒体信息及非结构化数据，应用于复杂数据的处理及管理，如图书馆、博物馆、诊断医疗系统等。

目前多媒体数据库研究的主要途径如下。

① 在现有商用数据库管理系统的基础上增加接口，以满足多媒体应用的需要；

② 建立基于一种或几种应用的专用多媒体信息管理系统；

③ 从数据模型入手，研究全新的通用多媒体数据库管理系统。

研究开发多媒体数据库要解决的关键技术问题如下。

① 多媒体数据模型；

② 数据的压缩和解压缩；

③ 多媒体数据的存储管理和存取方法；

④ 多媒体信息的再现及良好的用户界面；

⑤ 分布式技术。

2．多媒体通信

多媒体通信分类如下。

① 对称全双工的多媒体通信系统，如分布式多媒体信息系统、视频会议系统（分点对点的视频会议系统和多点视频会议系统）及计算机支持的协同工作系统；

② 非对称全双工的多媒体通信系统，如交互式电视系统（ITV）、点播电视系统（VOD）。

多媒体通信的关键技术如下。

① 多媒体数据压缩；

② 高速数据通信问题。

其中，最突出的问题是视频会议系统要解决的国际标准问题。

3. 多媒体创作工具及其应用

多媒体创作工具的分类如下。

① 基于时间的创作工具，如 Action，Director 等；

② 基于图标（Icon）或流线（Line）创作工具，如 Autherware，Icon Auther 等；

③ 基于卡片（Card）和页面（Page）的创作工具，如 ToolBook，Hypercard，PowerPoint 等；

④ 以传统程序语言为基础的创作工具，如 Visual C++，Visual Basic 等。

多媒体创作工具的应用如下。

（1）制作各种电子出版物、教材、参考书、地图、医药卫生、商业手册及游戏娱乐节目。图 2-10 所示为谷歌地图搜索示例。

图 2-10　谷歌地图搜索示例

（2）多媒体应用系统、演示系统或信息查询系统、导游系统；培训和教育系统；娱乐、视频动画及广告等。图 2-11 所示为多媒体演示系统外观图。

图 2-11　多媒体演示系统外观图

2.3 多媒体发展的新技术

多媒体技术是一门多学科和多技术的交叉技术，也是基于计算机的一种综合技术。现在，多媒体技术及应用正在向更深层次发展。下一代用户界面，基于内容的多媒体信息检索、保证服务质量的多媒体全光通信网、基于高速互联网的新一代分布式多媒体信息系统等，多媒体技术及其应用正在迅速发展，新的技术、新的应用、新的系统也不断涌现。从多媒体应用方面来看，有以下几个发展趋势。

（1）从单个 PC 用户集中式、局部环境转向多用户分布式网络环境。

（2）从专用平台和系统有关的解决方案转向开放性、可移植性解决方案。针对数字媒体的嵌入式芯片设计与制造将是未来研究的重要方向。

（3）从被动的、简单的交互方式转向主动伺服式高级的人机交互方式。人类使用听觉、视觉、触觉、嗅觉等感官交流信息，自然的人机交互系统必须支持多功能感知、识别和认知，实现多模态的交互手段。

（4）普遍适用的多媒体访问。未来多媒体应用将可使用户不论在什么样的访问环境下（包括有线和无线网络）和使用什么样的设备（包括手机和掌上电脑等各种信息终端）都可以无缝地、可移动地、连续地访问应用。

多媒体应用技术主要包括以下几种。

1. 流媒体技术

流媒体技术是把连续的视频和音频等多媒体文件经过处理后放在网络服务器上让用户边下载边观看，而不是需要将整个文件全部下载后才能观看的网络技术。

流式传输主要是指通过网络传送媒体（如音频、视频等）的技术总称。实现流式传输有两种方式：实时流式传输和顺序式传输。实时流式传输是指流媒体可以从中间任意时间点开始播放；顺序式传输是指多媒体文件在播放时不能随意指定开始的位置。如图 2-12 所示为手机流媒体截图。

目前在这个领域的主要产品有：RealNetworks 公司的 Real Media；Microsoft 公司的 Windows Media；Apple 公司的 Quick Time。

2. 虚拟现实技术

虚拟现实技术（Virtual Reality，VR）是利用计算机技术及硬件设备，实现人们可以通过视听触嗅等手段来感受虚拟幻境。虚拟现实系统具有三个重要特性：临境性、交互性、想象性。

虚拟现实是建立在集成诸多学科如心理学、控制学、计算机图形学、数据库设计、实时分布系统、电子学、机器人及多媒体技术等之上的高级技术。

VR 技术的应用十分广泛，如国防、建筑设计、工业设计、培训、医学等领域。人们利用软件 AutoCAD 来进行的建筑设计就是 VR 技术的应用。如图 2-13 所示为 AutoCAD 工作台。

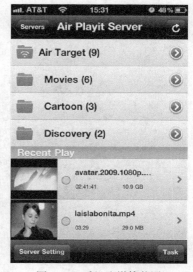

图 2-12 手机流媒体截图

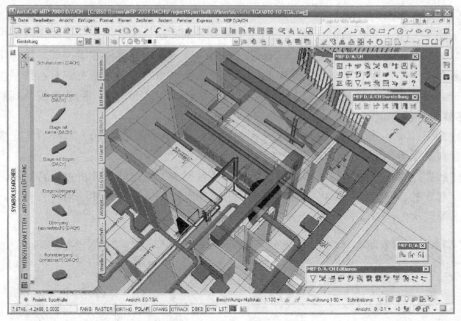

图 2-13　AutoCAD 工作台

3. 影视制作及动画的平台技术

影视艺术中的影视制作技术涉及通信存储的传输压缩和多媒体数据库等技术。实时采集、实时压缩传输、实时编辑是该领域中的难点。

计算机动画技术发展会为影视制作带来新的巨大发展，也会带来丰厚的经济效应。

Flash 是一款很好的动画制作软件，在后面的实践篇中我们将介绍 Flash 技术。图 2-14 所示为 Flash CS5 界面。

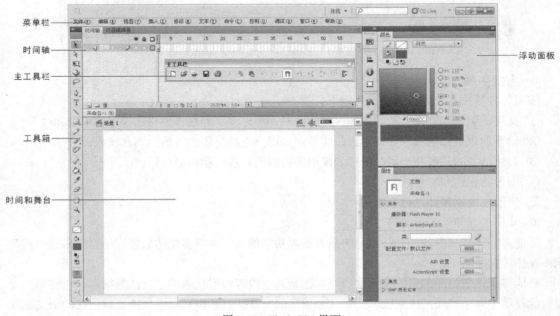

图 2-14　Flash CS5 界面

4. 多媒体数字水印技术

数字水印（Digital Watermark）技术是指用信号处理的方法，在数字化的多媒体数据中嵌入隐蔽的标记。这种标记通常是不可见的，只有通过专用的检测器或阅读器才能提取。数字印记的特征是：隐蔽性、隐藏位置的安全性和鲁棒性等。目前数字水印的应用领域主要有：数字作品的知识产权保护、商务交易中的票据防伪、声像数据的隐藏标识和篡改提示、隐蔽通信及其对抗等。

5. 多媒体数据挖掘技术

数据挖掘（Data Minig）是从大量的、不完全的、有噪声的、模糊的、随机的实际应用数据中提取隐含在其中有用的信息和知识的过程。

多媒体数据挖掘（见图 2-15）是从大量的多媒体数据中，通过综合分析视听特性和语义，发现隐含的、有效的、有价值的、可理解的模式，进而发现知识，得出事件的趋向和关联，为用户提供问题求解层次的决策支持能力。

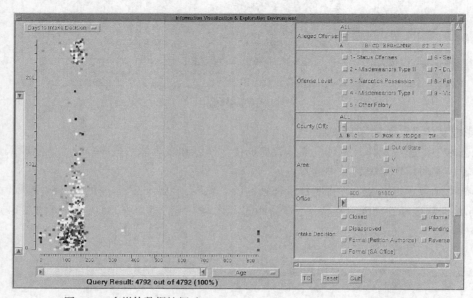

图 2-15　多媒体数据挖掘（IVEE，The Spotfire Visualization Software）

6. 智能多媒体技术

多媒体计算机从发展来看应具有以下智能。

① 文字的识别和输入，如印刷体汉字、联机手写体汉字和脱机手写体汉字的识别和输入；

② 语音的识别和输入，如特定人、非特定人以及连续汉语语音的识别和输入；

③ 自然语言的理解和机器翻译，如汉语的自然语言理解和机器翻译；

④ 图形的识别和理解；

⑤ 机器人视觉和计算机视觉；

⑥ 知识工程和人工智能等。

智能多媒体数据库的核心技术是将具有推理功能的知识库与多媒体数据库结合起来，形成智能多媒体数据库。

智能多媒体数据库的另一个重要研究课题是基于内容检索技术的多媒体数据库。它需要把人工智能领域中高维空间的搜索技术、视音频信息的特征抽取和识别技术、视音频信息的语义抽取问题以及知识工程中的学习、挖掘和推理等问题应用到基于内容的检索技术中。

7．跨媒体技术

它寻求平面媒体和立体媒体与网络媒体相结合的多媒体资源整合、信息融合，存在于一体。最大限度地获取不同媒体间的关联性和协同效应、互补性和多维互动性，从而达到需求的识别、检索、发布以及发现重构、共生新用等，高效地使用各种媒体。

跨媒体涉及了大量学科的交叉性研究，如智能信息处理、数据挖掘与知识发现、机器学习、多媒体处理、模式识别、检索引擎、数据库技术等。

目前存在的主要技术难点有：跨媒体知识的发现和表达技术；跨媒体知识的推理与重构；跨媒体统一的表示结构；跨媒体信息的融合、识别技术；各种媒体特别是视频、动画等复杂的信息挖掘、智能处理和高效率检索技术；跨媒体海量信息的综合检索等。如图 2-16 所示为跨媒体图书。

图 2-16　跨媒体图书（肥寰景信息，3D 跨媒体产品及解决方案）

8．计算机支持协同系统

计算机支持协同系统（Computer Supported Cooperative Work，CSCW）是支持有着共同目标或任务的群体性活动的计算机系统，并且该系统为共享的环境提供接口。CSCW 能支持远程医疗会诊，可以将不同地点的专家召集起来，进行异地会诊复杂的病例；CSCW 归成著作协同编辑系统，可以把不同地的编辑组织起来，共同编辑一部著作。

CSCW 系统具有两个本质特征，即共同任务和共同环境。一般应具备以下三种活动。

① 通信。协作工作者之间进行信息交换。

② 合作。群体协同共同完成某项任务。

③ 协同。对协同工作进行协同管理，使群体工作和谐，避免冲突和重复。

CSCW 系统可以按照三种方式分类。

① 交互模式，即 CSCW 系统群体工作者之间的交互可以是同步或异步的。

② 地理位置，即参与协作的多个用户可以是远程的或本地的。

③ 群体规模，即协作既可以是两个人之间的，也可以是多个人之间的。

2.4 习　　题

1. 简述多媒体发展的关键技术。
2. 研究多媒体数据库的主要途径和要解决的关键技术问题。
3. 多媒体通信的分类和关键技术。
4. 多媒体创作工具的分类。
5. 了解多媒体应用的新颖技术。

第3章
超文本和超媒体

本章将对超文本和超媒体做较详细的介绍。

3.1　超文本和超媒体概念及产生背景

我们首先分别介绍一下两者的概念和产生背景。

3.1.1　超文本的概念

1965 年，TedNelson 在计算机上处理文本文件时想了一种把文本中遇到的相关文本组织在一起的方法，让计算机能够响应人的思维并能够方便地获取所需信息。他为这种方法杜撰了一个词，即超文本（hypertext）。实际上，这个词的真正含义是"链接"，用来描述计算机中文件的组织方法。后来，人们把用这种方法组织的文本称为"超文本"。

超文本是一种文本，它和书本上的文本是一样的。但与传统的文本文件相比，它们之间的主要差别是：传统文本是以线性方式组织的，而超文本是以非线性方式组织的。这里的"非线性"是指文本中遇到的一些相关内容通过链接组织在一起，用户可以很方便地浏览它们。这种文本的组织方式与人们的思维方式和工作方式比较接近。

超链接（hyperlink）是指文本中的词、短语、符号、图像、声音剪辑或影视剪辑之间的链接，或者与其他文件、超文本文件之间的链接，也称为"热链接（hotlink）"或"超文本链接（hypertextlink）"。词、短语、符号、图像、声音剪辑、影视剪辑和其他文件通常被称为对象或者文档元素（element），因此超链接是对象之间或者文档元素之间的链接。建立互相链接的这些对象不受空间位置的限制，它们可以在同一个文件内，也可以在不同的文件之间，还可以通过网络与世界上任何一台连网计算机上的文件建立链接关系。

3.1.2　超媒体的概念

在 20 世纪 70 年代，用户语言接口方面的先驱者 AndriesVanDam 创造了一个新词"电子图书"（Electronic Book）。电子图书中自然包含许多静态图片和图形，含义是用户可以在计算机上去创作作品和联想式地阅读文件。它保存了用纸做存储媒体的最好特性，而同时又加入了丰富的非线性链接，这就促使在 80 年代产生了超媒体（hypermedia）技术。

超媒体不仅可以包含文字，还可以包含图形、图像以及动画、声音和电视片断，这些媒体之间也是用超级链接组织的，可谓错综复杂。

超媒体与超文本之间的不同之处是，超文本主要以文字的形式表示信息，建立的链接关系主要是文句之间的链接关系。超媒体除了使用文本外，还使用图形、图像、声音、动画或影视片断等多种媒体来表示信息，建立的链接关系是文本、图形、图像、声音、动画和影视片断等媒体之间的链接关系。图 3-1 所示为超媒体网页。

图 3-1　超媒体网页

当我们使用 Web 浏览器浏览互联网时，在显示屏幕上看到的页面称为网页（WebPage），它是 Web 站点上的文档。而进入该站点时在屏幕上显示的第一个综合界面称为起始页（homepage）或者主页，它有点像一本书的封面或者目录表。在万维网网页上，为了区分有链接关系和没有链接关系的文档元素，对有链接关系的文档元素通常用不同颜色或者下画线来表示。目前，在网页上担当链接使命的主要是超文本标记语言（HTML），它是从标准通用标记语言（SGML）导出的。

3.2　超文本和超媒体的基本原理

超文本和超媒体是一种典型的数据库技术，是由节点和表达节点之间关系的链组成的网。每个节点都链接在其他节点上，用户对网进行浏览、查询和注释等操作。

3.2.1　超文本和超媒体的组成要素

1. 节点
超媒体是由节点和链构成的信息网络。节点是表达信息的单位，是围绕一个特殊主题组织起来的数据集合。节点的内容可以是文本、图形、图像、动画、音频、视频等，也可以是一般计算机程序。

2. 链
超媒体链又称为超链，是节点间的信息联系，以某种形式将一个节点与其他节点连接起来。由于超媒体没有规定链的规范与形式，因此链也是各异的，信息间的联系丰富多彩引起链的种类复杂多样。但最终达到的效果是一致的，即建立起节点之间的联系。

3. 网络
超文本由节点和链构成网络是一个有向图，这种有向图与人工智能中的语义网有类似之处。

语义网是一种知识表示法，也是一种有向图。

超文本和超媒体的体系结构分为三个层次：表现层——用户接口层；超文本抽象机层——节点和链；数据库层——存储、共享数据和网络访问。

3.2.2　超文本和超媒体的特点

1．信息组织

超文本的信息是以节点作为单位。而如何把一个复杂的信息系统划分成信息块是一个较困难的问题。

2．智能化

虽然大多数超文本系统提供了许多帮助用户阅读的辅助信息和直观表示，但因超文本系统的控制权完全交给了用户，当用户接触一个不熟悉的题目时，可能会在网络中迷失方向。要彻底解决这一问题，还需要研究更有效的方法。这实际上是要超文本系统具有某种智能性，而不是只能被动地沿链跳转。超文本在结构上与人工智能有着相似之处，使它们有机的结合将成为超文本与超媒体系统的必然趋势。

3．数据转换

超文本系统数据的组织与现有各种数据库文件系统的格式完全不一样。引入超文本系统后，如何将传统的数据库数据转换到超文本中也是一个问题。

4．兼容性

目前的超文本系统大都是根据用户的要求分别设计的，没有考虑到它们之间的兼容性问题，也没有统一的标准可循。所以，要尽快制定标准并加强对版本的控制。

5．扩充性

现有的超文本系统有待于提高检索和查询速度，增强信息管理结构和组织的灵活性，以便提供方便的系统扩充手段。

6．媒体间协调性

超文本向超媒体的发展也带来了一系列需要深入研究的问题，如多媒体数据如何组织、各种媒体间如何协调、节点和链如何表示；将音频和视频这一类与时间有密切关系的媒体引入超文本中，对系统的体系结构将产生什么样的影响；当各种媒体数据作为节点和链的内容时，媒体信息时间和空间的划分以及内容之间的合理组织都是在多媒体数据模型建立时要认真解决的问题。

3.3　习　　题

1．简述超文本和超媒体的概念。
2．了解超文本和超媒体的组成要素。
3．简述超文本和超媒体的特点。

实践篇

多媒体技术的诞生使人类生活质量得到极大改善，科学家们开发这种技术也正是出于改善人类生活的目的，这种目的自然也是受大众欢迎的。事实上，当我们怀着一种进步的思想去做一件事的时候，我们就会充满力量，我们的事业也会充满创造性，并最终获得成功。成功会给很多人带来欢乐，从而使我们得到更加广泛的支持。总而言之，要有情怀，要为人民服务。

目前，多媒体技术已经实现了商业化，行业竞争异常激烈，技术创新层出不穷。可以说，这是一个无与伦比的激发人类创造力的领域。

本篇希望大家参与到多媒体技术的事业中后，学习实践一些多媒体开发技术，亲自体验多媒体技术给大家带来的乐趣。

既然是实践篇，写作风格就不是一味地说教讲解，而是有意识地引导大家亲身体验，从实践中找到本篇蕴含的内容，使自己的能力得到升华。换句话说，本篇的内容并不是孤立的，而是和作者的情感、读者的双手以及各种触手可及的书外资料合力的。这样做，就给了读者很大的自我修炼空间，也得到了很多躬行的机会。

在当今科技飞速发展的年代，学知识切不可学没出窝的小鸟嗷嗷待哺，而要充分利用一切有利条件提高能力，获取信息。最重要的是，大家要有意识地培养自己乐于实践的态度。正所谓，"知之者不如好之者，好之者不如乐之者"。

本篇内容安排比较随性，并没有按照所谓由易到难之法，其实对于初学者而言没有什么难易的概念。《为学》一文开篇便问：天下事有难易乎？得出的结论是去做就简单，不去做就难。

我们常说"学以致用"，而"用"并不是"学"的终点，还应明白"用以促学"，在实践的过程中发现进步的空间，进而继续思考学习深造，将新知识再次运用到实践中去，进而又发现新的起点。总之，学无止境，用无止境。

第4章
揭开 Flash 的神秘面纱

本书并不是一本专门的 Flash 教程，所以不会对 Flash 进行全面系统的讲解。当然即使那些专门的教程也无法做到这一点，因为 Flash 已经是一门非常庞大的技术，从最初的动画制作到后来的视频发布、游戏制作、软件开发，Flash 的定位随着时代在持续变动。

本书只是希望大家能够知道 Flash 的存在，告诉大家 Flash 中的某些工具。因此，在介绍过程中会观其大略。这或许会对读者阅读造成很大麻烦，因为读者不得不经常放下书本而在 Flash 里摸索一阵子，等有了眉目再拿起书本。如果实在没有头绪也不要歇斯底里，说明读者已经对 Flash 技术有了征服的欲望，这时可以选择一本专业的教材仔细研读。本篇就想把感兴趣的读者"领上道儿"，当然其中仍有很多在其他教材中学不到的东西。

Flash 的制作方法灵活多变，同一种效果可以用多种方式实现，同一种工具也可以制作多种效果。大家在使用工具时不要"为名所累"，如画曲线不一定要用曲线工具，利用直线工具外加鼠标拖曳同样可以做到，利用椭圆工具和橡皮擦同样能做出一段弧线。只有这样，创造力才会得到提升。我们要把 Flash 当作一款益智游戏，在创作中积累智慧。

学习的目的就在于获得能力，其余的目的均为衍生品。子曰："君子务本，本立而道生。"他老人家的这句话笔者就特别喜欢。

接下来，就让我们揭开 Flash 的神秘面纱吧！

4.1　初看 Flash

从 Adobe 官网上下载 Flash Pro CS5。下载安装完毕后，启动 Flash，就会看到如图 4-1 所示的界面。我们通常是从这里开始 Flash 工作的。如果读者的 Flash 还没有安装好，不建议继续阅读。

单击中间一栏"Create New"中的"ActionScript 3.0"，就会打开一个基于 AS3 的 Flash 空白文档（见图 4-2）。这个界面以后就任由我们"蹂躏"了。如果感觉面板排布得不合适，还可以亲自拖曳各部分，直到满意为止。注意看右上角左侧的下拉菜单，那里有预置的几种面板排布模式，去单击试试吧。

刚接触 Flash 时，任何一个下拉菜单都值得我们去单击尝试一下。一般接触新事物时我们都或多或少会有些新鲜疑惑恐惧感，从而阻碍了我们做更多尝试。在这里笔者郑重声明：Flash 是安全的，不像电源插座、ATM 机、机械车床那么恐怖，是按不坏的。所以，要多动手去探索。为了"刺激"某些不愿意动手的读者，笔者故意只给出谜面不给出谜底，而谜底要通过动手尝试来得到。图 4-2 所示为 Flash Pro 的工作环境。

图 4-1 Flash CS5 开始界面

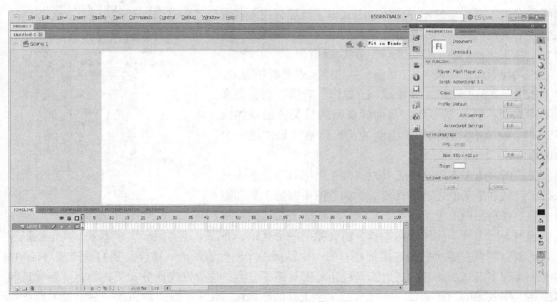

图 4-2 Flash Pro 的工作环境

坦率地讲，现在 Flash Pro 的界面的确很漂亮。目前 Flash 的最新版本是 Flash CS 5.5，这里的 CS 是 Adobe 公司一个软件系列 Creative Suite 的简称。从 Flash 的发展历程来看，CS5 相当于 Flash 的第 11 个版本。基本过上一两年 Flash 就有新版本发布，以至于很多 Flash 开发人员都跟不上进度，甚至开始抵制使用新版本。客观地讲，Flash 快速更新版本也有其一定的商业目的，因为版本间的更新都不是很多。不过每次更新，都使 Flash 变得更加强大，新功能的加入总是激动人心。无论是 Macromedia 还是 Adobe Flash 的研发公司都与 Flash 开发者们保持着密切的交流关系，同时积极开源以广泛吸纳开发者的需求和建议，从而做出更有目的性的改进。

从下面两组图就可以看出 Flash 十年来的巨大变化。第一组图，如图 4-3 和图 4-4 所示为 Flash5 与 Flash11 的界面对比；第二组图，图 4-5 所示为 Flash5 与 Flash11 工具栏的对比。直观的感受就是后者界面更加漂亮，功能更加强大。从性质上讲，Flash 已经由一个简单的动画制作工具转变为将设计与编码集于一身的软件开发平台。

图 4-3　Flash 5 的工作界面

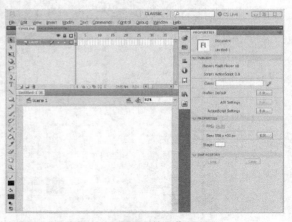

图 4-4　Flash 11 的工作界面

不妨做一个"大家来找茬"的小游戏，对比一下图 4-5 两图有多少不同。当然不一样的地方太多了，那么我们着重来看一下工具栏的变化。也许这是我们最为熟悉的地方，因为它的存在让我们多了几分亲切，感觉 Flash 就像个绘图板。

这时我们应该想象一下，Flash 是如何实现动画功能的。简单地讲，就是一张纸一张纸地画。这时，有读者就会说那还不得累死。其实累不死。我们需要画的只是关键帧的内容，其余帧是由计算机帮助绘制的（这里笔者先渗透一个帧的概念。）

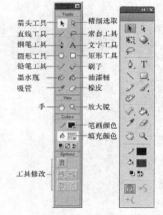

注意图 4-5 中右边这个工具栏一些小图标右下角的小三角行，说明这个功能还有替代项。例如左图中圆形工具和矩

图 4-5　Flash 5 与 Flash 11 工具栏的对比

形工具，在右图中不见了圆形，其实它与矩形工具放在了一起，选中矩形工具，按住鼠标左键，就会弹出一个菜单，在那里还有圆形、多边形、圆角矩形等工具选项。同样，墨水瓶和油漆桶在右图中也是用一个图标表示的。这样，我们就知道 Flash11 里的工具有多丰富。此外，右边工具栏还对工具做了分类，用分割线区分。工具的合理摆放是能够提高工作效率的。还要说一个细节，文字工具的图标由"A"变为"T"，这一举措很人性化，因为 T 能让人更容易想到"文本"，即 Text。

不要小瞧了笔者说的这些细节，这是一点一滴积累起来的。我们应该体会到 Flash Pro 软件开发人员们精益求精的不懈努力，并捕捉到一些软件架构和界面设计方面的实例。一个好的软件应该让使用者感觉到和制作者的心是相通的。使用者当然愿意看到符合自己心理需求甚至能给自己带来惊喜的软件更新。

Flash 虽然以动画和视频起家，但是与众不同之处在于可以编程，有自己的编程语言，名叫 ActionScript，使用编程方法可以制作出更加绚丽的效果。如果读者是一个编程爱好者，可能会急切地问，Flash 里的编程界面在哪呢？按 F9 键就会弹出一个代码编辑界面（见图 4-6）。左上角的下拉菜单显示了当前语言环境为 AS3，这是笔者推荐大家学习的语种。有了 AS3，就不要再去触碰 AS1 和 AS2，那真不是一个明智的选择。至于原因，大家在阅读 AS3 相关文章和教材的时候会得到答案。

黑羽孙颖写的《ActionScript3 殿堂之路》是一本不错的中文教材，世界级水准，值得一读!

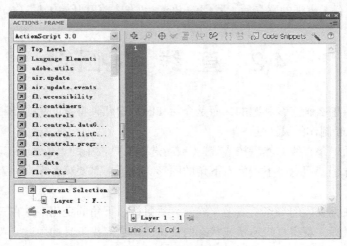

图 4-6　动作面板

想在这里一试身手吗? 好吧。

输入下面代码:

```
trace ("工作、妻子和未来");
```

注意里边的引号和外面的分号要用英文符号。

然后按 Ctrl+Enter 组合键，这时会弹出一个空白窗口和一个 output 栏，在输出栏里显示了一行字"工作、妻子和未来"，如图 4-7 所示。于是我们就可以向别人炫耀了，"嘿! 快看，我用 ActionScript3 写出了工作、妻子和未来!"

图 4-7　"工作、妻子和未来"

本节不去进行界面的详细介绍，是希望大家能够亲自动手尝试。要充分运用我们曾经的软件使用经验，如 Ctrl+S 是保存、Ctrl+C 是复制、单击左键可以选中、单击右键会出现菜单、颜料桶用于涂色等。我们会发现自己已经掌握了很多使用方法。首先拿起鼠标，从我们感兴趣的地方开始单击，分别单击左键和右键，发现鼠标形状的变化，阅读弹出菜单的内容，推测自己下一步还可以怎么做，如此像探险一样前进，渐渐就熟悉了。

拳不离手，曲不离口。我们学习 Flash 当然要多和 Flash 打交道，对这个软件有一个全面的认识，才能更好地与之交往，才会知道自己水平的不足、知道自己进步的空间。如果我们只看到绘图工具，也许会认为 Flash 只是一个绘图板。这就是笔者小学五年级时第一次打开 Flash 界面时的认识。后来学会了使用时间轴，再后来发现了代码编辑面板，自己的兴趣便逐步高涨了起来。

笔者给 Flash Pro 软件开发人员的建议是，让默认界面亮出代码编辑面板，给人一个更全面的第一印象，有助于使用者对技术的了解。也许正是 Flash 没有做到这一点，至今仍有大批闪客（使用 Flash 技术的人的别称）的能力停留在动画制作阶段，大众对 Flash 的了解程度也相当浅。

在对 Flash 界面有了直观的感受后，我们的 Flash 开发之旅就开始了！

4.2 直 线 和 圆

本节并不是介绍怎么画直线和圆的，而是介绍 Flash 中几种特殊的绘画技巧。了解这些技巧有助于我们体会 Flash 制作的灵活性。

在空白区域上画一条直线，然后按 V 键（或者选中工具栏中的黑色箭头工具），鼠标由十字形变为我们看到的样子，留意一下指针右下角的图形。接下来需要读者亲自摸索一下。一定要体验一下，很神奇的！

分别把鼠标放在直线段的端点、线上、线外，看鼠标右下角的变化，并在三种状态下分别按住左键不放，拖曳鼠标，观察直线形状或状态的变化，体会箭头工具的用途或者说它的法术。

之后，把鼠标放在此时线条上的任意一个位置单击，然后按下鼠标左键不放进行拖曳。这时我们应该有所启发，如何选中并移动一部分直线。

还可以绘制一对交叉的直线，试试双击的作用。此时会发现交叉线自动分割为四个部分，于是得知通过单击选中的是被触发的尽可能小的部分，双击则是选中相连的尽可能大的整体。这几点知识很重要，不注意可能会带来一定的意外。

如果读者不亲自体验的话，上述内容看起来会比较虚幻，并且后面的内容会越来越虚幻。请原谅这里没有给出谜底。

人类改造自然的能力是生产力，于是我们发现自己有无限种可能来改造所绘制的图形，这就是 Flash 蕴含的生产力！而制作 Flash 的本质同样是解放和发展生产力。

下面我们来绘制一个圆形。图 4-8 所示为矩形工具选项框。选中椭圆工具之后，在空白区域按住 Shift 键拖曳鼠标，就可以绘出圆形。这时的圆形是实心的，我们可以选中内部，按 Delete 键删除变为空心，或者选中边沿删除变为一个没有实线边的色块。

 除了颜料桶工具可以用于涂色外，也可以按 Alt+Shift+F9 组合键利用弹出的 color 面板进行着色。如图 4-9 所示，所有面板都可以在菜单栏的 Windows 按钮下找到。这里要强调一点，本书中的调用等操作方法或许不是很"规范"，但一定是很方便的。大家也可以根据自己的习惯来操作，一旦面板弹出后，我们也就知道如何通过鼠标单击的方法来找到它了。

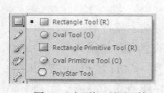
图 4-8 矩形工具选项框

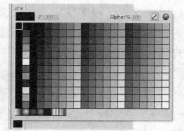
图 4-9 颜色工具面板

关于着色，Flash 给了很多功能。如图 4-10 所示的这 5 个圆形各有不同，分别为空心、无边、线性渐变色、球形渐变色、彩虹色。大家来尝试实现吧！

　　作者当然鼓励读者对没有提及的按钮进行尝试，要激发自己的好奇心。好奇心是快速学会一门技术的保证。千万不要害怕面对未知，因为我们一定可以想到办法认识它。现在的信息渠道多种多样，书、网络、身边人等，关键在于我们要有解决问题的欲望。

　　下面，我们来用圆画一个简易的光盘，如图 4-11 所示。在这个过程中，笔者会捎带着给出一些技巧，请注意体会其中的作用。

　　　　　　　图 4-10　不同填充方法的圆形效果　　　　　　　　　图 4-11　光盘效果

　　的确，这个光盘看起来很不像，这里做了简化处理，各位读者一定可以发挥自己的创造力画出至少比这个好点的光盘。

　　在遇到一个问题的时候首先要了解问题的结构，然后明确自己的可执行任务。

　　本次的任务基础是画两个同心圆。先画一个圆形，然后全选中，按住 Ctrl 键同时点鼠标移动该圆，这和在 Office 里复制文本是一样的操作，于是就复制了一个圆。从工具栏里找到 █ 这个图标，用它来改变其中一个圆的大小。不知读者有没有从利用椭圆工具绘制圆形的过程中受到启发，选定角部的句柄改变大小时按住 Shift 键可以保持图形长宽比例不变。图 4-12 所示为改变图形大小的操作界面。

　　　　　　Flash 对这个工具的功能进行过多次扩充。当选中这个工具后，留意一下工具栏下方的变化，选中那里不同的图标对应会产生不同的操作效果。当然，任何一个工具选中后工具栏下方都会有相应的变化。

　　此后的工作是让这两个圆的圆心重合。全选中其中一个圆，按 Ctrl+G 组合键进行组合，对另一个圆也进行同样的操作。

　　"组合"很常用，是为了使画好的部分免受其他图形干扰，组合后的图形就像加了一层透明保护膜。若想更改组合的内容，只有双击进入它的编辑界面，这时再看周围图形变成了暗色，意味着其他图形此时不可更改。若想回到舞台界面，在空白处再次双击，或者单击位于舞台左上方的导航按钮返回，这种导航和我们平时在上论坛时看到的如出一辙。

　　回到舞台界面，选中两个圆，如图 4-13 所示（可以选中一个，再按 Shift 键去选中另一个），然后按 Ctrl+K 组合键，出现 "Align"（对齐）面板，如图 4-14 所示。面板上提供了各种对齐格式，如中轴对齐、间距一致、等高等宽等，还要注意这个面板最下方的复选框 Align to stage，翻译过来是 "对齐到舞台"。这个选项选中与否结果是不同的，一试便知。

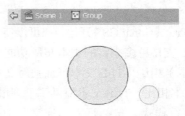

　　图 4-12　改变图形大小的操作画面　　　　　图 4-13　选中图形的操作画面

圆是轴对称图形，我们可以先让双方横轴对齐，再纵轴对齐，这样就实现了圆心重合。

一定要让小圆位于大圆的上方，如果小圆不幸被遮住，那么单击选中大圆，按 Ctrl+方向键可以改变层次关系，直到小圆露出为止。

图 4-14　对齐面板

之后同时选中两个圆，按 Ctrl+B 组合键将组合打散，这时两个圆混为一体。单击小圆的内部，按 Delete 键删除，就大功告成了！作为好习惯，可以把这时的"光盘"再次变为一个组合。

为什么要先组合再打散？为什么要调整层次关系？这些问题大家完全可以通过做相反的试验来找到答案。笔者的观点是，学技术就不能怕折腾。想看到书中的字就要把书翻开，想取到存钱罐的钱就要把它打碎，想喝到地下的水就要打井，站在原地将一无所获。

这节还不算完，你试过矩形工具里附带的其他工具了吗？如图 4-15 所示的这些图形你能很快做出来吗？

很多人说，Flash 入门很简单。其实 Flash 学起来并不轻松，其中有大量的细节需要我们一一尝试，不要满足于学会一种功能里的一种效果的一种实现操作，那样我们会损失很多东西。如图 4-16 所示的旗子飘动的效果就是利用这个工具外加文字和矩形工具做出来的。很简单，大家可以尝试一下。

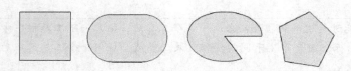

图 4-15　用矩形工具框做出的不同形状的图形

图 4-16　飘动效果

4.3　文　　字

想必大家很容易知道如何在 Flash 中添加文字，那和在 Windows 绘图板中的方法基本一致；更改字体、字号、颜色等操作也不必说，和一般的文字处理器一致。

另外，文字相当于一种组合，可以对其打散。一串文字首先被打散为单独的文字，图 4-17 所示为打散文字示例。

不过，Flash 的文字处理能力增强了很多。以下这段内容摘自 Flash 帮助文档。有"您"字，易辨认。

"从 Flash Professional CS5 开始，您可以使用新文本引擎—文本布局框架（TLF）向 FLA 文件添加文本。TLF 支持更多丰富的文本布局功能和对文本属性的精细控制。与以前的文本引擎（现在称为传统文本）相比，TLF 文本可加强对文本的控制。

"与传统文本相比，TLF 文本提供了下列增强功能：

● 更多字符样式，包括行距、连字、加亮颜色、下画线、删除线、大小写、数字格式及其他。

- 更多段落样式，包括通过栏间距支持多列、末行对齐选项、边距、缩进、段落间距和容器填充值。
- 控制更多亚洲字体属性，包括直排、内横排、标点挤压、避头尾法则类型和行距模型。
- 您可以为 TLF 文本应用 3D 旋转、色彩效果以及混合模式等属性，而无须将 TLF 文本放置在影片剪辑元件中。
- 文本可按顺序排列在多个文本容器。这些容器称为串接文本容器或链接文本容器。
- 能够针对阿拉伯语和希伯来语文字创建从右到左的文本。
- 支持双向文本，其中从右到左的文本可包含从左到右文本的元素。当遇到在阿拉伯语或希伯来语文本中嵌入英语单词或阿拉伯数字等情况时，此功能必不可少。"

我们在学习的过程中，要善于从信息中挖掘新信息。引述上文的目的也是告诉大家 Flash 有中文的帮助文档，这对大家学习 Flash 很有帮助。不知道读者有没有意识到这一点。

上面帮助文档的那段文字里虽有很多专业术语，不过相信大家在熟悉这里的一些基本文字处理功能时不会遇到什么障碍。有一点很吸引眼球，就是利用 TLF 可以很轻松地创建文字超级链接，这在制作 Flash 网站时会很方便。

选中工具栏里的文本按钮后，右面的属性面板就会自动变为文字属性面板。图 4-18 所示为文字属性面板。

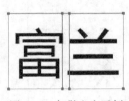

图 4-17　打散文字示例

图 4-18　文字属性面板

4.4　一些新工具的介绍

4.4.1　骨骼（Bone）

骨骼 是 Flash CS4 以来的新工具，仅听其名字就感觉很好玩。首先思考一个问题：如果用传统补间模拟一个人的走动该如何设计动画呢？一个人的走动不是单纯某个东西的平移，而是伴随着身体多个部位的旋转和平移，这就需要把身体各部位分别生成元件，放在不同的图层中，分别建立补间动画。然而必须保证一个常识，就是身体各部分是连接的。于是问题的复杂性就体现出来了，那样的设计各自为战，搞不好身体就"散架"了；就算不散架，这个工作量也够大。骨骼的出现可以很好地解决这一难题。

我们可以向单个散图或单独的元件实例内部加骨骼，也可以用骨骼将几个元件实例连接在一起。这样在移动某一个元件时，其他连接的元件也会跟着自然地移动。图 4-19 所示为使用骨骼工具开发的元件。

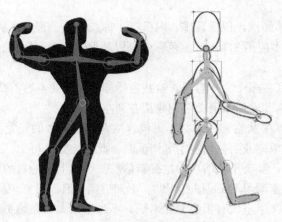

图 4-19 使用骨骼工具开发的元件

单纯这样叙述无法让读者亲自体会到骨骼功能的有趣，大家一定要动手实验一下。首先还是看一个现成的例子吧！Flash 为我们提供了很多模板，其中就有关于骨骼的。按 Ctrl+N 组合键进入新建界面。找到下面有 IK 字样的文件。IK 翻译过来为反向运动，帮助文档里说，"反向运动（IK）是一种使用骨骼的有关节结构对一个对象或彼此相关的一组对象进行动画处理的方法"。但为什么要叫"反向"？这个笔者也不清楚。图 4-20 所示为模板对话框。

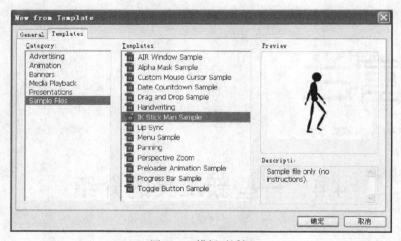

图 4-20 模板对话框

看到图中那个"失意的行者"了吧？单击确定按钮，就会进入这个例子文档。图 4-21 所示为文档的截图，已经自动生成了一个骨架。这让人大开眼界，舞台上有很多格子，周围还有标尺，这些都是为了辅助绘图用的。我们也可以让自己的文档舞台上显示这些东西，不知读者先前在舞台上单击右键时有没有发现那些选项。

时间轴这时已经存在一段补间，为绿色，这是"反向运动专用色"。单击一下第一帧，看舞台上的那个人，身上顿时布满密密麻麻的蓝色骨骼。用鼠标去"牵"一下那个行者的手，我们会发现他的整条胳膊随之而动，这就是前面所讲的效果。释放鼠标，按 Ctrl+Z 组合键撤销刚才的行为，然后测试一下影片，会发现一个人在不停走动着，身体各部分很自然且连贯。

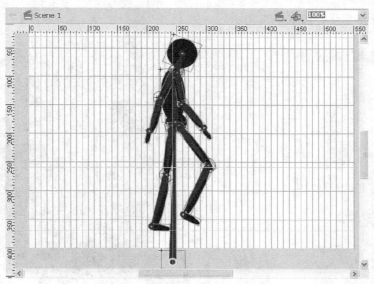

图 4-21　IK 模板文档的舞台

　　单击 IK 时间轴上的各个小黑菱形，它相当于关键帧符号，会看到人在行走中的几个状态。可以据此推测，制作 IK 动画和制作传统补间原理相同，创建好对象并指定好对象开始和结束即可，Flash 会自动完成中间过程。随着认识的深入我们会逐渐了解 Flash 操作的规律，同时还应该体会这种设计的合理性，如能再说出点哲学意味，境界就提高了。

　　选中其中一个骨骼，观察骨骼属性面板，那里密密麻麻一堆调整参数，有骨骼名称、旋转区间、平移区间等。一个人的胳膊肘无法实现全角度的摆动，为了让骨骼更真实地反映类似情况，就有必要调整这些参数来限定关节的摆动范围。然而，该例子文档里并没有考虑到这个问题。

　　关于骨骼的创建、选取、删除等有很多操作细节，这里不再赘述。还要提一点，在创建完骨骼对象后，还可以利用 ActionScript3 对这一整体或部分进行控制。不仅如此，在 Flash 里任何一个可以由用户起名字的对象都能用 AS3 来控制甚至修改。

4.4.2　Deco Tool

　　在工具栏里注意到 這个工具了吗？这是一个很神奇的新工具。从图标的构成来看，用它能绘制出成片的东西。赶快试一下。选中后，在空白舞台左侧按住鼠标左键不放，奇迹就出现了。从我们单击鼠标的位置开始，出现了长着黄色花朵的绿色藤蔓，并不断向四处延伸，直到触及舞台边沿为止。这个工具显然不只是能画花草这么简单，它意味着我们能快速连续绘制相同的东西。

　　还是那句话，每选中一个工具，就要注意两个地方的变化，一个是工具栏的底部，一个是右侧的工具属性面板，可以让我们的创造力得以更好的施展。图 4-22 所示为 Deco Tool 的属性面板。

　　查看一下最上方的下拉菜单，里面有一系列选项，每一个选项对应着一种效果模式。读者大可花一些时间把每一个都尝试一遍，各显神通。

　　如 Grid Fill，可以让我们快速画出点阵；而 3D Brush，可以画出由远及近的效果；Building Brush，这个用的时候需要说一下，选中后在舞台上要按住左键不放，向正上方拖曳，一栋大厦就拔地而起了，它可以帮我们快速构建一个城市高楼林立的景象；Fire Animation，不仅能画出火焰的效果，还能自动生成逐帧动画；Lightning Brush，能方便地画出张牙舞爪的闪电；还有最后的那个 Tree Brush，可以很快画出一棵树或树枝；此外，还可以画花朵、烟雾等。通过修改各效果的属性，还会有更多变化，如图 4-23 所示。

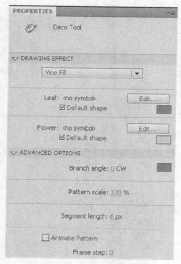

图 4-22　Deco Tool 的属性面板

图 4-23　各式各样的 Deco 效果

4.4.3　2.5D

工具栏里的 🖐 我们一般称 3D 工具，但是在 Flash 里还没有实现完全意义上的 3D 制作，这个工具也只能使得平面图形能够朝内外方向翻转。因此，笔者称这个工具为 2.5D。

提醒一下，该工具只对影片剪辑元件起作用。因此，需要事先把对象转换为影片剪辑元件。

笔者曾经做过一款键盘钢琴小游戏，如图 4-24 所示界面中的按钮就用了 3D 翻转效果。

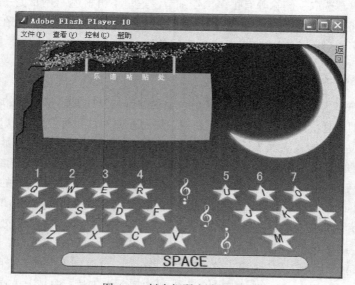

图 4-24　键盘钢琴小游戏界面

4.4.4　滤镜（FILTERS）

滤镜也是 Flash 里较新出现的功能，可以为文本、按钮、影片剪辑添加有趣的视觉效果。

在上图中，月亮和星星都用了滤镜，产生了阴影、模糊的效果。

虽然 Flash 提供了多个滤镜效果，但仍有不满足需求的情况。因此，Adobe 专门开发了 Pixel Bender 工具包，类似于纳米技术，功能强大到可以对每一个像素分别进行操作。

4.4.5　喷枪（Spray Brush）

在那幅键盘钢琴的图中就运用了喷枪工具，那些树上的粉色小花就是喷枪的杰作。

新工具的产生往往意在整合基础工具的大量重复性操作，前文 Deco 工具的产生也是出于这个原因。那些粉色的点是用喷枪没几下就喷上去的，要是用毛笔工具一个一个点地往上涂工作量简直无以言表。

4.4.6　舞台和帧

这是两个基础而重要的概念。

舞台是在创建 Flash 文档时放置图形内容的矩形区域。创作环境中的舞台相当于 Flash Player 或 Web 浏览器窗口中在回放期间显示文档的矩形空间。

时间轴用于组织和控制一定时间内的图层和帧中的文档内容。与胶片一样，Flash 文档也将时长分为帧。图层就像堆叠在一起的多张幻灯胶片一样，每个图层都包含一个显示在舞台中的不同图像。时间轴的主要组件是图层、帧和播放头。

如图 4-25 所示，标明"舞台"的白色区域就是舞台，舞台上方横排一堆小格子就是一个一个的帧。正如前文所说，我们应该结合动画制作手法来理解这两个概念。

图 4-25　舞台界面

古老的动画制作方法就是一张纸一张纸地画，然后向人播放展示的时候快速地翻页，利用人眼的滞留效应产生动画的错觉。

舞台是动画中各种人物、背景等的展示场所，也就是那张纸。如果我们画在了纸的外面，在播放的时候自然不会被人看见。

如图 4-26 所示，文字的一部分露在舞台外面，这时按 Ctrl+Enter 组合键在测试窗口中就看不见那部分。

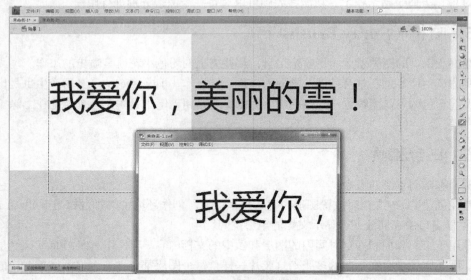

图 4-26 舞台中的文字显示示例

这时我们应该有点做导演的感觉了，那些文字和图片都是我们手中的演员，想让哪个演员出演就把她放在舞台上，然后给她安排从出场到下场的全套动作。

那么，怎样告知演员如何表演呢？这时就要引入帧的概念。我们把制作 Flash 的过程看成在拍电影，帧就像一张张的电影胶片。这样一来，舞台的概念就更好理解了。当然，画出来的电影就是动画了，所以我们喜欢说 Flash 是做动画的。

每一个帧都给了导演一个重新设计舞台内容的机会。说得玄一点，每一个帧都是一个暂稳态。这里用到了动画的思想。

我们用实践来说话，即做一个简单或者说简陋的动画来体会帧的用途。用三个帧模拟一下交通灯的变化。

在时间轴上选中第一帧，在舞台上绘制如图 4-27 所示的图形。注意一旦舞台上有东西后时间轴的变化，在初用 Flash 时要注意眼观六路。

选中第二帧，按 F6 键创建一个关键帧。这时发生的过程是，Flash 自动将第一帧的内容原地复制到第二帧的舞台上，界面也随之来到第二帧。将图形改为如图 4-28 所示的模样。

图 4-27 红灯亮示例　　　　　　　　图 4-28 黄灯亮示例

第三帧如法炮制，如图 4-29 所示。在绘制时一定要注意自己所改动的是哪一帧，不要改错地方，这种错误很容易发生。

完成后，直接按 Enter 键测试，会发现舞台上的交通灯快速闪动了一下，回到第三帧。真相是，Flash 自动跳转到第一帧，然后以一定的速度跳到下一帧，直到最后一帧为止。显然，之所以看不清是因为播放帧的频率太快了。默认情况下，这一频率是 24fps（frame per second），即每一帧的停留时间仅二十四分之一秒，约 0.04s。这一频率可以在舞台右方的属性面板中修改，如图 4-30 所示。调节区间是 0.01～120，在那里我们还可以修改舞台的大小和背景色。

图 4-29　绿灯亮示例

图 4-30　文档属性面板

提示：这时读者可能会遇到没有找到上述修改项的问题。在舞台空白处单击一下，然后展开 PROPERTIES。Flash 中的这个属性面板是"多功能"的，当我们选中的是帧，它就显示帧的属性；当我们选中的是舞台上的图形，它就显示图形的属性；当我们选中的是舞台或其他空白处，它就恢复到文档属性面板。Flash 里任何东西都是有属性的。

将 FPS 改为 0.5 后情况好多了，但是并不推荐这么做，因为我们还要做其他需要流畅播放的动画，况且还有别的办法。一旦频率确定后，帧就可以作为时间单位了。例如 24 帧所经历的时间是一秒，这也是时间轴名的原因。

在保持 24fps 不变的情况下，希望交通灯一秒换一个，那么可以把原来的第二帧放在第 25 帧的位置，第三帧放在第 49 帧的位置。移动一个帧的方法是先单击选中，再用鼠标拖曳。拖曳完后会发现两个关键帧之间的帧也被填充。两个关键帧中间的帧为非关键帧，它们的内容是 Flash 根据情况自动填充的。添加非关键帧的方法是选中末尾帧按 F5 键，如在第 72 帧处按 F5 键。可见，非关键帧是关键帧的延长。如图 4-31 所示为时间轴示例。

图 4-31　时间轴示例

我们在测试窗口中欣赏交通灯的变化，也是件很浪漫的事啊！然而发现一个问题：动画循环播放，如果希望到出现绿灯后就停止播放呢？这时，ActionScript 就派上用场了。选中第 73 帧，添加关键帧。然后调出代码面板，这个操作的方法也说过。在第一行写下：

```
stop();
```

然后保存，且要经常保存。stop()是非常重要的一个函数，因为我们常常会希望停在某一页，然后等满足某种条件或接到某种命令后再发生跳转，因此跳转函数也很重要。它的形式有两种，如果希望跳到那一帧后继续播放，则是：

```
gotoAndPlay(某一帧);
```

反之则为：

```
gotoAndStop(某一帧);
```

例如，在 73 帧代码面板中删去 stop();改为 gotoAndPlay(25);则会循环播放 25～73 帧。

但是用数字表示帧在日后的管理中会有不便，我们希望目标帧有自己的名字，这种机制是帧标签。仅关键帧可以拥有名字的特权，非关键帧中必不含制作人的编辑成分。依次选中关键帧，分别在对应的帧属性面板中命名为 redFrm, yellowFrm, greenFrm 和 codeFrm。如图 4-32 所示为属性面板。

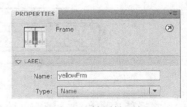

图 4-32　帧属性面板

帧标签是专属于关键帧的，无论我们把这个关键帧移动到哪里，这个标签都会跟随它。

这时，我们可以把上述代码改为 gotoAndPlay（"yellowFrm"）；注意要给标签名加引号。

再试验一下，本节就到此结束了。不过，我们对时间轴的运用才刚刚开始。

4.5 "描猫画虎"的技巧

这是一个很实用的绘画技巧。我们在制作 Flash 的时候，并不希望作品中充斥着太多外部加载图片，而希望有"自主知识产权"，能自己画就尽量自己画。但毕竟我们不是艺术大师，这时就可以导入一幅图片，把里面想画的东西用线描下来，再涂色，最后删去图片，就完成绘画了。笔者把这个技巧叫作"描猫画虎"。

更重要的是，导入的图片一般为位图，经过描画后得到的是矢量图。Flash 不是处理位图的高手，却是处理矢量图的好手。因此，在界面和动画设计中尽量采用矢量图，有助于后面的扩展工作。具体在 Flash 中位图和矢量图有什么差别，需要大家亲自试验。在 Flash 中导入位图的方法是，单击"文件"——"导入"——"导入到舞台"。导入之后，可以对位图进行大小变化、打散、转换为矢量图等处理。

例如，我们打算画一个 DVD 机，那就从网上搜一张 DVD 机的图片（见 4-33）导入舞台。

图 4-33　DVD 机图片

之后按 Ctrl+B 组合键将这幅图打散，这样位图就默认被置于最底层；否则，我们在图片上画直线时会发现一旦释放鼠标，刚画的直线就意外消失了。这是因为新绘的直线默认位于图片的下层。换句话说，在 Flash 中未被组合的图形恒位于组合图形的下层，于是直线被位图遮住了。将位图打散后，就成了未被组合的图形了，这时再画直线就会出现在图形的上方。于是我们应该总结到：在 flash 里图形的叠放默认顺序是新组合>旧组合>新未组合>旧未组合。如图 4-34 所示为组合、直线和散图的层次关系。

打散这幅图片后，可以利用索套工具把不必要的背景部分去掉。

图 4-34　组合、直线和散图的层次关系图

开始在图片上沿着棱角画直线、画圆，总之把轮廓描出来，如图 4-35 所示。

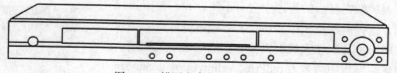

图 4-35　描画出来的 DVD 机轮廓

之后依次取色进行填充，填充完后把位图部分选中删除，就得到如图 4-36 所示效果。对比一

下，已经比较像了。

图 4-36　填充颜色后的效果

后面的工作就是精益求精了，可以加上文字内容，可以对填充色进行处理，可以加上一些渐变之类的效果，也可以以此为基础打造出自己的 DVD 设计。

在一些动画中，我们常常看到人物面部惟妙惟肖，很多时候就是应用了这个技巧。赶快去索要自己偶像的照片，把它们用 Flash 描下来吧！

4.6　元件（Symbol）

元件是 Flash 里很重要的东西。如果同一样东西在自己制作的 Flash 里要重复多次使用，那么建议把它设置成元件。元件会自动保存到这个文档自带的库中，等需要使用时再从里面拖曳出来放到舞台上即可。因此，要认真管理你的库。

如果读者是编程爱好者，可以把某个元件看成一个类，舞台上出现的相同元件都是这个类的实例。这个实例有所属类的名字，也有自己的名字，我们也可以修改这个实例的属性，如位置、亮度、透明度等。这种机制的好处是提高了代码的重用性。实际上，虽然 Flash 里很多是这种"所见即所得"的操作，好似我们做的只是一些鼠标和键盘输入，但 Flash 内部实现起来还是相当于制作者敲入一行行的代码。所以一些程序设计思想在制作 Flash 时同样受用，而且 Flash 里也提供了创建某种元件的编程方法。

从元件中也可以看到封装的思想，元件有自己的编辑界面，编辑时不受外界干扰；这里也包含继承，一旦生成元件，会自动具有某些功能。总之，在 Flash 里处处闪耀着"面向对象"的思想光辉。这样，也就不难理解 Flash 里为什么有这么多属性面板了。

每一个元件都拥有自己的时间轴和舞台。可以说，创建一个元件就相当于创建了一个迷你的Flash 文档。在元件中又可以创建元件，这就像在函数中又可以调用函数一样。还可以这样理解，整个 Flash 文档就是一个大的元件。

创建元件（见图 4-37）时需要选择元件的类型（Type），类型有三。还可以设定元件的注册中心位置（Registration），即舞台上选中元件后出现的小黑十字架位置，默认在元件中心。如图 4-38 所示为转换成元件对话框。

如果单击下面的 Advanced，对话框又会伸展出一大截，不过弹出的那些内容难度有些大，用于绑定元件类，而一旦绑定类就可以用 ActionScript 对元件的内容进行改编。目前还用不到，等用到的时候就会发现其实也不难。

整体感觉，Flash 里对元件种类的设计有些杂，三种东西并非同一父类的子类。不过可以理解为元件是对可重用对象的一种统称，而这些对象不需要师从同门。

从资源利用角度来说，"在文档中使用元件可以显著减小文件的大小；保存一个元件的几个实例比保存该元件内容的多个副本占用的存储空间小。例如，通过将诸如背景图像这样的静态图形转换为元件然后重新使用它们，您可以减小文档的文件大小。使用元件还可以加快 SWF 文件的播放速度，因为元件只需下载到 Flash®Player 中一次"。

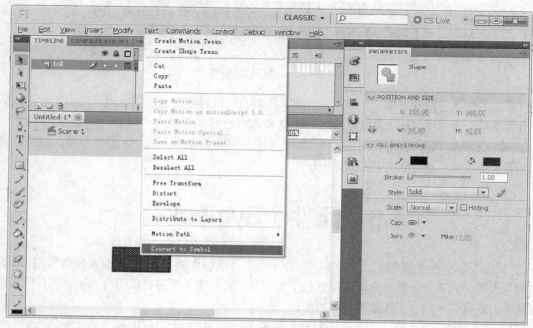

图 4-37　转换成元件界面

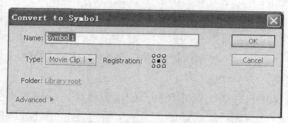

图 4-38　转换成元件对话框

4.6.1　影片剪辑

前面说整个 Flash 文档就是一个大的元件，确切地说，可以认为整个 Flash 文档是一个大的影片剪辑（Movie Clip）。还记得我们说过的 Flash 出身吗？Flash 里惯用一套制作影片所使用的术语，如帧、帧频、舞台、背景、影片剪辑等。

创建影片剪辑，也就实现了当年电视的"画中画"。"开心农场"里那条走动的狗就是个影片剪辑，这时影片剪辑的内容在循环播放，而主时间轴是定格在某一帧的。有了这个概念，我们再看一些 Flash 软件作品，会发现基本上有定格的地方就有影片剪辑。请问读者此时能讲出影片剪辑的便利性吗？

4.6.2　按钮

Flash 里最早用按钮（Button），大概就是用于影片开头的 Play、中间的 Pause 和末尾的 Replay 了。这是交互式动画的开始。没有按钮出现的需要，就没有 Flash 的今天。

我们来看一下 Flash 里按钮的用途。按钮被用来接受用户的一种输入，以此来决定某一过程的结束或开始。一般为鼠标输入，因为按钮作为一种醒目的图形展现在舞台上，就是要"勾引"鼠标去点它。此外，还可以是键盘和我们的手指头。当我们为触屏手机开发 Flash 时，就必须考虑让我们的 Flash 程序有触点功能。

在按钮的编辑界面中，时间轴经过特殊改造，变成如图 4-39 所示的样子。前四帧都有了名字，后面的帧连数字都不再标，证明在编辑界面中只可能用到前四帧，并且它们各有千秋、各司其职。

图 4-39 按钮元件编辑页面的时间轴

回想一下我们平时看到的按钮，当鼠标悬停在按钮上方和单击触发的一瞬间，按钮的外观一般会发生变化，这是为了告诉用户我们的每一步动作都在发挥着作用，给用户一种小小的成就感。

时间轴上的前三帧就是用来设计这三种状态，Up 表示鼠标未到，Over 表示鼠标悬停，Down 表示按钮被按下。Hit 表示鼠标的响应范围，即鼠标进入了 Hit 中标示的区域后就认为鼠标悬停。

在不同的帧下对图形进行改动，最好只是颜色和光亮的变化，除非读者想搞恶作剧。完成之后返回舞台，按 Ctrl+Enter 组合键测试一下这个按钮。不过这时的按钮还不具备什么功能，而要想让它有功能，就需要编写代码。这一点会在后面统一介绍。等介绍完后我们就会发现，其实用一个影片剪辑也可以做出一个按钮来。

4.6.3 图形

Flash 帮助文档如是说："图形（Graphic）元件可用于静态图像，并可用来创建连接到主时间轴的可重用动画片段。图形元件与主时间轴同步运行。交互式控件和声音在图形元件的动画序列中不起作用。由于没有时间轴，图形元件在 FLA 文件中的尺寸小于按钮或影片剪辑。"

关键的一点是，图形的时间轴并不独立运行。当我们创建一个需要多次重用且可能有颜色效果需求的静态图像时，就应该把这一图像转换成图形元件。

4.7 让元素动起来

Flash 里提供的种种机制求的是变，变的是东西的属性。一个东西的属性一般有 x 坐标、y 坐标、z 坐标、长度、宽度、透明度、滤镜效果、旋转角度等，改变任何一种属性都可以产生一种动画。动画就是始末两种状态外加一种中间变化。

下面我们一一介绍 Flash 里改变东西属性的常用方法。

4.7.1 逐帧动画

这种动画我们先前已经接触过，就是靠加关键帧改变东西的某种属性，其制作起来工作量是很大的。比如，假设帧频为 24，而我们想让一个圆在 1s 的时间里从左到右移动 48px，那么就要创建 25 个连续的关键帧，每创建一帧同时都要手动将这个圆向右移动 2px，这将是一个无比枯燥的过程。逐帧动画方法只有在迫不得已的情况下才应该考虑。

Flash 里有一种"洋葱皮画法"，记得这个功能是在 Flash5 中新增的。虽然有点老，但看起来很好玩，还是向读者介绍一下。如图 4-40 所示，在时间轴下方有三个分别由一大一小两个正方形叠放形成的图标，就位于前几帧的正下方，右边还有一个貌似两个中括号括住一个点的图标。这四个图标的专业术语叫"绘图纸按钮"。

选中其中右数第一个按钮，在弹出菜单中选择 Onion All，这时没有什么变化；然后分别选中左数第一个、第二个和第三个图标，就会出现奇妙的效果，如图 4-41 所示。

图 4-40　逐帧动画的时间轴　　　　　　　图 4-41　绘图纸效果

可见，这种方法可以使舞台上以一种层叠和显隐的方式显示被选中区间内的全部内容。然而，读者能说出这种功能的好处吗？

4.7.2　传统补间

依然是上面的例子，Flash 提供了一种简单的实现办法，建立传统补间（Classic Tween）。这种方法正适用于建立这种平移式的动画，即直线运动效果。补间动画只满足同一个东西的状态改变，只需创建首尾两个关键帧，并分别设定这种东西在首尾时刻的各种属性，然后设定变化方式即可。而中间的各帧则由 Flash 根据我们设定的这种变化方式自动填充补齐。创建两头，补充中间，这也是"补间"一词的由来吧！

我们新建一个空白文档，在舞台上半边绘制带有一个半径的圆，即先画完一个圆，再在里面画一条线。笔者这样安排是便于后面给大家演示旋转，要不然一个光秃秃的圆没办法看出旋转来。右键单击第一帧，选中 Create Classic Tween（创建传统补间），如图 4-42 所示。单击之后，会发现圆由散图自动变为一个元件，这是因为传统补间动画专为元件而设计。而后面将介绍的形状补间是专为散图设计的。

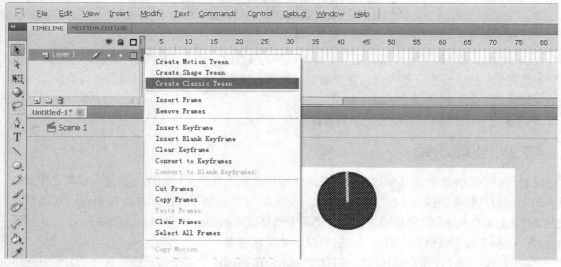

图 4-42　创建传统补间

选中这个元件，在它的属性面板里可以修改属性，这一点已经在前文多次提到。图 4-43 所示为图形元件的属性面板。

　　注意属性面板中最上方的下拉菜单，可以设置元件的种类，不同种类的元件对应着不同的属性修改项。如果改成 Movie Clip，则可以通过属性面板添加滤镜（filter）效果，可一一尝试一下不同的滤镜。

　　之后，在第 100 帧创建关键帧。当然，选择在第几帧创建关键帧完全是读者的自由。笔者之所以选择跨度这么大，一个是为了让动画时间长一点，另一个是为了让中间过程显得更流畅。因为严格来讲，Flash 的动画是用一种离散的变化模拟一种连续的变化，而缩小变动的步长可以增强观赏的流畅性，这是一个很浅显的道理。

　　同样，可以在第 100 帧选中元件，修改属性。

　　之后开始设定变化方式，要在补间的起点来设定。选中第 1 帧，出现帧属性面板。图 4-44 所示为帧属性面板截图。

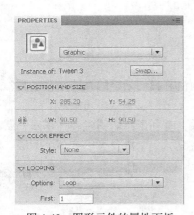

图 4-43　图形元件的属性面板

图 4-44　帧属性面板截图

　　看 Rotate 右侧的下拉菜单，它负责设置旋转，可以设置顺时针、逆时针旋转以及旋转圈数。

　　让人耳目一新的是 Ease，常翻译成"缓动"，Ease 右边有个小铅笔头。在 Flash 面板里，小铅笔头意味着"编辑"，于是出现如图 4-45 所示的"缓动"编辑界面。当然，最初界面不是这副模样。那么，怎么变成这样的呢？变成这样意味着什么呢？横坐标的 0～100 意味着什么？纵坐标的 0～100 又意味着什么？那个下拉菜单里的每一项又都意味着什么呢？空想是难有结果的。既然这时帧属性面板是设定元件属性变化方式的，那么不同的方式可以有不同的变动效果，于是可以每设定一次就看看元件是怎样变化的。

　　这时我们上小学就开始接触的"控制变量法"就有用了，每次只修改一项，看看有什么不一样，进而推测这一项应该对应什么效果。如此反复折腾，大部分就都可以弄清楚。没有弄清楚的，再扩大范围获取知识，一定要查个水落石出。当我们理解了其中的道理后，还要想自己如何用语言表达出来，表达出来的话如何让别人更好地理解。这当然是很花费时间的，但更重要的是这个过程很有乐趣。渐渐地，我们会发现 Flash 已经开始听从我们的使唤了。正所谓"随心所欲而不逾矩"。

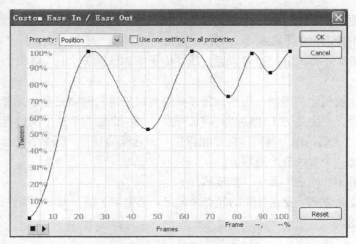

图 4-45   "缓动"编辑界面

这就是本书所追求的叙述方式，不是填鸭式的介绍，而是循循善诱；不是照本宣科，而是传道授业。

单击 OK 按钮！测试影片，享受这个自由落体吧！

4.7.3　引导

传统补间做出的是直线运动效果，如果希望让东西沿着我们划定的线路来移动呢？这个愿望在 Flash 里同样可以实现。

首先引入"图层"的概念。图层用于管理图的层次，有利于我们明确各种东西的层次，同时不同图层的东西不会干扰，避免了散图混合在一起的情况。一个舞台可以有多个图层。图层对于舞台上的东西是强制的分层，不同层间的东西不再遵循散图必位于组合图之下这一规则。

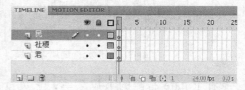

图 4-46　图层创建界面

如图 4-46 所示图层创建界面就创建了三个图层。左下角左数第一个按钮用来创建图层，新图层后来居上。双击图层的名字，可以进行修改，应根据本层内容来命名。第二个按钮用来创建文件夹，以组织相关联的一组图层。第三个按钮一看便知用来删除图层。在图中还有很多其他按钮，如眼睛、锁子、方框等，猜想一下会是什么用途并进行验证。

以后在使用图层的时候一定要注意内容的分配和图层的命名，这些都是为了方便管理。

现在正式介绍引导（Guide）功能。首先预想一下，如果自己是 Flash 软件的发明者，怎样为用户开发出这个引导的功能呢？第一，要有被引导的东西；第二，要有一条引导线。两样东西都需要自己亲自设计，但最好不要放在同一个层中，并且放置引导线的那一层要有特殊功能，不仅要能识别引导线，还要能管理被引导的东西使它能沿着线来移动。在被引导层中可以创建一个传统补间，让东西动起来。当然笔者是在介绍 Flash 的设计。这种设计是基于固有技术的，便于设计者开发和使用者掌握。我们可以把引导动画看成路径为任意曲线的传统补间，也可以将传统补间看成引导线为直线的引导动画。

新建一个空白文档，在舞台中设计好被引导物，为这一层命名。在这一层创建传统补间动画，只需设好补间长度（即创建结束关键帧），先不必设定结束属性。右键单击这一层，在弹出菜单中选择 Add Classic Motion Guide，则为这一层创建了专门管理它的引导层。图 4-47 所示为引导动画的时间轴。

图 4-47　引导动画的时间轴

在引导层中画好引导线，将被引导物中心放在引导线的起点附件，引导线会将其自动捕捉到线上。

这时再来设计被引导层的结束关键帧中被引导物的属性，把被引导物放在引导线的终点上。既然是传统补间，我们同样可以按前文方法设计缓动效果。

图 4-48 所示为缓动效果示意图，实现的是一个抛体运动。

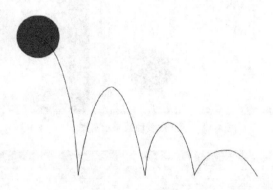

图 4-48　缓动效果示意图

这里有几个有趣的疑问，如果引导线中间出现交叉点，被引导物该如何行进？如果引导线有断点呢？如果画的不仅是线，还包含其他呢？

4.7.4　Motion Tween

这是 Flash CS4 版本以来的新功能，其并非在 Flash 里首创，而是借鉴了其他软件。不过这更能说明该功能的价值，正像 Adobe 收购 Macromedia 是看中 Flash 从而侧面反映 Flash 的价值一样。Motion Tween 可以说是补间动画设计的集大成者。

打开一个新文档，或者如果感觉先前的内容没有什么保留价值，那就在时间轴里把所有帧一并选中，然后右键 remove，再在第一帧创建一个关键帧。

根据前面的讲解我们应该有这样的启发：想启用一种功能通常可以在相应位置单击右键，从弹出才开始启动。如果这个功能达到图层的级别，就在图层上单击右键，如添加引导层、图层重命名等；帧级别有添加关键帧、移除帧、创建传统补间等；舞台级别有转换成元件、组合、打散、复制图形等。

图 4-49 所示为不规则缓动效果如何来生成呢？这个过程虽然全新，但每一步都不难想到。创建帧、添图形、加效果、设结束帧、改方式，其实来来回回就这些东西。

单击时间轴上方的 Motion Editor 标签，我们将有重大发现，图 4-50 所示为 Motion Editor 界面。这里有全套的属性及变化方式修改项。Flash 经常给笔者这样的惊喜，小小按钮的背后隐藏着强大的功能。刚打开这个编辑器时真感觉寒气逼人，不过仔细观察发现这里的东西都并不陌生，编辑器只是将零散于各处的属性及修改方式放于一处而已，再借助一些资料便可以很快掌握。

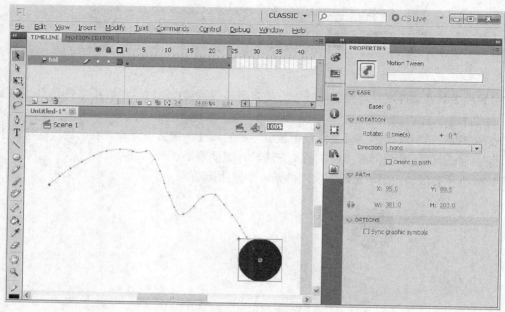

图 4-49　不规则缓动效果示意图

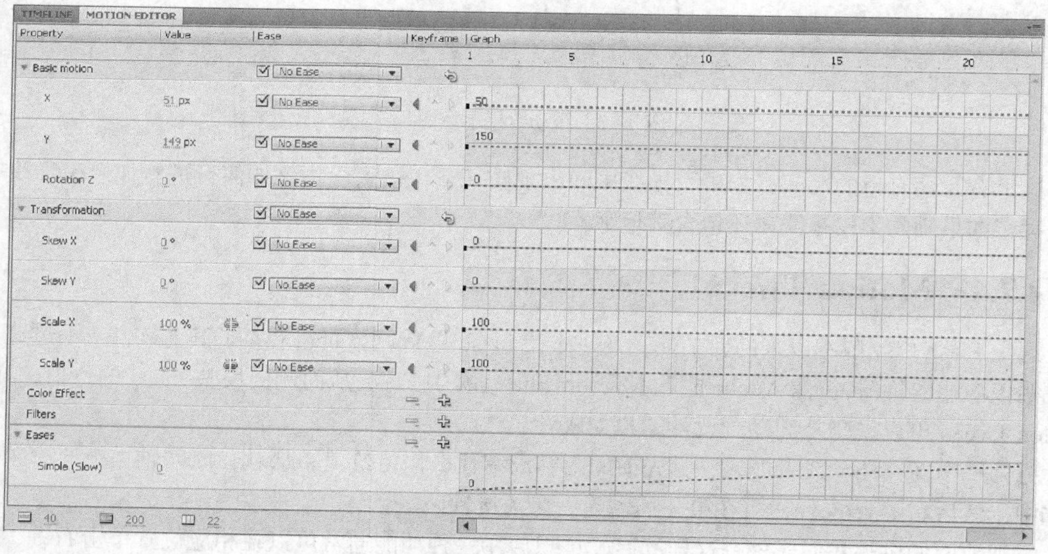

图 4-50　Motion Editor 界面

有了 Motion Editor，基本可以取代传统补间和引导动画功能。不过这两种功能操作简单、熟悉，用处依然不小。

笔者一直在推想读者看到书中有那么多的省略会产生怎样的心情。不过这是徒劳的，一人难称百人心，笔者只能说出自己的心愿。其实省略的内容的确没有太大的必要出现在书中，Flash 软件本身就有一定的指导功能，那些文字、图标都在尽可能地发挥启发式作用。笔者很希望和读者互动，最主要是读者能动起来、思考起来。还有，前文说过要把 Flash 当作一款益智游戏。做积极的思考，就能得到有益的信息，并明晰、优化在大脑中建立的问题模型。

4.7.5　动画编程

现在介绍如何用 ActionScript3 来实现动画效果。利用代码进行控制就意味着精细化，本质地说是数学化。因为人的眼睛毕竟是不精确的，而逻辑则要求无二义性。理想的代码是能心想事成，那么就要把自己的心愿说清楚，而且不要说得太"浪漫"。

要想做好动画编程，一定要有扎实的数学功底，那样才有可能做出超乎想象的绚丽效果。下面我们只用 ActionScript 来实现一个极为简单的动画。

图 4-51　元件属性面板

在舞台左半边绘制一个黑色矩形，转换为影片剪辑元件。然后在元件属性面板中为这个实例取名为 blackRectangle。图 4-51 所示为元件属性面板。

在第一帧中写入代码，图 4-52 所示为写入代码截图。对，只有这一行。

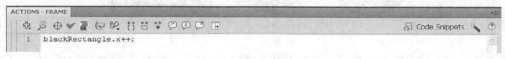

图 4-52　写入代码截图

然后在第二帧插入关键帧（F6）。

测试影片，会发现测试窗口中黑色矩形在缓慢向右移动。图 4-53 所示为测试效果。

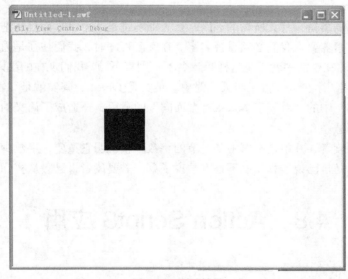

图 4-53　测试效果

如何解释这个动画的原理呢？提示：影片是循环播放的，到达一帧就会执行一次这一帧中的代码。

4.7.6　Shape Tween

这项技术是针对散图制作动画，能够实现形状的改变。例如首尾关键帧分别画一个圆和长方形，创建形状补间。如图 4-54 所示形状补间示意图，就可以实现由圆向长方形的变形。

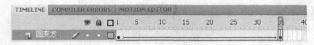

图 4-54　形状补间示意图

如图 4-55 所示补间工作流程中 3 帧散图所处的帧分别为 1，13，35。这个例子中 Flash 将补间工作完成得很好，形变过程很自然。但是对于一些复杂的形变，如两个打散的字之间变形，过程看起来会比较凌乱；有时即使较规则的图形变化也会出现意外的中间状态，而我们当然希望能像变形金刚那样各部分有秩序地就近变化。所以，变形效果现在并不常见。

图 4-55　补间工作流程中 3 帧散图

"散图"这个名字是笔者的翻译，对应的英文就是 Shape，一般来讲会翻译成"形状"。不过，笔者认为叫它散图更直观，因为它本来就很散。当我们选中一个散图时，图形上的点阵的确会给人一盘散沙的感觉，而且这个称呼可以和"组合"形成对比。Flash 中的元件、组合、文本等，经过多次打散后都能变成 Shape，"散图"可以理解为"通过打散得到的图形"或者 "散着的图"，都很贴切。

很多人对取名字的事持一种无所谓的态度，认为那不过是一个符号而且还把它和反迷信相挂钩。可是基本的编程素养要求我们必须重视名字。在阅读程序时，我们往往是通过名字来推测变量的类型和内容的，那在生活中就不是这样吗？名不正则言不顺。我们现在的翻译水平有待提高，"面向对象"这个词误了多少人，搞了半天"对象"英文是 Object，其实就是"物件"，就是"东西"；再说了，"对象"中的"对"字本来就有"面向"的意思，还造成了语义的重复。总之，概念无小事，命名要智慧。

笔者突然想提醒读者，并不是本书中某一节的字数多就说明它重要，字数少就说明不重要。一项技术重不重要不是自己说了算，也不是字数说了算，需要读者自己去从实际中体会。

4.8　Action Script3 应用

4.8.1　侦听器

程序是一个世界，运行是一个过程，在这个时空中会有各种各样的事情发生，有些事情之间呈一定的因果关系，冥冥之中似有天意。谁又能断定自己不是生活在一个程序之中呢？程序员就是造物主，故曰"士不可以不弘毅，任重而道远"。

在程序中，侦听器是一个函数，就起到了处理事件的作用。

先来看看如图 4-56 所示的代码。

图 4-56 代码截图示例

这段代码的作用不难猜测，一旦用户单击了窗口屏幕，在输出面板中就会出现一行字："我知道，你刚才单击了一次屏幕。"

stage 是舞台，是这次事件的事发地，是事件的发送者，在显示编程中作为一个显示容器。每一个显示容器和显示对象都有发送事件信息的能力。

第 3 行中望文生义，为 stage 注册了一个侦听器，为它取名为 stageClickHandler，这个侦听器专门侦听鼠标单击事件的发生。

4～6 行为侦听器全貌，接收鼠标事件，无返回值，功能为在输出面板输出那行文字。

侦听器在 AS3 里已经"神一般的存在"了。这是一个很好的机制，很贴近自然。上面那段代码还不能激发我们的创造力吗？事件发送对象、事件类型、侦听器内容可谓三生万物啊！

（1）单击一个按钮，跳到某一帧。

（2）操作键盘方向键，控制小人儿移动。

（3）将鼠标移到目标上，开始播放音乐。

（4）双击一个图标，弹出一个框。

（5）晃动几下鼠标，实现一个效果。

（6）侦听文件加载进度，显示剩余时间。

（7）……

这些都可以通过这种事件处理机制来实现！

不过，这种事件处理机制可能过于灵活，因为我们几乎可以把任意两件事撮合到一起；而且侦听器的名字很随意，这造成逻辑上不好把握。为了扬长避短，在命名侦听器的时候，尽量增加名字对事件内容的提示性，并在最后加上 Handler 字样以表明自己是侦听器。这是一种通行的做法，也便于他人的阅读。

4.8.2 鼠标输入

一个鼠标能有哪些动作？按下、释放、单击、双击、右击、滚动、移动、移入、移出、拖曳、拖入、拖出，此外还可以配合键盘操作。这些动作都可以构成鼠标输入，触发事件。ActionScript3 是处理鼠标事件的能手。在一些 Flash 应用程序中，经常可以看到鼠标的效果，如鼠标指针形状改变、指针旁边跟随着一些欢迎文字等。现如今，鼠标是用户的主要操作手段，在自己开发的程序中多安排一些鼠标功能或者说鼠标的"玩法"，能让用户感到自己手中的工具很强大，进而信心百倍。

双击事件 MouseEvent.DOUBLE_CLICK 是 AS3 里的新玩意。双击说白了就是在单击一次后再单击一次，于是问题就来了，在用户进行第一次单击的时候，Flash 如何知道用户要单击还是双击呢？默认情况下，Flash 不认为用户会双击，若想在程序中添加双击功能，必须将目标对象的doubleClickEnabled 属性改设为 true。只有这样，Flash 才会首先考虑用户有没有在双击，若第二次单击迟迟不来，就会转认为单击。有了双击事件我们能干什么？首先想到的，就是可以模拟操作系统中的双击图标。

4.8.3 键盘输入

按动键盘也可以触发事件。键盘上一般有 100 多个键，而每一个键都有按下、弹起的状态，还可以组合按键，这就使得键盘事件变得丰富多彩。不过，按键太多会提高记忆上的难度，同时懒惰的用户不太情愿把手从鼠标上挪开然后眯着眼睛从键盘上寻觅，因此最好只在常用的键如方向键、回车键、空格键上做文章。除非读者的程序能将用户牢牢锁在键盘上，如足球游戏、键盘钢琴、文字处理器等，那时他们会觉得有鼠标是个累赘。

为了区分不同按键，有一群人专门制定了一套标准，为键盘上的按键进行整型数字编码，名曰键控码（Key Code）。虽然不好记，但在编写判断语句的时候会很方便。如果读者懒于上网搜到键控码表并把它收藏，这里有一个应急的小方法能够知道所按键的编码。图 4-57 所示为代码截图。

```
stage.addEventListener(KeyboardEvent.KEY_DOWN, keyHandler);
function keyHandler(e:KeyboardEvent):void{
    trace(e.keyCode);
}
```

图 4-57 输出按键编码的代码截图

下面来编写一个利用方向键控制物体移动的小程序。改造一下，就可以做成吃豆子游戏。

在一个空白 Flash 文档中，按 Ctrl+F8 组合键新建一个影片剪辑，取名为 nut_mc，在影片剪辑中制作一个口时张时闭的小豆子动画。拖曳一个实例到舞台上，取名为 nut_mc。图 4-58 所示为吃豆子元件的两个状态。

在舞台第 1 帧添加下面的代码。这段代码很简单，请问读者能猜出它的功能吗？

图 4-59 所示为动作面板截图。

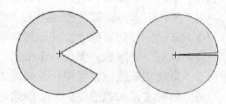

图 4-58 吃豆子元件的两个状态

```
import flash.display.MovieClip;
import flash.events.KeyboardEvent;

var nut_mc:MovieClip;
stage.addEventListener(KeyboardEvent.KEY_DOWN, keyHandler);
function keyHandler(e:KeyboardEvent):void
{
    //trace(e.keyCode);
    switch (e.keyCode)
    {
        case 37 :
            nut_mc.x -=  10;
            nut_mc.rotation = 180;
            break;
        case 38 :
            nut_mc.y -=  10;
            nut_mc.rotation = 270;
            break;
        case 40 :
            nut_mc.y +=  10;
            nut_mc.rotation = 90;
            break;
        case 39 :
            nut_mc.x +=  10;
            nut_mc.rotation = 0;
            break;
    }
}
```

图 4-59 动作面板截图

完成后测试影片，当我们按动方向键时，小豆子会向对应方向移动，同时口也会张向那一边。

4.8.4　用代码作画

在 Flash 里可以用 ActionScript3 来绘制图形。

一种语言的个性不在于它的语法，而在于它的 API 库，在于它的杀手级应用。ActionScript3 在 Flash 开发人员的支持下拥有了强大的 API，尤其在图形图像处理方面功能强大。

本节主要应用的是 Shape，Sprite 和 MovieClip 类对象所具有的 graphics 属性，它是 Graphics 类的一个实例。

一般情况下，代码绘制有以下四个基本步骤。

① 定义线条和填充样式；

② 设置初始绘制位置；

③ 绘制线条、曲线和形状（可选择移动绘制点）；

④ 如有必要，完成创建填充。

下面我们利用 AS3 来画一条直线。图 4-60 所示为绘制直线的代码截图。

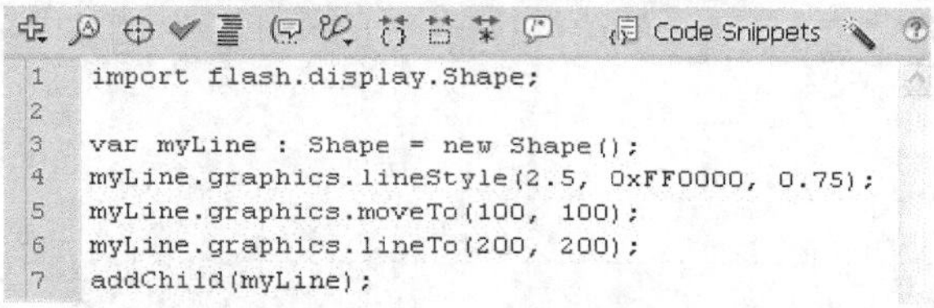

```
1  import flash.display.Shape;
2
3  var myLine : Shape = new Shape();
4  myLine.graphics.lineStyle(2.5, 0xFF0000, 0.75);
5  myLine.graphics.moveTo(100, 100);
6  myLine.graphics.lineTo(200, 200);
7  addChild(myLine);
```

图 4-60　绘制直线的代码截图

将图中的代码敲入空白文档第一帧的代码编辑面板中，然后测试影片，会发现窗口中出现了一条红色的直线。

在有了一定的编程经验后，快速学习一门编程语言的方法是阅读代码。不知道认真的读者手头此时是否已经有了电子版的 Flash 帮助文档和 ActionScript3 开发指导。

让我们来逐行阅读代码。

第 1 行中有一个 import，可以肯定这一行的作用是导入 API。然而初学者的疑惑是并不知道该导入哪个，现在 Flash CS5 解决了这个问题，可以自动导入相关包。因此，这一行基本是不需要用户输入的。

第 3 行是一个声明，外加一个赋初值。可以借此了解 AS3 的声明方法。var 表示声明，myLine 是引用名，Shape 是引用类型，通过赋值让这个引用变量指向了一个 Shape 类实例。在 AS3 里，除了基本数据类型为值变量外，其他均为引用变量，不存在指针变量。

第 4 行通过方法名 lineStyle，可以猜测是在设置线条的风格。2 比 1 大，0.75 比 1 小，所以前者设粗细，后者设透明度。透明度值为 0～1，值越小越透明，称作不透明度更合适一些。而中间的那个参数，从形式上看必然是在设置颜色。

第 5 行和第 6 行要结合起来看。括号中两个参数，而且方法名中有 To 字样，可断定这是点坐标，按顺序为 x 和 y，两个方法一前一后则设定了起止点。如果不确定自己的判断，可以采用"控制变量法"分别修改一下四个参数，修改幅度要适当大一些，看看判断对不对。

第 7 行中的 add 字样提醒我们，这是要将 myLine 加入某处。的确，这一行代码将 myLine 加入显示列表中，从而可以在屏幕上显示出来，没有这一句是不会显示的。

希望大家不要只满足于会画一条直线，这只是冰山一角。

4.8.5　AIR 实例——简易下载器

这一节，我们来制作一个下载器。没错，用 Flash 能制作出一个很好用的下载器，下载平均速度甚至要超过迅雷。是的，说干就干！

新建一个 AIR2 文档，图 4-61 所示为新建文档对话框。保存到一个空文件夹下（不是空的也可以，就是看着乱了点），名字可自己取。

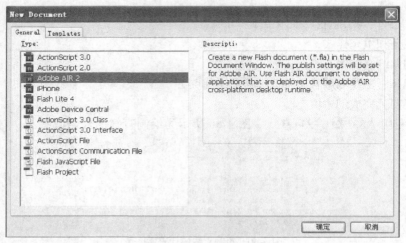

图 4-61　新建文档对话框

这一节将顺便引入文档类的概念。代码不必像以前那样写在第一帧里，而是写在专门的 AS 文件里，然后绑定到文档。这样做显然便于代码的维护，也显得各得其所。

在第一帧舞台上绘制背景图，作为界面的一部分。图 4-62 所示为下载器截图。

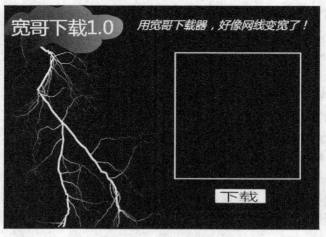

图 4-62　下载器截图

这个界面很好做。随着 Flash 制作经验的积累，我们应该具备看见一个界面就知道它可以用哪些工具来完成的能力。

界面上的闪电可不是用铅笔一笔一笔画出来的，而是运用了前面说过的 Deco Tool 里的闪电刷子。认真的读者应该已经对这个工具印象深刻了。

挑关键的来说，需要在舞台上创建一个按钮实例，用以启动下载，命名为 downloadBtn；一个动态传统文本框实例，命名为 stateTxt，用以显示下载进度；一个输入传统文本框实例，用以粘贴下载地址，命名为 urlTxt。

图 4-63 所示为文档属性面板截图。在文档属性面板的 PUBLISH 栏下 Class 输入框中，输入 KuangeDownloader。

新建一个 Action Script 3.0 Class 文件。图 4-64 所示为新建文档对话框。

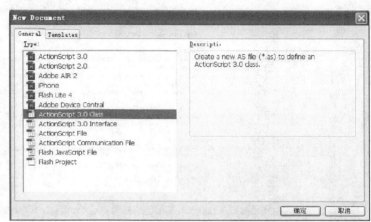

图 4-63　文档属性面板截图　　　　　　　　　　图 4-64　新建文档对话框

在弹出对话框中命名类名为 KuangeDownloader，确定后会进入一个 AS 文件编辑器，这里已经自动生成了一些代码。图 4-65 所示为新建 Action Script 3.0 类对话框。

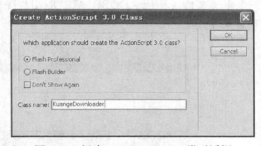

图 4-65　新建 Action Script 3.0 类对话框

将图 4-66 所示的代码敲入这个编辑器中，保存文件到相同文件夹，文件名必须与类名相同。

有了这些代码，就可以初步完成下载的功能。这是一个很简陋的下载器。使用方法是把下载地址复制到文本框中，单击下载，为文件选定保存位置并重命名，随后开始下载。

如果读者经常在网上看 Flash 源码，有时会比较头疼。并不是把源代码直接复制过来就能用，因为这里涉及很多需要加工的地方。例如阅读上面这些代码，从字里行间看到一些对象是需要我们亲自创建的，指的是 stateTxt，downloadBtn 和 urlTxt。一方面，根据引用名可以判断对象代表的类型；另一方面，从它们特有的属性可以知道类型。这样，我们只需创建同名同类型的对象放到舞台上即可使用代码。这时如果再出问题，有可能还是某些语句前后顺序有问题。例如倘若把上面的 21 行和 22 行的语句换下位，就不能编译通过。总之，学东西要机灵，不要怕麻烦；也不要过分依赖开源，否则容易导致人思维惰性增加，逐渐丧失自信、丧失创造力。

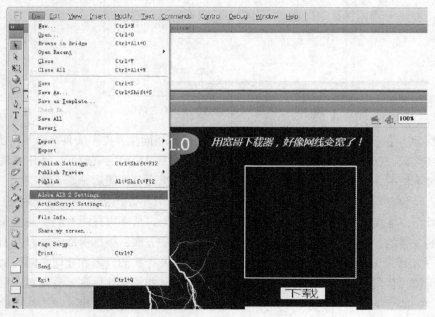

```
KuangeDownloader.as

                                                    Target: 宽哥下载.fla
1   package
2   (
3       import flash.display.Sprite;
4       import flash.text.*;
5       import flash.net.*;
6       import flash.events.*;
7
8       public class KuangeDownloader extends Sprite
9       (
10          private var fileR:FileReference;
11          private var nc:NetConnection;
12          private var urlRequest:URLRequest;
13
14          public function KuangeDownloader()
15          (
16              downloadBtn.addEventListener(MouseEvent.CLICK,downloadHandler);
17          )
18
19          private function downloadHandler(e:MouseEvent):void
20          (
21              urlRequest = new URLRequest(urlTxt.text);
22              fileR.download(urlRequest,"请修改名称,含扩展名");
23              fileR.addEventListener(ProgressEvent.PROGRESS,progressHandler);
24              fileR.addEventListener(Event.COMPLETE,completeHandler);
25          )
26          private function progressHandler(event:ProgressEvent):void
27          (
28              fileR = FileReference(event.target);
29              stateTxt.text = "正在下载..."
30                          +int(event.bytesLoaded / event.bytesTotal * 100)
31                          + "%";
32          )
33          private function completeHandler(event:Event):void
34          (
35              stateTxt.text = "下载完毕...";
36          )
37      )
38  )
Line 38 of 38, Col 2
```

图 4-66　下载器文档类代码截图

　　之后，可以将这个 AIR 进行发布（Publish）。AIR 不同于一般影片的发布，有一些参数需要设定。图 4-67 所示为文件菜单截图，要选择"Adobe AIR 2 Settings..."按钮。具体步骤请参阅相关教材，Adobe 专门编写了一个电子文档《构建 ADOBE®AIR®应用程序》。生成的 AIR 文件属于桌面安装程序，需要在本地安装来使用。

图 4-67　文件菜单截图

本文对 AIR 的介绍只是蜻蜓点水。如果读者浏览过 Action Script 3.0 的开发指导书，会发现 AIR 功能很强大，不仅具备与本地系统交互的功能，更有网络通信的能力，是富媒体技术的主推手。

4.8.6　视频

接着向大家引荐 Flash 里的视频功能，制作一个可以利用电脑拍照并能够保存照片的小程序。这个程序要求读者的电脑有摄像头。

这个程序自然要用到 ActionScript3 的很多知识。以读者现有的能力，已经完全可以自行完成，只不过需要很大的勇气和信心。在大脑一片空白的情况下，要学会找路子。可以到指导书中查阅相关内容，了解需要的类和技术细节；可以上网搜索代码，不要笑，不会搜的人就搜不到；可以结合着指导书阅读源代码，摘出有用的内容来。前文说过，阅读 ActionScript3 的代码有需要注意的地方。在做了这些准备工作后，就可以结合自己的想象制作程序了。当遇到困难时应该及时解决，首先搜索答案，而不要轻易提问。笔者的意思是，实在搜不到答案就应该提问。

总之，希望大家努力完成这个项目。

4.9　习　　题

1. 熟悉 flash 的操作界面。
2. 绘制如图 4-10～图 4-16 所示的图形。
3. 动手尝试将文字打散为散图的效果。
4. 动手尝试 flash 中新工具的使用效果。
5. 理解元件的概念。
6. 实现一个按钮。
7. 使用传统补间制作一个旋转圆。
8. 使用引导层实现一个抛体运动。
9. 使用补间形状实现图形的变化。
10. 实现一个侦听器。
11. 实现一个简易下载器。

第5章
Photoshop

相对于 Flash 的 "默默无闻"，Photoshop 可谓大名鼎鼎。网上 Photoshop 的教程、秘籍令人眼花缭乱，开发人员中高手云集。这里 "班门弄斧" 介绍一个简单的实例。

Photoshop 是 Adobe 公司旗下最为出名的图像处理软件之一，集图像扫描、编辑修改、图像制作、广告创意、图像输入和输出于一体，深受广大平面设计人员和电脑美术爱好者的喜爱。

Photoshop 的应用领域包括：平面设计、修复照片、广告摄影、艺术文字、网页制作、建筑图纸、绘画、绘制或处理三维贴图、视觉创意等。

5.1 Photoshop 简述

Photoshop 的主要档案格式有 ".PSD"（原始的图像文件，包含所有的 Photoshop 处理信息）、".PSB"（用于档案大小超过 2 Giga Bytes 的档案，是新版本的.PSD 格式）、".PDD"（用来支援 Photo Deluxe 的功能，Photo Deluxe 现已停止开发）。我们可以将一个典型的 photoshop 图像文件看作多个图层的堆栈，而在 photoshop 界面所看到的其实就是俯视这个堆栈的结果。如图 5-1 所示为图层界面示例，图 5-2 所示为 photoshop 图像示例。

图 5-1　图层界面示例

图 5-2　Photoshop 图像示例

5.2 Photoshop 的使用

Photoshop 的用户界面如图 5-3 所示。

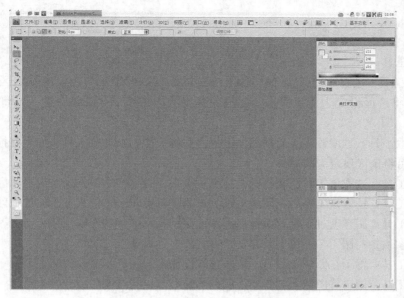

图 5-3　Photoshop 的用户界面

　　简洁大方的 Photoshop 用户界面包括最上方的菜单栏、最左边的工具栏、菜单栏下方的横条公共栏、右边的调板区。除最上方的菜单栏不可移动外，我们可以自由安排其他部分以适应自己的界面。

5.2.1　工具栏图解

　　我们先重点详细介绍其工具栏，如图 5-4 所示。

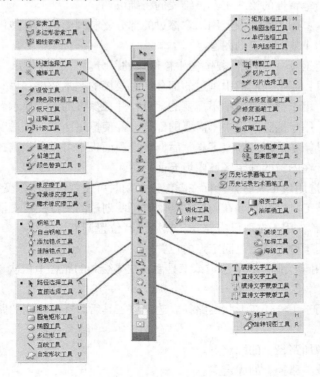

图 5-4　Photoshop 工具栏

5.2.2 工具栏详解

（1）选取工具。

矩形选取工具：选取该工具后在图像上拖曳鼠标可以确定一个矩形的选取区域，也可以在选项面板中将选区设定为固定大小。如果在拖曳的同时按下"Shift"键，可将选区设定为正方形。

椭圆形选取工具：选取该工具后在图像上拖曳可确定椭圆形选取工具，如果在拖曳的同时按下"Shift"键可将选区设定为圆形。

单行选取工具：选取该工具后在图像上拖曳可确定单行（一个像素高）的选取区域。

单列选取工具：选取该工具后在图像上拖曳可确定单行（一个像素宽）的选取区域。

（2）套索工具：用于通过鼠标等设备在图像上绘制任意形状的选取区域。

多边形套索工具：用于在图像上绘制任意形状的多边形选取区域。

磁性套索工具：用于在图像上具有一定颜色属性物体的轮廓线上设置路径。

（3）魔棒工具：用于将图像上具有相近属性的像素点设为选取区域。

（4）裁剪工具：用于从图像上裁剪需要的图像部分。

切片工具：选定该工具后在图像工作区拖曳，可画出一个矩形的切片区域。

切片选取工具：选定该工具后在切片上单击可选中该切片，如果在单击的同时按下 Shift 键可同时选取多个切片。

（5）修复工具：包含修复画笔工具和修补工具。

（6）画笔工具：用于绘制具有画笔特性的线条。

铅笔工具：具有铅笔特性的绘线工具，绘线的粗细可调。

（7）仿制图章工具：用于将图像上用图章擦过的部分复制到图像的其他区域。

图案图章工具：用于复制设定的图像。

（8）历史记录画笔工具：用于恢复图像中被修改的部分。

艺术历史画笔工具：用于使图像中画过的部分产生模糊的艺术效果。

（9）橡皮擦工具：用于擦除图像中不需要的部分，并在擦过的地方显示背景图层的内容。

背景橡皮擦工具：用于擦除图像中不需要的部分，并使擦过区域变成透明。

渐变工具：在工具箱中选中"渐变工具"后，在选项面板中可进一步选择具体的渐变类型。

油漆桶工具：用于在图像的确定区域内填充前景色。

（10）模糊工具：选用该工具后，光标在图像上划动时可使划过的图像变得模糊。

锐化工具：选用该工具后，光标在图像上划动时可使划过的图像变得更清晰。

（11）路径选择工具：用于选取已有路径，然后进行位置调节。

路径调整工具：用于调整路径上固定点的位置。

（12）钢笔工具：用于绘制路径。选定该工具后，在要绘制的路径上依次单击，可将各个点连成路径。

自由钢笔工具：用于手绘任意形状的路径。选定该工具后，在要绘制的路径上拖曳，即可画出一条连续的路径。

添加锚点工具：增加路径上的固定点。

删除锚点工具：减少路径上的固定点。

转换点工具：在平滑曲线转折点和直线转折点之间进行转换。

（13）横排文字工具：在图像上添加文字图层放置文字。

直排文字工具：在图像的垂直方向添加文字。

横向文字蒙版工具：向文字添加蒙版或将文字作为选区选定。

直排文字蒙版工具：在图像的垂直方向添加蒙版或将文字作为选区选定。

（14）矩形工具：选定该工具后，在图像工作区内拖曳可产生一个矩形图形。

圆角矩形工具：选定该工具后，在图像工作区内拖曳可产生一个圆角矩形图形。

椭圆工具：选定该工具后，在图像工作区内拖曳可产生一个椭圆形图形。

多边形工具：选定该工具后，在图像工作区内拖曳可产生一个五条边等长的多边形图形。

直线工具：选定该工具后，在图像工作区内拖曳可产生一个星状多边形图形。

（15）吸管与测量工具。

吸管工具：用于选取图像上光标单击处的颜色，并将其作为前景色。

色彩均取工具：用于将图像上光标单击处周围四个像素点颜色的平均值作为选取色。

测量工具：选用该工具后在图像上拖曳，可拉出一条线段，在选项面板中则显示出该线段起始点的坐标、始末点的垂直高度、水平宽度、倾斜角度等信息。

【示例】穿透柏林墙的彩虹。

Step1. 打开墙体文件，如图 5-5 所示。

图 5-5　墙体文件界面

Step2. 按照图示步骤在墙上画出彩虹，如图 5-6 所示。

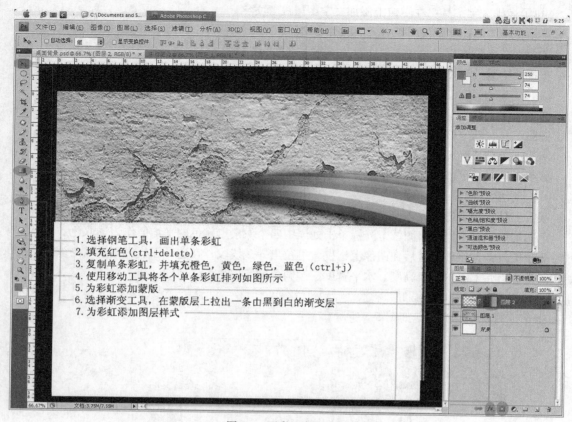

图 5-6　画彩虹步骤示例

Step3.　为彩虹添加如图 5-7 所示的图层样式。图 5-8 所示为墙面立体化效果

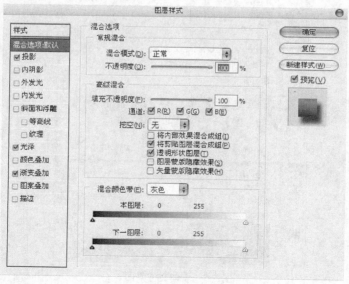

图 5-7　添加图层样式示例

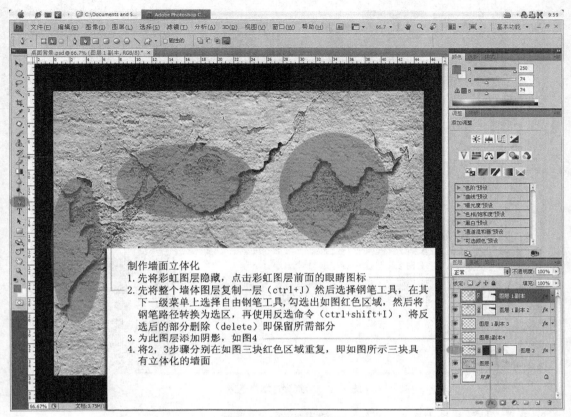

图 5-8　墙面立体化效果

Step4. 处理墙面使之产生立体化效果。立体化墙面图层效果如图 5-9 所示。

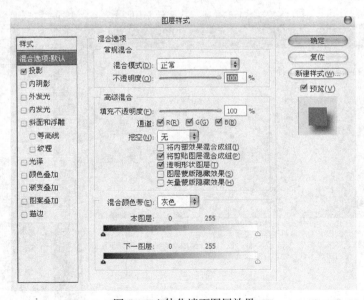

图 5-9　立体化墙面图层效果

Step5. 利用渐变产生彩虹穿过墙体的效果，如图 5-10 所示。

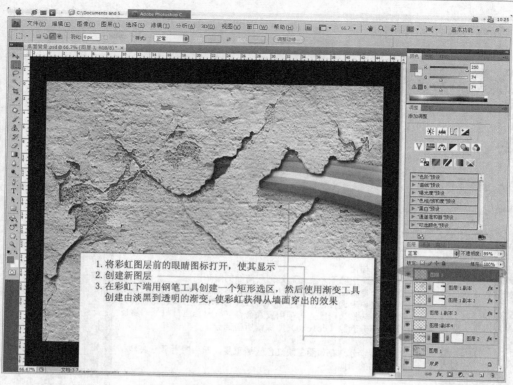

图 5-10　彩虹穿过墙体效果

Step6.　在墙体裂缝中插入和平绿枝，效果如图 5-11 所示。

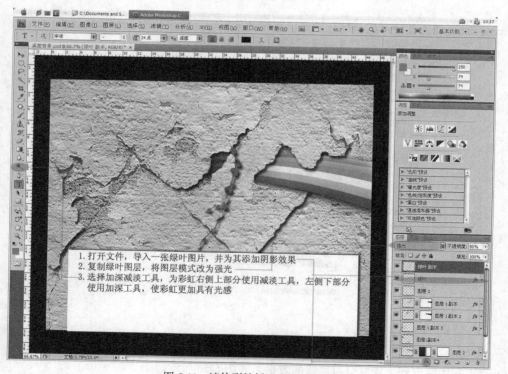

图 5-11　墙体裂缝插入和平枝效果

5.3　Photoshop 图片案例

制作软件：Photoshop cs3。

图 5-12 所示为时尚立体效果主题壁纸最终效果图。

图 5-12　时尚立体效果主题壁纸最终效果图

5.3.1　准备工作

1. 名称

时尚立体效果主题壁纸。

2. 构思

关键字：文字设计、重色、鲜艳、欧式童话。

主题：生日庆祝。

风格：欧美插画。

由于是面向年轻一代，因此鲜艳跳跃的颜色似乎更理想，所以欧美的重彩比较有感觉。

3. 文件创建

由于不是印刷品，所以分辨率不需要太高，但又要考虑到可能会作为首页使用而要适应各种常用的显示器分辨率所以也不能太小。所以使用的原始画布分辨率为：1600×120072pxRGB 模式黑色填充。

4. 文字设计

这里我们先开始摆字，确定每个字的位置及透视关系。选择的是居中构图，大致要把中心文字放在中间作为中间点，其他文字环绕中间点。

首先要把关键字 ourshallow 打出来，但要注意的是：

（1）由于要贴近于童话，并且要考虑到后期的变形以及立体渲染，所以选择的是 Alexis 系列的字体（四边比较平整且线条较粗）。

（2）字体要分开设计，所以需要分层，一个图层一个字。

（3）前景色设置为#2789ba，背景色设置为#164e69，再输入文字。

5.3.2　文字制作

由于要对字体做变形扭曲处理，如果在扭曲过程中文字是由小变大，那最后的效果会变模糊。图 5-13 所示为原始文字效果图，图 5-14 所示为扭曲图案后模糊效果图。

图 5-13　原始文字效果图　　　　　　图 5-14　扭曲图案后模糊效果图

文字的分辨率要足够大，所以我们要把所有的文字都尽可能地拉大。

方法是：

（1）选择所有文字图层。

（2）当前工具切换为移动工具。

（3）选择顶部选项栏里的"水平居中对齐"及"垂直居中对齐"。

（4）按下 ctrl+t 组合键启用变形工具并且按住 shift 键用鼠标左键在变形框的四角任意一角往外拉大，直到变形框超过整个画布一些，然后按回车键确定。

（5）栅格化所有文字图层。

（6）从第一个字母开始处理：

①　由于 Alexis 系列的字体 O 字母比较扁，我们先来把它拉长，选择第一个 O 字图层，用矩形选框工具把字母的下半部分选中，只要选框工具在两边的直线中间切过就行，如图 5-15 所示。

然后选择移动工具，按住 shift 键在选框内往下拖曳，如图 5-16 所示。

 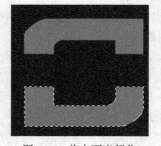

图 5-15　选中下半部分　　　　　　图 5-16　拖曳下半部分

取消选择，再选矩形选框工具对好位置，把字母断缺的两边补上，如图 5-17 所示。

这里要注意一个细节，就是文字栅格化之后边缘有一条半透明的像素，所以直接用选框工具填充之后在原图与新填充的衔接部位会出现锯齿，如图 5-18 所示。

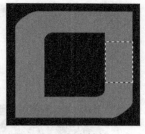

图 5-17　补缺

图 5-18　锯齿

这在后期制作会影响效果，我们可以用橡皮擦工具或者矩形选框把这条细边删掉。

②按住 Ctrl+T 组合键启用变形工具，再在变形框内单击右键，选择"扭曲"，如图 5-19 所示。拖曳四角锚点，把字体处理成如图 5-20 所示效果。

图 5-19　变形工具框

图 5-20　拖曳锚点效果

③在图层面板按住 Alt 键选择文字层往下拖，复制一个图层到当前层下面，同时按下 Alt+Shift+Del 组合键填充背景色，如图 5-21 所示。

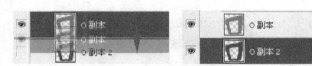

图 5-21　拖曳图层复制效果

④把 O 副本 2 向右移动，变成如图 5-22 所示叠加立体效果。

再将 O 副本 2 上下缩小少许，让 O 副本 2 的高度小于前面的图像就行，如图 5-23 所示。

图 5-22　叠加立体效果

图 5-23　调整叠加效果

上下两边有一个坡度，如图 5-24 所示。

然后用钢笔工具把两个图层衔接的空当连起来，按 Ctrl+Enter 组合键转换为选区，并填充背景色，让两个图层看起来像一体的。

路径选取如图 5-25 所示。

图 5-24　坡度

图 5-25　路径选取图

转换选区如图 5-26 所示。

填充颜色如图 5-27 所示。

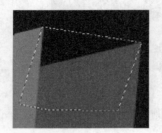

图 5-26　转换选区

图 5-27　填充颜色

这些步骤完成之后就变成如图 5-28 所示效果。

依次把其他文字都排好位置并按照这个方法处理，注意前后顺序和透视关系，最终效果如图 5-29 所示。

图 5-28　填充背景色完成效果

图 5-29　文字完成效果

这里要单独说一下两个 L 的设计。由于进行到这里仅仅是文字变形会感觉很单调，所以想在这两个字母上做点变化。

方法如下：

先处理字母，注意字母的尾巴被剪去了一些，如图 5-30 所示。

然后选择钢笔工具画出路径再转换选区，填充颜色后效果如图 5-31 所示。L 的摆放位置如图 5-32 所示。

图 5-30　剪去尾巴　　　　　　　　　　图 5-31　L 最终效果

文字的上半部分要绕到另外一个字母的后面，所以要考虑衔接与层次的问题。但是这些文字后期还要做上色处理，我们就没有合并它。那要怎样去处理呢？这里教给大家一个小技巧：图层编组功能。

① 图层面板将 L 有关的几个图层都选择，如图 5-33 所示。

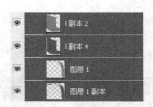

图 5-32　L 的摆放位置　　　　　　　　图 5-33　选择图层

② 按下 Ctrl+G 组合键启用编组功能，如图 5-34 所示。

③ 按下图层面板下方的图层蒙版按钮开启蒙版 ，文件夹图标后面就多了一个蒙版的样式，如图 5-35 所示。

图 5-34　启用编组　　　　　　　　　　图 5-35　开启蒙版

然后找到中间 H 字母的那个图层，按住 Ctrl 键单击图层，载入选区，如图 5-36 所示。
接着按住 Ctrl+Shift 组合键单击 H 字母的透视层添加选区，如图 5-37 所示。

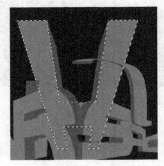

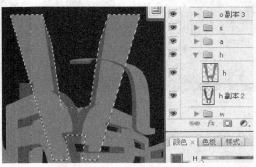

图 5-36　载入选区　　　　　　　　　　图 5-37　添加选区

填充黑色（在做上述载入选区的动作时图层面板一直保持在新建立的图层蒙版上），如图5-38所示。

蒙版效果如图5-39所示。

图5-38　填充黑色

图5-39　蒙版效果

实际效果如图5-40所示。

另一个L用相同的办法，只是载入的是前一个L的选区。最终文字整体效果如图5-41所示。

图5-40　实际效果

图5-41　最终文字整体效果

接着添加一些小的装饰符号，让画面看起来更平衡饱满一些，如图5-42所示。可以自己动手做，也可以去网上找素材，但必须要找跟最终效果相配的图案来添加。

摆字的部分到这里就告一段落了，接下来要开始进一步加深文字质感的渲染。先从左边开始。像这类要突出立体感的图像，我们首先要确定一个或者多个光源，如图5-43所示几个部分。

图5-42　添加装饰

图5-43　光源部分

这里的光源只是大概规划的，后面我们还要考虑到反射以及质感的其他效果。开始添加阴影及处理部分高光的变化（为了方便观察阴影，我们先把背景填充成白色），如图5-44所示。

接着开始按照光源设定来分别处理文字，这里以一个"O"字为例分解，如图5-45所示。

图 5-44　背景白色

图 5-45　"O"字示例

先从表层开始处理：新建一个图层，并把鼠标移到图层面板上，在新建层及表面层之间按住
Alt 并单击鼠标左键启用镶入功能，把上一层的像素镶入下一层里，如图 5-46 所示。

切换到画笔工具，设置硬度为 0，画笔不透明度为 30%，前景色为黑色，开始涂抹。既然光
源定在"O"字的右上部位，那么离光源远的地方自然颜色比较深，所以我们把右下部分稍稍涂
深一些，如图 5-47 所示。

图 5-46　镶入图层

图 5-47　涂深右下部

接着在透视层上方也新建一个层，用同样的方法把新建层镶入透视层里，如图 5-48 所示。
继续用画笔画出深色部分，如图 5-49 所示。

图 5-48　镶入图层

图 5-49　涂深内部

接着画高光。将前景色设置为白色，再用同样的方法画出来。不过高光层最好单独建立，以
便后期修改，如图 5-50 所示。

效果如图 5-51 所示。

当然这样还不够，仍然达不到最终通透的效果，所以我们要沿着高光部分再加强一下边缘。
这里有两个办法：一是用路径沿着高光部分画出加强的边缘，如图 5-52 所示。

图 5-50　单独建立高光层

图 5-51　高光效果

然后变换选区，填充白色，最终效果如图 5-53 所示。

图 5-52　画出加强边缘

图 5-53　最终效果

二是直接载入表面层的选区，选择→修改→收缩 3 像素左右即可，接着按 Ctrl+Alt+I 组合键反向选择，同时按住 Ctrl+shift+Alt 组合键单击表面层拼合选区。然后在选区内单击右键，选择自由变换选区并略微缩小一些，再填充白色，如图 5-54 所示。

接下来就着这个高光层添加图层蒙版，将离光源远的部分擦去，只留下靠近光源的部分即可，要注意过渡自然，最终效果如图 5-55 所示。

图 5-54　选择自由变换选区

图 5-55　最终效果

这个文字的处理到这里就完成了，再用同样的方法把其他部分处理好即可。当然，要特别注意的是文字的层次问题。由于这幅图是仿三维的，所以我们要考虑到投影的问题。投影的制作方法跟上面提到的加暗部方法一样，可以用画笔直接涂抹，然后上色，直接用色相饱和度调整即可。对不同的元素做不同的调整，要注意色彩的搭配。如图 5-56 所示为文字效果。

图 5-56　文字效果

5.3.3　背景制作

到这里文字的处理告一段落，下面开始背景的处理。先把背景填充为黑色，如图 5-57 所示。因为黑色能够比较好地反衬出主体的颜色效果，让画面里的色彩饱和度得到最高的表现，让整个作品的最终效果产生炫目的作用。所以在背景层上再新建一个图层，用钢笔工具勾画出如图 5-58 所示的形状。

图 5-57　黑色背景

图 5-58　用钢笔工具勾画形状

按 Ctrl+Enter 组合键转换路径选区，羽化 50 像素，设置前景色为:# f2a21e，填充到选区里，再执行滤镜→高斯模糊，半径为 250，效果如图 5-59 所示。

感觉这里背景的色彩还是不够耀眼，所以在中间再加强一下。新建一个图层，在图层面板上方将图层不透明度改为 40。选择渐变工具，采用前景到透明的渐变样式，如图 5-60 所示。

图 5-59　模糊效果

前景到透明

图 5-60　选择渐变样式

选择径向渐变，稍稍从中间往旁边拉出一个渐变，效果如图 5-61 所示。

效果并不是十分明显，但也不需要背景太亮。接着新建一个图层，画出或者寻找放射状线条，填充颜色#ffcb05，图层模式为叠加，效果如图 5-62 所示。

图 5-61　径向渐变效果

图 5-62　放射线条

现在就可以看到新加的那个渐变效果了。但是还需要修改一下，在放射线条的图层添加一个图层蒙版，把四个边缘都擦去一些，注意过渡要自然，效果如图 5-63 所示。

图层蒙版效果如图 5-64 所示。

图 5-63　擦出模糊效果

图 5-64　图层蒙版效果

这里又觉得橘黄色太亮了，而且跟前景的图案很不搭配。所以又在这个图层上方新建了一个色相/饱和度调整图层，参数如图 5-65 所示。

图 5-65　色相/饱和度

效果如图 5-66 所示。

感觉背景的色彩融合了，但色彩变化太少，还是不太能够打动人。所以我们在上方添加一个图层，模式为叠加，如图 5-67 所示。

图 5-66　色相/饱和度效果　　　　　　　　　　　　　　图 5-67　叠加

选择渐变工具，选择径向渐变，选取绿色、蓝色、黄色这个渐变，如图 5-68 所示。

这个是系统默认的渐变样式，添加方式为：渐变工具，画布内单击右键出现样式仓库，点选右上角的三角箭头出现下拉菜单，选择蜡笔，如图 5-69 所示。

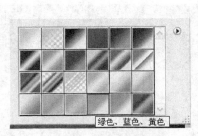

图 5-68　选择径向渐变　　　　　　　　　　　　　图 5-69　选择蜡笔

然后在画面内从左上角往右下角拉出渐变，如图 5-70 所示。

效果如图 5-71～图 5-73 所示。

这样背景的色彩就丰富了许多，但还可以再加强一些。所以新建一个图层，模式为叠加，用渐变工具，径向渐变，从前景到透明渐变样式，在边上拉出一些比较浅的渐变，颜色自定。

图 5-70　拉出渐变

图 5-71　渐变效果 1

图 5-72　渐变效果 2

图 5-73　渐变效果 3

5.3.4　丰富背景

　　到这一步，大致效果已经形成，但是感觉图里的元素还太少，所以我们可以找一些其他元素加进去。在这里我们选用了富有童话效果的卷曲树蔓素材，叠在文字后面。为了增强立体感，还添加了一个浮雕样式，素材如图 5-74 所示。

　　这里还要注意处理素材与字母的投影部分。

　　到这里，已经把文字层全部合并，并且添加了外发光效果，效果如图 5-75 所示，设置如图 5-76 所示。

图 5-74　素材

图 5-75　添加外发光效果

　　继续添加元素。我们想要的是一些闪闪发光的萤火虫环绕在文字周围，让文字显得更加炫彩夺目。下面给出小亮点的制作方法：设置前景色为白色，选择画笔工具，设置画笔不透明度为 100%，打开画笔设置选项，具体参数设置如图 5-77~图 5-80 所示。

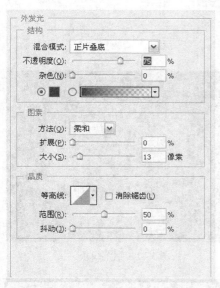

图 5-76　外发光效果设置

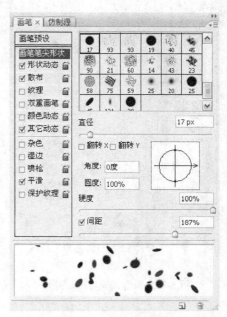

图 5-77　画笔笔尖设置

图 5-78　画笔形状动态设置

图 5-79　画笔散布设置

然后选择钢笔工具随意画出一些围绕在字体周围的线条，如图 5-81 所示。

钢笔工具下按住 Ctrl 键在空白地方单击一下左键，取消对路径的选择，放开 Ctrl 键，再单击右键，在下拉菜单中选择描边路径，选择画笔，勾选模拟压力复选框，单击确定按钮，如图 5-82 所示。

得到如图 5-83 所示效果。

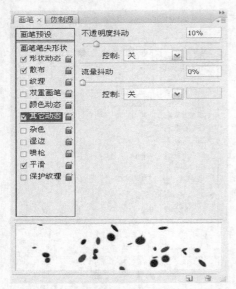

图 5-80 画笔其他动态设置

图 5-81 钢笔线条

图 5-82 选择画笔

图 5-83 效果

添加图层样式，如图 5-84 所示。

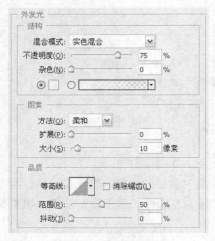

图 5-84 图层样式设置

图 5-85 效果

　　还是觉得不够丰富，所以用相同的办法继续添加一些小颗粒，直到满意为止效果如图 5-85 所示。还可以找一些其他小的元素添加进去，如图 5-86 所示的桃心是在网上找的图片抠出再放进去的。

　　到这里已经跟最终效果差不多了，但是图的色彩饱和度还不够，所以在所有图层上方添加了几个调整图层，分别是色阶层、色彩平衡层和曲线层，设置如图 5-87～图 5-91 所示。

图 5-86　添加效果

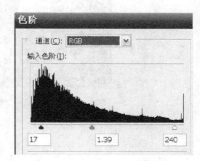

图 5-87　色阶

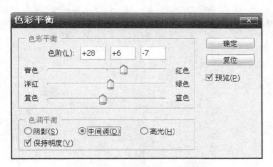

图 5-88　色彩平衡-中间调

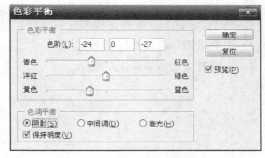

图 5-89　色彩平衡-阴影

图 5-90　色彩平衡-高光

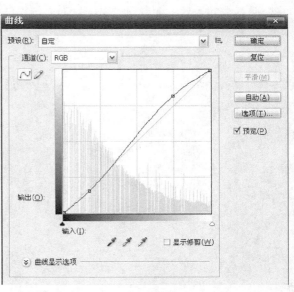

图 5-91　曲线

最终调整效果如图 5-92 所示。

图 5-92　最终效果

5.4　习　　题

1. 熟悉 Photoshop 的操作界面及工具栏。
2. 实现示例穿透柏林墙的彩虹。
3. 实现时尚立体效果主题壁纸。

第6章
Audition

声音在一个多媒体交互中是不可或缺的表现手段。随着多媒体信息处理技术的发展，计算机硬件速度的加快、功能的加强，数字音频技术已经被广泛应用。解说、配合静态图片或动画的音乐、背景音乐、游戏音响效果、电子有声读物、语音识别、声音模仿等多种形式使多媒体的表现更加丰富多彩。

Adobe Audition 3.0 是一个专业音频编辑与混合环境。其最多混合 128 个声道，可编辑单个音频文件，创建回路并可使用 45 种以上的数字信号处理效果。本章就以 Adobe Audition v3.0 为例介绍音频的制作。

6.1　Audition 3.0 的安装和启动

6.1.1　安装界面

安装界面如图 6-1 所示。

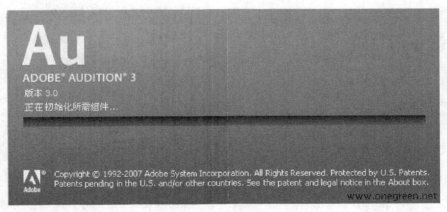

图 6-1　安装界面

然后根据安装向导提示，一步步完成即可。

6.1.2　启动界面

启动界面如图 6-2 所示。

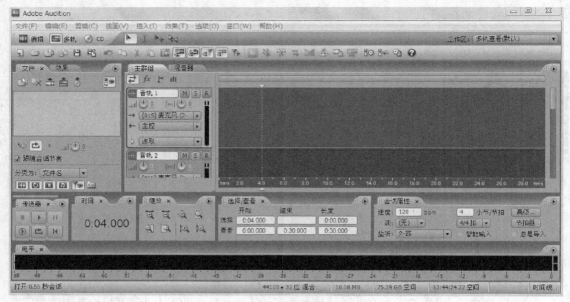

图 6-2　启动界面

安装注意：

（1）安装完英文版后建议可以选择安装中文包，接下来的软件讲解也会用到中文版。

（2）系统会自动执行"Adobe Audition 3.0"的安装程序（安装路径必须和前面一样），输入序列号以后，下一步会有音频文件编码解码关联选择，默认是不安装 WMA、MP3 编码解码器的。所以大家必须把它们都选上，否则就不能保存为 WMA、MP3 文件了。方法是把所有单选按钮点选到左边的 Assoc late 中即可。

（3）Adobe Audition 3.0 在界面设计方面更加完善，用户可以很简便地改变软件皮肤，按 F4 键可以直接进入皮肤管理。图 6-3 所示为皮肤设置界面。

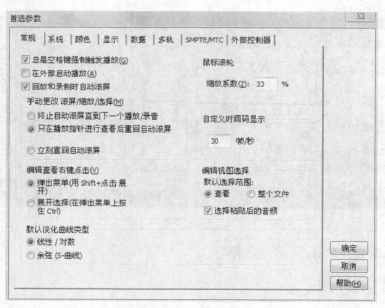

图 6-3　皮肤设置界面

6.2　音频素材制作

6.2.1　获取

软件会默认到"我的音乐"文件夹找音频素材，只需选择音乐放置的文件夹即可，如图 6-4 所示。导入音乐前，用户可以选择右下角的播放按钮进行试听以确定音乐绝对正确，然后把音频导入软件就可以保证万无一失。

图 6-4　选择放置音乐的文件夹

6.2.2　播放

导入音乐后单击音乐名就会显示音乐的波形图，如图 6-5 所示。按下播放键就可以播放音乐了。

图 6-5　音乐的波形图示例

选择【视图】菜单中的【光谱视图】命令，可以将波形显示区改变成频谱显示区，如图 6-6 所示。频谱的横坐标是时间，纵坐标是频率，频谱显示声波在各个时刻的频率构成。

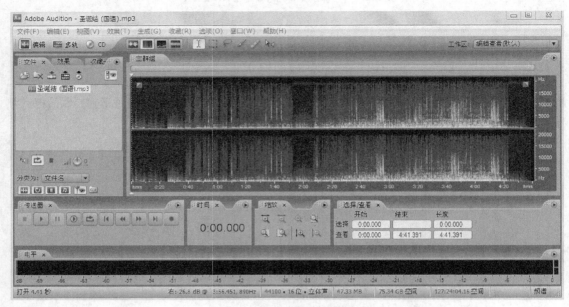

图 6-6　音乐频谱显示示例

在单轨音频显示区单击鼠标右键，可以插入音频到多轨窗。如图 6-7 所示为多轨窗界面。

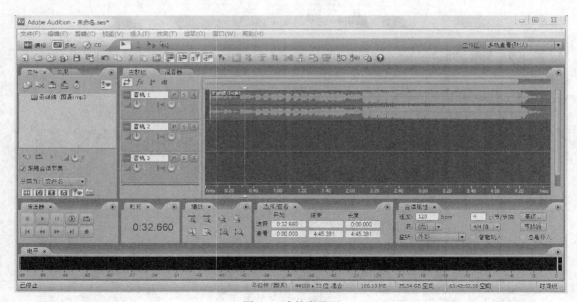

图 6-7　多轨窗界面

选中的波形区域会反白显示，效果如图 6-8 所示。

局部播放：在波形图中单击鼠标左键确定播放开始位置，按住鼠标左键拖曳可以选择需要播放的波形片段。如果想修改波形片段的位置可以按住波形上方的半三角滑块，并以左右拖曳来改变片段的位置。

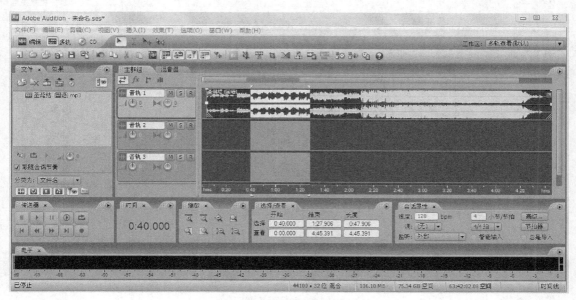

图 6-8　选中波形效果

确定了局部播放的片段后，则可以按下播放按钮来播放所选的波形区域。这里可以按下重复按钮进行循环播放，快进和快退按钮也可以帮助用户进行音乐制作。如图 6-9 所示为播放音乐效果示例。

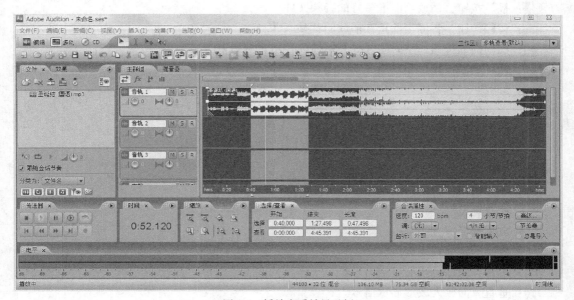

图 6-9　播放音乐效果示例

6.2.3　编辑

1．主界面

主界面示意图如图 6-10 所示。

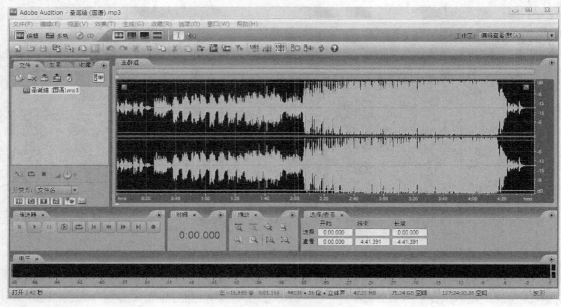

图 6-10　主界面示意图

2．界面分析

（1）声音播放按钮。

■：停止按钮，停止正在播放的音频文件。

▶：播放按钮，播放当前准备好的音频文件。

‖：暂停按钮，暂停当前正在播放的音频文件。

▷：向前播放按钮，从时间线处开始播放音乐直至结束。

↻：循环播放按钮，循环播放选定的音频文件。

◀◀ ◀◀ ▶▶ ▶▶：倒带按钮、快退按钮、快进按钮和进带按钮。

●：录音按钮。

（2）缩放工具。

🔍：居中放大按钮，将窗口的波形放大。

🔍：居中缩小按钮，将窗口的波形缩小。

🔍：还原按钮，将窗口大小显示整个波形。

🔍：缩放选定部分。

🔍：放大选定部分的左边。

🔍：放大选定部分的右边。

🔍：垂直方向缩小波形显示信号。

🔍：垂直方向放大波形显示信号。

3．显示频谱分析

选择【分析】菜单中的【显示频谱分析】或按 Alt+Z 组合键，弹出图中频谱显示窗口，如图 6-11 所示。频谱显示是动态的，通过窗口右上角的 1，2，3，4 按钮可以定格住指定瞬间的频谱。

显示相位分析。选择【分析】菜单中的【显示相位】，弹出相位显示窗口，如图 6-12 所示。

图 6-11　频谱显示窗口

图 6-12　相位显示窗口

6.3　音频的编辑

6.3.1　音频的录制

录制声音之前要明白两个概念，即播放控制台与录音控制台。

使用"音量控制"可以调节计算机或其他多媒体应用程序所播放的音乐，选择【附件】菜单中的【娱乐】选项，单击【音量控制】，进入音量控制面板，如图 6-13 所示。选择【选项】中的【属性】可以选择录音控制，如图 6-14 所示。

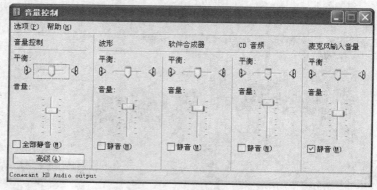

图 6-13　音量控制面板

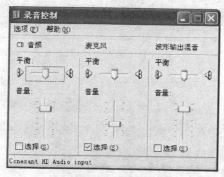

图 6-14　录音控制面板

明白上面两个概念后，进入录制声音阶段。选择【文件】菜单中的【新建文件】，弹出如图 6-15 所示对话框，默认进入即可。

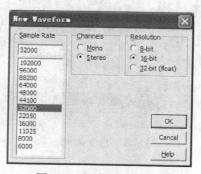

图 6-15　新建文件对话框

然后单击 按钮进行录音，一般在录音最开始时要留一段空白，这样可以方便后面的降噪处理工作；接着通过话筒录入音频，完成录音后单击 按钮即停止录音。此时波形显示区会出现刚录制好音频的波形图。单击 按钮即可播放该音频文件。最后选择【文件】菜单中的【保存】，进行保存。

6.3.2　音量的控制

选择【效果】菜单中的【振幅】，单击【扩大/渐变】命令，弹出如图 6-16 所示对话框。单击"恒定扩大"选项卡，这里增加 5db 的音量，单击确定按钮。此时有个按钮（预览）预演按钮可以预先试听调整后的音量，同时可以只对某个选中的区域调整音量，只需预先选中该区域即可。

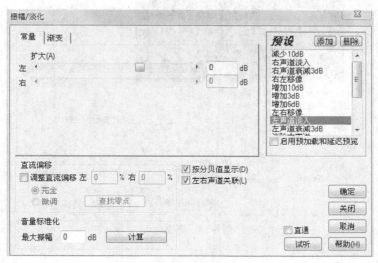

图 6-16　试听前

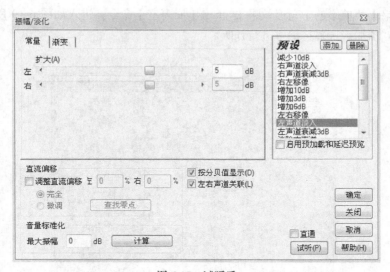

图 6-17　试听后

6.3.3　消除噪声

对音频素材进行降噪处理在很多时候都比较有效。在菜单栏中选择【效果】，接着选择 【刷新效果列表】，弹出对话框，选择"是"刷新完后，接着选择菜单栏中【效果】里的 【降噪】选项，然后选择"降噪…"，进去后选择"噪音采样"，然后按"关闭"，选中整个波形，可以通过缩放波形到一个界面中，再重新选择菜单栏中的【效果】里的【降噪】"降噪…"，最后单击确定按钮，这样录音过程中的噪声就消除了。如图 6-18 所示为降噪面板。

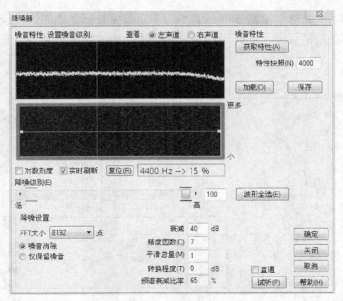

图 6-18　降噪面板

6.3.4　回声效果

选择【效果】菜单中的【延迟效果】，单击【回声室】命令，进入如图 6-19 所示对话框，默认参数，勾选"预加载"复选框可进行预听。

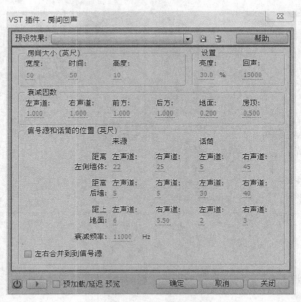

图 6-19　回声室面板对话框

6.3.5　混响

不同的录音环境，不同的曲风，混响效果是不一样的。加混响是为了避免声音太干涩，录制人声加混响效果会更好。

选择【效果】菜单中的【延迟效果】，单击【混响…】命令，出现如图 6-20 所示对话框。自己可以通过试听调整参数，这项工作非常需要经验。勾选"预加载"复选框可进行预听。

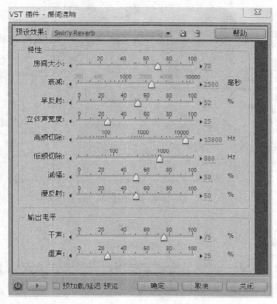

图 6-20　混响面板对话框

6.3.6　淡入淡出

先选中音频样本最前面的区域（淡入）或结尾的一段区域（淡出）。

选择【效果】菜单中的【振幅】，单击【扩大/渐变】命令，再单击【渐变】选项卡。

淡入设置：将"初始扩大"设置为最小，"最终扩大"设置为 0，如图 6-21 所示。单击"预览"进行试听。

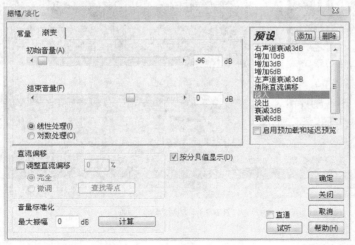

图 6-21　淡入设置

淡出设置：将"初始扩大"设置为 0，"最终扩大"设置为最小，如图 6-22 所示。单击"预览"进行试听。

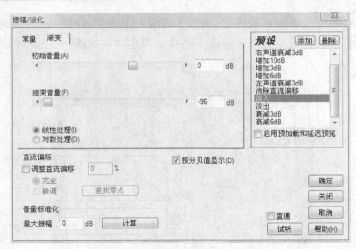

图 6-22　淡出设置

6.3.7　复制粘贴

在这款软件中有 6 个剪贴板，可以灵活地方便用户进行多次复制而不清除上次复制的内容；同时又可以对编辑内容进行比较，以选出最优方案。

6.3.8　静音

选中一段音频波形，选择【效果】菜单中的【静音】，选中的波形便立马"消失"了。如图 6-23 所示为消除波形示例。

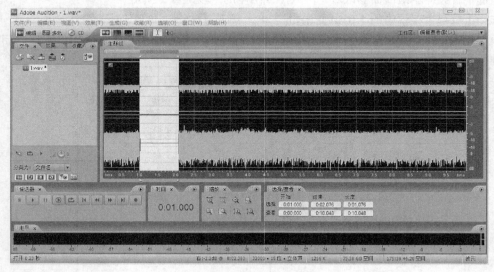

图 6-23　消除波形示例

6.3.9　延迟效果

选择【效果】菜单中的【延迟效果】，单击【延迟…】命令，弹出如图 6-24 所示对话框。可以通过合理安排比例，调整时间和混合比例。

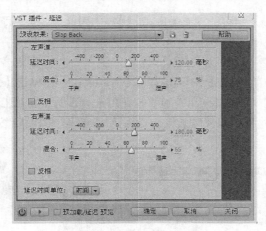

图 6-24　延迟面板对话框

6.3.10　立体音

先按 F11 键进入如图 6-25 所示对话框，单击确定按钮。

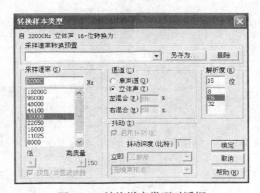

图 6-25　转换样本类型对话框

选择【效果】菜单中的【directX】，选择【Ultrafunk fx】，单击【Phase R3】命令，进入如图 6-26 所示对话框。单击"预演"按钮可进行预听，它正上方有一可选框"旁路"可听没有回音效果的音频，这样可以比较效果。

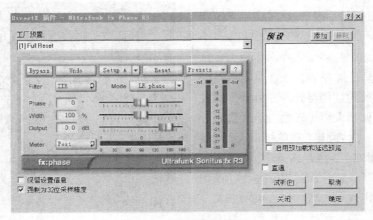

图 6-26　预听面板对话框

这里一定要注意 directX 中可能没有 Ultrafunk fx ，因此需要上网下载插件。

6.3.11　混响

选择【效果】菜单中的【directX】，选择【Ultrafunk fx】，单击【Phase R3】命令，进入如图 6-27 所示对话框。单击"（Preview）预演"按钮可进行预听，它正上方有一可选框"旁路"可听没有回音效果的音频，这样可以比较效果。（新手可以参考下图设定参数，熟练以后可以自己定义适合自己的值。）

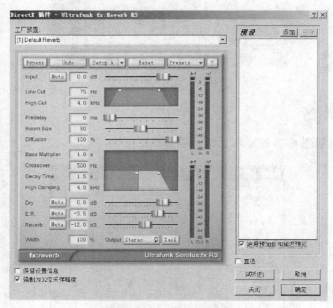

图 6-27　预听面板参数设置

另外，在该软件中还有很多效果，如"压限，增强人声的力度和表现力"等。这里就不一一举例了，读者可以参考网上一些资料进行试验。

6.3.12　混缩（混音）

混缩（mixing）也就是混音，在音乐的后期制作中对各个音轨进行后期的效果处理，调节音量然后最终缩混导出一个完整的音乐文件。

混缩之前先细细听多音轨界面伴奏（音轨1），加上一些低频，挑好 EQ（EQ 是均衡器的意思，是调节音效的。伴奏处理好以后，就进入多音轨界面，调整人声（音轨 2）音量。人声音量调整好后，在"编辑"菜单栏中选择"混缩到空音轨（音轨 3）"，接着选择"全部波形"。这样混缩就完成了，如图 6-28 和图 6-29 所示。

混缩好后双击混缩音轨，进入单轨形式，从头到尾仔细听一遍，听听是否均衡、是否需

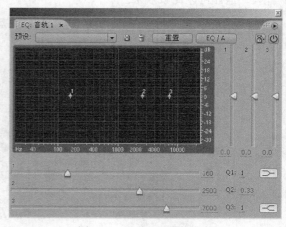

图 6-28　调节 EQ 调节音量

要加些低频等。把 EQ 调好，调到自己满意为止。一切都调整好以后，接着要做的就是保存自己的作品。双击混缩音轨，然后选择菜单栏的文件，选择另保存，选好文件格式（一般选的都是MP3），单击确定按钮。如图 6-30 所示为混缩界面。

图 6-29　混缩界面

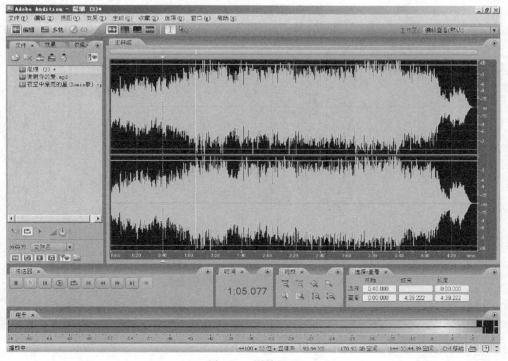

图 6-30　混缩界面

6.4 习　　题

1. 熟悉 Audition 的操作界面。
2. 实现音频素材的制作。
3. 尝试制作一段音频并进行编辑。

第 7 章
其他软件

本章将介绍一些其他的多媒体制作软件，同样很实用。

7.1 视频制作——会声会影

视频信息的处理是多媒体制作中的一个重要环节，如新闻联播的片头、教学录像、影视剧中的一些特写镜头以及令人眼花缭乱的广告片都是采用数字视频信息处理技术制作的，是基于现实加工制作的产品。视频编辑经历了模拟视频编辑和数字视频编辑两个阶段。模拟视频编辑是采用线性编辑的方法，数字视频编辑是采用非线性编辑的方法。

会声会影（Ulead VideoStudio）是目前非常流行、非常优秀的视频非线性编辑软件。其功能强大而且操作简单，是适合个人及家庭使用的一套影片剪辑软件。

7.1.1 会声会影的安装与启动

本书中，采用会声会影 10 作为例子进行介绍。

（1）安装界面如图 7-1 所示。

图 7-1 会声会影安装界面

然后根据安装向导提示，一步一步地完成。

（2）安装完成之后，就可以在"开始"→"程序"→"Ulead VideoStudio 10"中找到会声会影 10，单击就可以运行会声会影了。如图 7-2 所示为会声会影 10 启动界面。

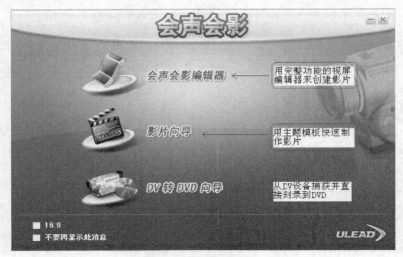

图 7-2　会声会影 10 启动界面

（3）我们选择【会声会影编辑器】来创建影片，其工作界面如图 7-3 所示。

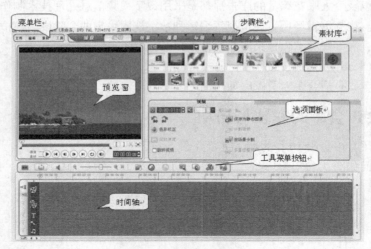

图 7-3　编辑工作界面

下面我们来大致认识一下窗体各个部分的功能。

（1）菜单栏：包含了用于设置项目、素材编辑、管理等命令的菜单。

（2）步骤栏：列出了视频编辑的操作和流程，单击菜单栏中的按钮可以进入相应的编辑步骤。

（3）素材库：为用户提供大量视频素材、音频素材、图片素材、转场素材、装饰素材等。可以通过拖曳的方式将素材添加到影片中。

（4）预览窗口：显示视频素材、视频滤镜、转场、标题的效果，也可以查看制作的影片视频效果。

（5）选项面板：包含用于对素材进行定义、设置的按钮和命令选项，其内容会根据操作步骤的不同而变化。

（6）时间轴：显示当前项目中包含的所有素材、背景音乐、标题和各种转场效果。

7.1.2　会声会影的使用

1．视频素材修整

对视频素材进行修整，一般主要在预览窗口进行，主要是设置视频素材的入点和出点，将不需要的部分剪除而只保留需要的部分。

（1）导入素材至素材库。

① 启动"会声会影 10"，选择"会声会影编辑器"进入编辑工作界面。

② 在步骤栏选择【编辑】，选择【视频】素材库，单击【加载视频】按钮，如图 7-4 所示。

图 7-4　加载视频界面

③ 在弹出的对话框中选择要加载的视频，如图 7-5 所示。

图 7-5　选择要加载的视频

④ 将素材库的视频拖到时间轴的【视频轨】，如图 7-6 所示。

图 7-6　时间轴

（2）剪切视频。

① 启动"会声会影 10"，将视频文件"田宁朝.mp4"插入【视频】素材库之后，预览窗口中会自动显示该素材，如图 7-7 所示。

② 拖曳预览窗口下端导览器中【修整拖柄】的左端，将其拖到适当位置然后放开，即将素材入点设置在了这里，如图 7-8 所示。

图 7-7　显示素材界面

图 7-8　设置入点

③ 拖曳【修整拖柄】的右端，将其拖到适当位置然后放开，即将素材出点设置在了这里，如图 7-9 所示。

④保存剪切好的素材。选择【素材】菜单，单击【保存修改后的视频】，如图 7-10 所示。

图 7-9　设置出点

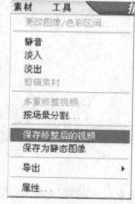

图 7-10　保存修剪后的素材

然后在视频素材库我们就可以看到刚才保存的素材了。

（3）编辑视频。

① 启动"会声会影 10"，将所需视频加载入【视频】素材库，从素材库中把视频拖到时间轴上，通过选项面板就可以对视频进行色彩、播放速度的调整，还可以进行音频、场景的分割等。如图 7-11 所示为选项面板。

图 7-11　选项面板

② 下面简单介绍场景分割。单击按钮 ，在弹出的【场景】对话框中单击【Scan】按钮，便可以得到检测到的场景列表，如图 7-12 所示。

图 7-12　场景列表

③ 单击【确定】按钮之后，在时间轴的视频轨可以看到分割好的视频，如图 7-13 所示。

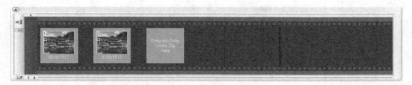

图 7-13　时间轴

2. 添加转场效果

一部影片是由许多不同的镜头组成的。为了使不同的场景之间能够很平滑地过渡，我们可以在两个镜头之间加入转场特效。

（1）手动添加转场效果。

① 在工作界面状态下选择【效果】步骤栏，然后在素材库的【画廊】下拉框选择适当的转场特效如【擦拭】，如图 7-14 所示。

② 选择一个适当的转场特效，将其拖到视频轨中的两个场景中间即可，如图 7-15 所示。

（2）自动添加转场特效。

① 启动"会声会影 10"，进入"会声会影编辑"界面。选择【文件】菜单，单击【参数选择】，如图 7-16 所示。

图 7-14 转场特效

图 7-15 添加转场特效

图 7-16 参数选择列表

② 在弹出的【参数选择】对话框中，选择【使用默认转场效果】，然后选择适当的转场特效，如图 7-17 所示。

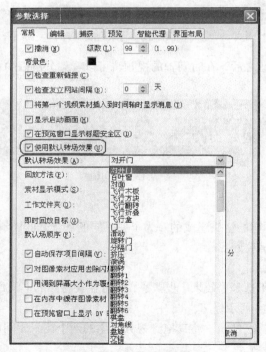

图 7-17 参数选择面板

③ 现在我们可以添加不同的视频到视频轨上，所添加的每两个视频之间会自动有我们设置的转场特效。

3．添加覆叠效果

在工作界面状态下选择【覆叠】步骤栏，然后在素材库的【画廊】下拉框选择适当的覆叠效果如【边框】，然后选定适当的边框拖到时间轴的【覆叠轨】上，如图 7-18 所示。

图 7-18　覆叠效果示例

4．添加标题及字幕

（1）双击【标题轨】，然后预览窗口，如图 7-19 所示。

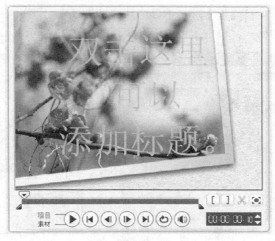

图 7-19　预览窗口

（2）双击预览窗口，然后就可以输入需要添加的标题或字幕；并且可以在【选项面板】的【编辑】栏设置文字的字体、大小、颜色、背景等，如图 7-20 所示。在【动画】栏设置动态的文字，如图 7-21 所示。

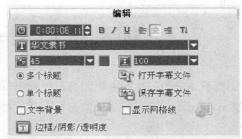

图 7-20　设置文字属性

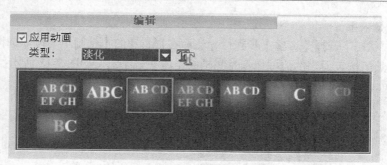

图 7-21　设置动态文字

5. 添加音效

一部片子加入合适的背景音乐会变得更唯美，下面我们就简单介绍添加音乐的方法。

（1）在工作界面状态下选择【音频】步骤栏，然后将需要的音频素材加载入音频素材库。

（2）将音频素材库的音频文件拖到时间轴的【音乐轨】上，如果音频的时间长度不合适，可以对其进行剪切，同剪切视频的方法一致。

6. 保存视频

（1）我们所做的视频项目默认保存为.vsp 格式，但常常需要将其导出，保存为.amv 格式。单击【分享】步骤栏，在【项目面板】选择【导出到移动设备】，如图 7-22 所示。

（2）选择一种适当的格式，单击就可以保存了，如图 7-23 所示。

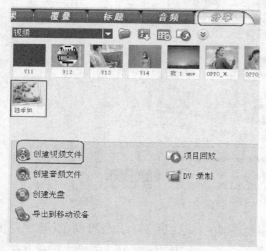

图 7-22　导出所做的视频

图 7-23　选择视频的保存格式

7.2　视频的编辑——视频编辑专家

视频编辑就是通过视频编辑工具对视频进行合并、分割和截取等操作，使视频趋于更加完整和有意义；同时还可以通过对视频进行配音、特效、转场效果、音乐的配制、字幕的处理、配音等来表现一个完美的视频。

下面通过"视频编辑专家"来介绍视频的合并、分割和截取。关于视频的其他效果会在操作篇为大家作出详细介绍。

视频编辑专家简介：

视频编辑专家让您能随心所欲地对视频进行个性化的编辑，炮制您的专属视频。它支持 AVI，MPEG，MP4，WMV，3GP，H.264/MPEG-4 AVC，H.264/PSP AVC，MOV，ASF 等几乎所有主流视频格式。视频编辑专家包含视频合并专家、AVI MPEG 视频合并专家、视频分割专家、视频截取专家、RMVB 视频合并专家的所有功能，是视频爱好者必备的工具！

7.2.1　使用"视频截取"功能截取需要的视频片段

（1）打开视频编辑专家软件，选择"视频截取"，如图 7-24 所示。

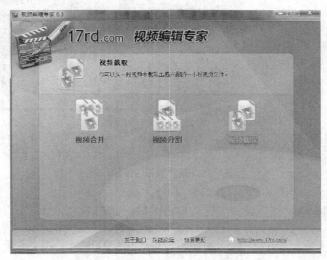

图 7-24　选择"视频截取"

（2）单击【加载】，添加需要提取的视频文件，下方显示了所添加视频的所有文件属性，完成后单击【下一步】按钮，如图 7-25 所示。

图 7-25　添加需要提取的视频

（3）现在进入了截取设置，首先将红色时间条上的小方块拖到截取的开始位置，然后单击确定图标，如图 7-26 所示。

图 7-26　截取视频的开始位置

再将小方块拖到截取的结束位置，然后单击图标，如图 7-27 所示。

图 7-27　截取视频的结束位置

（4）单击【浏览】，设置保存的位置和文件名，如图 7-28 所示。

（5）单击【下一步】按钮，开始截取。完成后单击【浏览】可以快速找到截取出的视频，如图 7-29 所示。

图 7-28　设置视频保存的位置和文件名

图 7-29　完成视频截取

7.2.2　使用"视频分割"功能获取需要的视频片段

如果想同时将一个视频中的两个片段提取出来，就可以使用"视频分割"把两个片段快速地分割出来。

（1）选择"视频分割"，如图 7-30 所示。

（2）单击【加载】，添加源视频文件，下方显示了所添加视频的所有文件属性，如图 7-31 所示。

（3）选择"手动分割"，将所需片段的开始时间和结束时间都作为分割点，这样分割出来的就是我们想要的片段。比如我们想要视频中分割出两个片段，如图 7-32 设置分割点，这样视频就会被分割成五段，其中第二和第四段就是我们想要的片段。

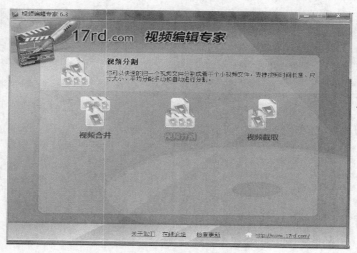

图 7-30　选择"视频分割"

图 7-31　添加源视频文件

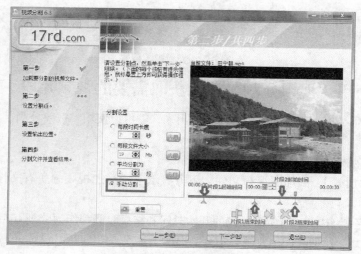

图 7-32　手动选择分割点

（4）单击【浏览】，选择分割后文件的保存位置，如图 7-33 所示。

图 7-33　选择分割后文件的保存位置

（5）分割成功，如图 7-34 所示。

图 7-34　分割成功

7.2.3　使用"视频合并"功能合并视频片段

（1）选择"视频合并"，如图 7-35 所示。

（2）将要合并的视频片段按照前后顺序添加，如图 7-36 所示。

（3）单击【下一步】按钮，单击【浏览】设置输出文件名和位置，在"输出格式"中选择合并后文件的格式。单击【高级设置】，可以手动修改视频的视频分辨率、码率，音频的码率、采样率、音量调节等相关属性，如图 7-37 所示。

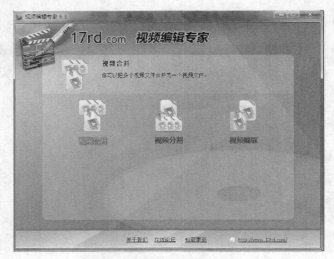

图 7-35 选择"视频合并"

图 7-36 添加要合并的视频片段

图 7-37 设置输出文件的属性

（4）单击【下一步】按钮，等待合并完成即可，如图 7-38 所示。

图 7-38 合并成功

7.3 习 题

1. 在会声会影里实现一段视频的编辑。
2. 在视频编辑专家里实现视频的截取。
3. 在视频编辑专家里实现视频的分割。
4. 在视频编辑专家里实现视频的合成。

理论篇

　　在本篇将介绍有关图像、声音、视频等多媒体技术的理论知识，从而使读者对多媒体技术有较深的理性认识。

第8章
数字图像基础

本章将向读者介绍数字图像等方面的内容，主要涉及图像和数字图像、图像压缩技术以及图像格式。

8.1　图像和数字图像

本节将介绍图像和数字图像方面的内容，包括图像的基本知识，如颜色、色彩空间；数字图像，如显示原理、数字图像属性等。其中数字图像部分是本节重点，读者应认真掌握，为学习以后的章节打下良好的基础。

8.1.1　图像和数字图像的定义

什么是图像？这是我们研究图像和数字图像首先要弄清楚的问题。所谓图像，就是对客观存在的物体一种相似性的生活模仿或描述。简而言之，图像就是另一个东西的一个表示。例如，读者的一张照片就是读者某次出现在镜头前得到的一个表示。

什么是数字图像？数字图像又称"数码图像"或"数位图像"，是指一个被采样和量化后的二维函数（该二维函数由光学方法产生），采用等距离矩形网格采样，对幅度进行等间隔量化。至此，一幅数字图像是一个被量化的采样数值的二维矩阵。我们还可以这样定义：一幅图像为一个二维函数 $f(x, y)$，其中 x 和 y 表示空间坐标，而 f 对于任何（x，y）坐标的函数值叫作那一点的灰度值（gray level）。当 x，y 和 f 的值都是有限的、离散的数值时，我们称这幅图像为数字图像。

数字图像可以从许多不同的输入设备和技术生成，如数码相机、扫描仪、坐标测量机、雷达等；也可以从任意的非图像数据合成得到，如数学函数或者三维几何模型，三维几何模型是计算机图形学的一个主要分支。数字图像处理领域就是研究它们的变换算法。

8.1.2　数字图像的相关属性

像素（Pixel）：像素是构成数字图像的最小单位，一幅图像是由若干这样的像素点以矩阵的方式排列而成。一幅分辨率为 1024×768 的图像，就是由 786432 个这样的小方点组成的。像素点的大小直接与图形的分辨率有关，分辨率越高，像素点就越小。

DPI（Dot Per Inch）是指各类输出设备每英寸上所产生的像素点数，一般用来表示输出设备（如打印机、绘图仪等）的分辨率，即设备分辨率。一台激光打印机的设备分辨率在 600～1200DPI，数值越高，效果越好。

PPI（Pixel Per Inch）指每英寸的像素数，一般用来衡量一个图像输入设备（如数码相机）分辨率的高低，反映了图像中储存信息量的多少，决定了图像的根本质量。如 1024 ppi × 768 ppi 的图像质量远高于 640 ppi × 480 ppi 的图像质量。一幅粗糙的图像也绝不会因为有了一台高 DPI 的设备而变得细腻起来。

显示器最大分辨率：显示器分辨率也就是屏幕上最大可显示的像素数的集合，一般用水平与垂直方向的像素点数来表示。如最大分辨率为 1024 × 768 的显示器，其满屏最多可产生 1024 × 768 = 786432 个像素点。显示器像素点数越多，分辨率就越高，图像也就越大、越细腻。

位（Bit）与颜色（Color）：在图像处理过程中，颜色由数字"位（Bit）"来实现。它们之间的关系是：颜色数=2^n，其中 n 为所占的位数。我们平常所说的高彩色，即 16 位显示模式，65536（64K）种颜色（2^{16}=65536）；或者说 24 位显示模式下能处理 1677 万（16M）种颜色（2^{24}=16777216）的真彩色图像。

8.1.3　图像存储方式

数字图像数据一般有以下两种存储方式：位图存储（BitMap）和矢量存储（Vector）。

通常，描述数字图像的是分辨率和颜色数。例如一张分辨率为 640 × 480，16 位色的数字图片，就由 2^{16}=65536 种颜色的 307200 个像素点组成。位图方式是将图像的每一个像素点转换为一个数据。例如，当一幅图像只有黑白两色时，其中 8 个像素点的数据占一个字节，每个二进制数存放一个像素点；16 色的图像每两个像素点用一个字节存储；256 色图像每一个像素点用一个字节存储。这样，就能够精确地描述各种不同颜色模式的图像图面。

位图存储的特点有：①占用空间较大，较适合内容复杂的图像和真实照片，空间大小随着分辨率以及颜色数的提高而提高；②图像在放大过程中易变得模糊、失真。

矢量图像：矢量图像存储的是图像信息的轮廓部分，而不是图像的每一个像素点。例如，一个圆形图案只要存储圆心的坐标位置和半径长度、圆的边线和半径长度以及圆的边线和内部颜色即可。该存储方式的缺点是经常耗费大量的时间做一些复杂的分析演算工作，图像的显示速度较慢。但图像缩放不会失真，图像的存储空间也要小得多。所以，矢量图比较适合存储各种图表和工程设计图。

8.1.4　数字图像种类

像素是通过采样数值而来。而根据采样数目和特性的不同，数字图像可以大致划分为：

（1）二值图像（Binary Image）：图像中每个像素的亮度值仅有两种取值：0 或 1 的图像，因此也称为"1-bit 图像"。

（2）灰度图像（Gray Scale Image）：也称为"灰阶图像"。图像中每个像素可以由 0～255 的亮度值表示，即从黑到白的表示。0～255 之间表示不同的灰度级。

（3）彩色图像（Color Image）：彩色图像主要分为两种类型，即 RGB 及 CMYK。其中 RGB 的彩色图像是由三种不同颜色（红、绿、蓝）成分组合而成；而 CMYK 类型的图像则由四个颜色成分（青、品、黄、黑）组成。CMYK 类型的图像主要用于印刷行业。

（4）立体图像（Stereo Image）：立体图像是一物体由不同角度拍摄的一对图像。通常情况下，我们可以用立体像计算出图像的深度信息。

（5）三维图像（3D Image）：三维图像是由一组堆栈的二位图像组成。每一幅图像表示该物体的一个横截面。

（6）另外，数字图像也用于表示在一个三维空间分布点的数据，如计算机断层扫描设备生成的图像。在这种情况下，每个数据都称作一个体素。

8.1.5　颜色

　　首先，什么是颜色？颜色是通过人眼和脑对光的视觉效应。这不仅仅由光的物理性质所决定，如人类对颜色的感觉往往受到周围颜色的影响。有时人们也将物质产生不同颜色的物理特性直接称为颜色。但有一点要说明的是，颜色的定义其实是相当主观的，因为不同的人所感受到的颜色是不同的。

　　可见光又或者称作光，是指人可以感受到的电磁波，其波长范围为 312.30～745.40 纳米。将一个光源各个波长的强度列在一起，就是光源的光谱。一个物体的光谱决定了这个物体包括颜色在内的光学特性。如图 8-1 所示为电磁波谱。

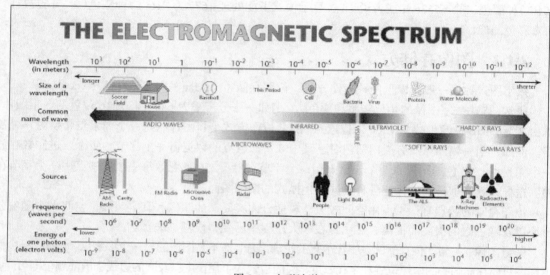

图 8-1　电磁波谱

　　人是如何感受到颜色的呢？下面从生物学的角度简要解释这一现象。人眼中存在两种感受颜色的细胞，即锥状细胞和杆状细胞（见图 8-2）。锥状细胞一般分为三种，分别用于感受红、绿、蓝三种颜色。杆状细胞只有一种，它最敏感的颜色波长在蓝色和绿色之间。每种锥状细胞的敏感曲线大致是钟形的，因此进入眼睛的光一般相应这三种锥状细胞和杆状细胞被分为 4 个不同强度的信号。因为每种细胞也对其他的波长有反应，因此并非所有的光谱都能被区分。比如绿光不仅可以被绿锥状细胞接受，其他锥状细胞也可以产生一定强度的信号，所有这些信号的组合就是人眼能够区分的颜色的总和。如我们的眼睛若长时间看一种颜色，我们把目光转开就会在别的地方看到这种颜色的补色，这被称作颜色的互补原理。简单来说，当某个细胞受到某种颜色的光刺激时，它同时会释放出两种信号：刺激黄色并同时拟制黄色的补色蓝色。

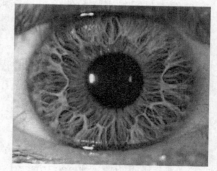

图 8-2　普通人眼有五百万个锥状细胞

　　事实上，某个场景的光在视网膜上细胞产生的信号并不是百分之百等于人对这个场景的感受。人的大脑会对这些信号进行处理，并分析比较周围的信号。例如，一张用绿色滤镜拍的白宫照片——白宫的形象事实上是绿色的。但是因为人大脑对白宫的固有印象，加上周围环境的绿色色调，会把绿色的障碍剔除——很多时候依然把白宫感受成白色。人眼一共约能区分一千万种颜色，不过这只是一个估计，因为每个人眼的构造不同，每个人看到的颜色也少许不同，因此对颜色的区分是相当主观的。假如一个人的一种或多种锥状细胞不能正常对入射的光有反应，那么这个人能够区别的颜色就比较少，而这样的人被称为色弱。

8.1.6　色彩空间

上一节中提到了两种主要的色彩模型——RGB 和 CMYK。色彩模型是描述使用一组值表示颜色方法的抽象数学模型。色彩空间定义为在色彩模型和一个特定的色彩空间之间加入一个特定的映射函数，与色彩模型一起成为一个色彩空间。

我们在绘画的时候就知道红、黄、蓝三原色。利用这三种颜色就可以得到许多其他的颜色，这三种颜色就定义了一个色彩空间。我们将品红色的量定义为 X 坐标轴、青色的量定义为 Y 坐标轴、黄色的量定义为 Z 坐标轴，这样就得到一个三维空间，每种可能的颜色在这个三维空间中都有唯一一个位置。

色彩空间有许多种。当在计算机监视器上显示颜色的时候，通常使用 RGB（红色、绿色、蓝色）色彩空间定义，红色、绿色、蓝色被当作 X、Y 和 Z 坐标轴。另外一个生成同样颜色的方法是使用色相（X 轴）、饱和度（Y 轴）和明度（Z 轴）表示，这种方法称为 HSB 色彩空间。常见的色彩空间有 CMYK，RGB，HSL 和 HSV，下面主要介绍 CMYK 和 RGB 的相关知识。

（1）CMYK

CMYK 颜色模式是一种印刷模式。其中四个字母分别指青（Cyan）、洋红（Magenta）、黄（Yellow）、黑（Black），在印刷中代表四种颜色的油墨。CMYK 模式在本质上与 RGB 模式没有区别，只是产生色彩的原理不同。在 RGB 模式中由光源发出的色光混合生成颜色，而在 CMYK 模式中由光线照到有不同比例 C、M、Y、K 油墨的纸上，部分光谱被吸收后，反射到人眼的光产生颜色。由于 C、M、Y、K 在混合成色时，随着 C、M、Y、K 四种成分的增多反射到人眼的光会越来越少，光线的亮度就会越来越低。所有 CMYK 模式产生颜色的方法又被称为"色光减色法"。

（2）RGB

三原色模式是用三种原色的光以不同的比例加和到一起，形成各种颜色的光。与绘画中的三原色不同，绘画时用洋红色、黄色和青色以不同的比例配合，会产生许多种颜色。三原色光则是红色、绿色和蓝色，三种光相加会成为白色光。

三原色光显示主要用于电视和显示器等彩色显示设备，将三种原色光在每一像素中组合成从全黑色到全白色之间各种不同的颜色光。计算机硬件中主要是用 24 比特表示每一像素，RGB 三种颜色各分到 8 比特，每一种原色的强度依照 8 比特的大小分为 256 个级别。这样，这种方法就可以组合出 1670 万种颜色。当然，人眼实际也只能分辨出约 1000 万种颜色。

每一个像素在 24 比特编码的 RGB 值是使用表示红色、绿色和蓝色的三个 8-比特无符号整数（0～255）来指定。例如：

（0，0，0）黑色（255，255，255）白色（255，0，0）红色（0，255，0）绿色
（0，0，255）蓝色（255，255，0）黄色（0，255，255）青色（255，0，255）品红

8.2　图像压缩技术

图像压缩技术的目的是减少图像数据中的信息冗余，从而达到数据高效的传输和储存，是数

据压缩技术在数字图像上的应用。本节将介绍图像压缩技术方面的内容。

图像压缩主要分为有损压缩和无损压缩。由于有损压缩的失真性特点，对于如绘制的技术图、图表或者漫画优先使用无损压缩。另外，如医疗图像或者用于存档的扫描图像等这些有价值内容的压缩也尽量选择无损压缩方法。有损压缩则非常适合于自然的图像，如一些应用中图像的小幅度损失可以接受的，如普通照片、网络上传输的一般图像等。

无损压缩方法有：行程长度编码、熵编码法等。有损压缩方法有：分形压缩、色度抽样、变换编码等。其中变换编码是最常用的方法。首先使用如离散余弦变换（DCT）或者小波变换这样的傅立叶相关变换，然后进行量化和用熵编码法压缩。

8.2.1　图像的无损压缩

经常听音乐的读者应该对音频格式比较了解，如 MP3，APE 等，类似于音频压缩。图像的压缩也是通过压缩算法，以特定的数字图像格式来表现的。这一小节我们简要介绍常见的无损压缩算法。

LZW 算法：GIF 和 TIFF 所用的就是该压缩算法。该方法的关键是：它会在将要压缩的文本中自动建立一个先前出现过的字串的字典。这些字典并不需要与这些压缩的文本一起被传输，因为如果正确地编码，解压缩器也能够依照压缩器一样的方法把它建出来，将会与压缩器字典在文本的同一点有完全同样之字串。

LZW 压缩算法的基本概念：LZW 压缩有三个重要的对象——数据流（CharStream）、编码流（CodeStream）和编译表（String Table）。在编码时，数据流是输入对象（文本文件的数据序列），编码流就是输出对象（经过压缩运算的编码数据）；在解码时，编码流是输入对象，数据流则是输出对象；而编译表是在编码和解码时都需要借助的对象。字符（Character）：最基础的数据元素，在文本文件中就是一个字节，在光栅数据中就是一个像素的颜色在指定的颜色列表中的索引值；字符串（String）：由几个连续的字符组成；前缀（Prefix）：也是一个字符串，不过通常用在另一个字符的前面，而且它的长度可以为 0；根（Root）：一个长度的字符串；编码（Code）：一个数字，按照固定长度（编码长度）从编码流中取出，编译表的映射值；图案：一个字符串，按不定长度从数据流中读出，映射到编译表条目。

LZW 压缩算法的基本原理：提取原始文本文件数据中的不同字符，基于这些字符创建一个编译表，然后用编译表中字符的索引来替代原始文本文件数据中的相应字符，减小原始数据大小。这看起来和调色板图像的实现原理差不多。但应该注意到的是，我们这里的编译表不是事先创建好的，而是根据原始文件数据动态创建的，解码时还要从已编码的数据中还原出原来的编译表。

另外，PNG 格式所使用的是另一种无损压缩算法。它是从 LZ77 派生的一个非专利无失真式压缩算法（名为 DEFLATE）。这个算法对图像里的直线进行预测然后存储颜色差值，使得 PNG 经常能获得比原始图像甚至比 GIF 更大的压缩率。

8.2.2　图像的有损压缩

无损压缩因其"无损"的特性难免在压缩率上有所妥协，有损压缩因其允许一定程度上的失真也往往可以达到令人满意的程度。它对于一般用途的图像来说，还是有很大优势的。

常见的两种基本有损压缩机制：一种是有损变换编解码，首先对图像或者声音进行采样、切成小块、变换到一个新的空间、量化，然后对量化值进行熵编码。另一种是预测编解码，先前的数据以及随后解码数据用来预测当前的声音采样或者图像帧。预测数据与实际数据之间的误差以及其他一些重现预测的信息进行量化与编码。

两种常见的有损压缩：

JPEG 是一种针对相片影像而广泛使用的一种失真压缩标准方法。它主要通过以下几个步骤完成对图像的压缩：色彩空间转换，缩减取样，离散余弦变换，量化和熵编码技术等。

预测编码是根据离散信号之间存在着一定关联性的特点，利用前面一个或多个信号预测下一个信号，然后对实际值和预测值的差（预测误差）进行编码。如果预测比较准确，误差就会很小。在同等精度要求的条件下，就可以用比较少的比特进行编码，以达到压缩数据的目的。

8.3　数字图像格式

上一节中介绍了图像压缩技术，本节将向读者介绍常用的数字图像格式及其各自的特点。所涉及的图像格式有 JPG，BMP，GIF，PNG。其中 JPG 格式就是一种有损压缩的格式，BMP 是 Windows 中应用十分广泛的图像格式，而 GIF 格式则在网络中被更多地使用。

随着电子、通信以及 Internet 的迅速发展，越来越多的人开始使用多媒体技术向世界来展示自己、推销自己、宣传自己。其中，图像又是目前使用最为广泛的一种多媒体技术。它之所以如此受人们的青睐，主要是因为它便于制作生成、种类繁多、用途广泛。现在不同图像软件几乎都用各种方法处理图像，图像格式也多种多样。要想了解某个图像文件是以何种格式存储的，最直接的方法就是看该文件的扩展名。下面就对时下比较常用的图像格式作以简单介绍。

8.3.1　图像文件的一般结构

图像文件一般由文件头、调色板数据和像素数据三部分组成。其中文件头用于存放图像文件的各种参数，这些参数表征了图像本身的许多特性；调色板是图像的颜色索引表；像素数据是图像信息的实体所在，它存储了图像矩阵中各个点的像素信息。

文件头作为一个重要的存放相关参数的部分，包括了图像的类型、图像的宽度、高度、每个像素所占的位数、压缩类型、像素数据的首地址和有无调色板等重要信息。需要注意的是，文件头中的参数可以是固定格式的，也可以是灵活格式的。例如 BMP 文件，它所在某些图像文件格式中，参数的灵活格式表现为除了必要的参数外还存在自定义参数，参数数据在文件中的存储位置也不固定。

图像的调色板使图像显示具有真正的意义。在任何情况下，调色板仅存在于二值、16 色、256 色图像之中，以指导这些图像正确地呈现色彩。但真色彩图像中没有调色板。值得注意的是，并非每一种图像都能够完成支持从二值、16 色、256 色直到真色彩图像范围内的所有图像。例如 GIF 文件就不支持真色彩图像，因此在 GIF 文件中必然存在调色板。

像素数据通常占据了一幅图像文件的大部分，其存放形式可以是压缩的，也可以是非压缩的。压缩的数据在存储上节省了空间的消耗，相应地也要在解压时付出时间上的代价。非压缩的像素数据在不同格式的图像文件中具有基本相同的存储结构。对于压缩数据来说，存在有损和无损两种形式。通常有损压缩以牺牲画面质量为代价换取了更高的压缩比。如何取得空间与时间上的平衡与如何取得画质与压缩比的平衡是在设计像素存储形式和设计图像文件格式时都需考虑的问题。不但存储的参数类型是固定的，每个参数的位数也是固定的。

8.3.2 JPEG 格式

JPEG（Joint Photographic Experts Group，联合照片专家组）是常见的一种图像格式。它由国际标准化组织（International Standardization Organization，ISO）和国际电话电报咨询委员会（Consultation Committee of the International Telephone and Telegraph，CCITT）建立并开发，是一个国际数字图像压缩标准。JPEG 格式压缩的图片档案一般也被称为 JPEG Files，最普遍被使用的副档名格式为.jpg。

JPEG 的压缩方式通常是有损压缩，意即在压缩过程中图像的品质会遭受到可见的破坏，有一种以 JPEG 为基础的标准 Progressive JPEG 是采用无失真的压缩方式，但 Progressive JPEG 并没有受到广泛的应用。JPEG/JFIF 是最普遍在万维网上被用来储存和传输照片的格式。但它并不适合于线条绘图和其他文字或图示的图形。

JPEG 的压缩编码过程：

1. 编码

在 JPEG 标准中，这个选项大多都是很少使用。这个特定的选择是一种失真资料压缩方法。

2. 色彩空间转换

首先，影像由 RGB 转换成一种称为 YUV 的不同色彩空间。

Y 成分表示一个像素的亮度；

U 和 V 成分一起表示色调与饱和度。

这种编码系统非常有用，因为人类的眼睛在 Y 成分可以比 U 和 V 看得更仔细。使用这种知识，更有利于编码器高效地压缩影像。

3. 缩减取样

上面的步骤之后就是减少 U 和 V 的成分，称为"缩减取样"或"色度抽样"。在 JPEG 上这种缩减取样的比例可以是 4：4：4（无缩减取样），4：2：2（在水平方向 2 的倍数中取一个），以及最普遍的 4：2：0（在水平和垂直方向 2 的倍数中取一个）。对于压缩过程的剩余部分，Y、U 和 V 都是以非常类似的方式来个别处理。

4. 离散余弦变换（Discrete cosine transform）

接下来，将影像中的每个成分（Y，U，V）生成三个区域，每一个区域再划分成一个个的 8×8 子区域，每一子区域使用二维的离散余弦变换（DCT）转换到频率空间。

DCT：离散余弦变换（DCT）是图像正交变换的一种，实际上是一种空间域的低通滤波器。除此之外，常用的图像正交变换还包括傅立叶变换和沃尔什变换。其中，傅立叶变换需要计算的是复数而非实数，而进行复数运算通常比进行实数运算要费时得多。与傅立叶变换不同，离散余弦变换是基于实数的正交变换。在 JPEG 的数据压缩过程中，首先要进行一次离散余弦变换。离散余弦变换的作用是把图片里点和点间的规律呈现出来以方便压缩。

如果有一个这样的 8×8 的 8—位元（0～255）子区域：

$$\begin{bmatrix} 52 & 55 & 61 & 66 & 70 & 61 & 64 & 73 \\ 63 & 59 & 55 & 90 & 109 & 85 & 69 & 72 \\ 62 & 59 & 68 & 113 & 144 & 104 & 66 & 73 \\ 63 & 58 & 71 & 122 & 154 & 106 & 70 & 69 \\ 67 & 61 & 68 & 104 & 126 & 88 & 68 & 70 \\ 79 & 65 & 60 & 70 & 77 & 68 & 58 & 75 \\ 85 & 71 & 64 & 59 & 55 & 61 & 65 & 83 \\ 87 & 79 & 69 & 68 & 65 & 76 & 78 & 94 \end{bmatrix}$$

接着推移 128，使其范围变为-128～127，得到结果为：

$$
\begin{bmatrix}
-76 & -73 & -67 & -62 & -58 & -67 & -64 & -55 \\
-65 & -69 & -73 & -38 & -19 & -43 & -59 & -56 \\
-66 & -69 & -60 & -15 & 16 & -24 & -62 & -55 \\
-65 & -70 & -57 & -6 & 26 & -22 & -58 & -59 \\
-61 & -67 & -60 & -24 & -2 & -40 & -60 & -58 \\
-49 & -63 & -68 & -58 & -51 & -60 & -70 & -53 \\
-43 & -57 & -64 & -69 & -73 & -67 & -63 & -45 \\
-41 & -49 & -59 & -60 & -63 & -52 & -50 & -34
\end{bmatrix}
$$

然后，使用离散余弦变换，和舍位取最接近的整数，得到结果为：

$$
\begin{bmatrix}
-415 & -30 & -61 & 27 & 56 & -20 & -2 & 0 \\
4 & -22 & -61 & 10 & 13 & -7 & -9 & 5 \\
-47 & 7 & 77 & -25 & -29 & 10 & 5 & -6 \\
-49 & 12 & 34 & -15 & -10 & 6 & 2 & 2 \\
12 & -7 & -13 & -4 & -2 & 2 & -3 & 3 \\
-8 & 3 & 2 & -6 & -2 & 1 & 4 & 2 \\
-1 & 0 & 0 & -2 & -1 & -3 & 4 & -1 \\
0 & 0 & -1 & -4 & -1 & 0 & 1 & 2
\end{bmatrix}
$$

5. 量化（Quantization）

量化是 JPEG 失真的根源所在，由于人类的眼睛在一个相对大范围区域辨别亮度上的细微差异相当好，但是在一个高频率亮度变动之确切强度的分辨上却不是很好。因此，我们能在高频率成分上允许极佳地降低质量。简单地把频率上每个成分除以一个对于该成分的常数就可完成，接着舍位，取最接近的整数。就这个结果而言，经常会把很多更高频率的成分舍位成为接近 0，且剩下很多会变成小的正数或负数。

一个普遍的量化矩阵是：

$$
\begin{bmatrix}
16 & 11 & 10 & 16 & 24 & 40 & 51 & 61 \\
12 & 12 & 14 & 19 & 26 & 58 & 60 & 55 \\
14 & 13 & 16 & 24 & 40 & 57 & 69 & 56 \\
14 & 17 & 22 & 29 & 51 & 87 & 80 & 62 \\
18 & 22 & 37 & 56 & 68 & 109 & 103 & 77 \\
24 & 35 & 55 & 64 & 81 & 104 & 113 & 92 \\
49 & 64 & 78 & 87 & 103 & 121 & 120 & 101 \\
72 & 92 & 95 & 98 & 112 & 100 & 103 & 99
\end{bmatrix}
$$

使用这个量化矩阵与前面所得到的DCT系数矩阵，得到结果为：

$$
\begin{bmatrix}
-26 & -3 & -6 & 2 & 2 & -1 & 0 & 0 \\
0 & -2 & -4 & 1 & 1 & 0 & 0 & 0 \\
-3 & 1 & 5 & -1 & -1 & 0 & 0 & 0 \\
-4 & 1 & 2 & -1 & 0 & 0 & 0 & 0 \\
1 & 0 & 0 & 0 & 0 & 0 & 0 & 0 \\
0 & 0 & 0 & 0 & 0 & 0 & 0 & 0 \\
0 & 0 & 0 & 0 & 0 & 0 & 0 & 0 \\
0 & 0 & 0 & 0 & 0 & 0 & 0 & 0
\end{bmatrix}
$$

6. 熵编码技术（entropy coding）

熵编码是无失真资料压缩的一个特别形式。它牵涉到将影像成分以 Z 字形排列，把相似频率群组在一起（矩阵中往左上方向是越低频率之系数，往右下角方向是较高频率之系数），插入个数为编码长度的零，且接着对剩下的使用霍夫曼编码。

以上就简要介绍了 JPEG 的压缩原理。有一点要注意，虽然 JPEG 是有损压缩，但在色调及颜色平滑变化的相片或写实绘画（painting）上可以达到最佳效果。在这种情况下，它通常比完全无失真方法做得更好，仍然可以产生非常好看的影像。

JPEG 文件大体上可以认为是标记码和压缩数据的组合体。标记码部分给出了 JPEG 图像的所有特征信息，如图像的宽、高、Huffman 表、量化表等。这与 BMP 中的头信息在作用上十分相似，相比之下却要复杂得多。JPEG 的每个标记都是由 2 个字节组成（不包括后面的参数），其前一个字节恒为 0xFF。每个标记之前还可以添加数目不限的 0xFF 填充字节。

JPEG 的文件格式如图 8-3 所示。

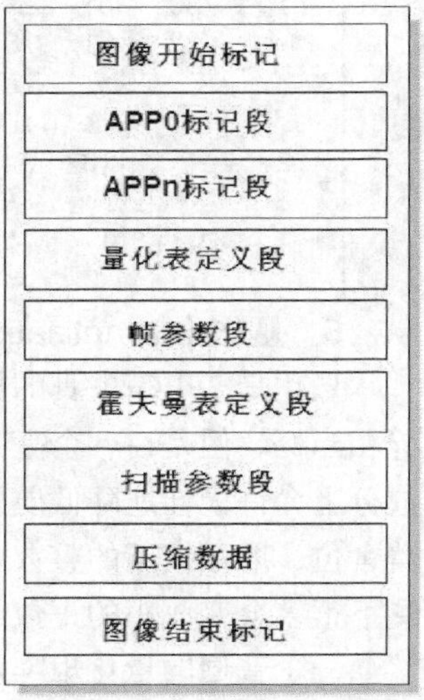

由图可知，JPEG 文件的内容是由图像开始标记、图像结束标记以及它们之间的其他 6 个段和一组压缩数据组成的。

图像开始标记：分为 APPO 标记段和 APPn（n：1～15 任选）标记段。前者是 JPEG 保留给程序使用的标记码，在 APP0 标记后，将紧跟着与图像属性相关的非常重要的特征参数。后者包括两个参数，分别表示标记长度和详细信息。

量化表定义段：包括一个或多个量化表。每个量化表都包括其长度、数目、表项等相关参数。

图 8-3　JPEG 的文件格式

帧参数段：包括帧开始长度、精度、图像高度、图像宽度、颜色分量和颜色分量数的参数。

霍夫曼表定义段：包括一个或多个霍夫曼表。每个霍夫曼表又包括索引、类型、位表和内容编码等信息。

扫描参数段：包括扫描开始的符号长度、颜色分量数和每个颜色分量。

压缩数据：这些图像压缩数据一般存放在 8×8 大小数据块组成的单元中。

图像结束标记：图像结束的标记。

以上就是 JPEG 图像格式的简要介绍。下一节我们将介绍另一个重要的图像文件格式——BMP 格式。

8.3.3　BMP 格式

BMP 是一种与硬件设备无关的图像文件格式，也是在 Windows 操作系统中最常见的一种图像格式，使用非常广。BMP 采用位映射存储格式，除了图像深度可选以外，不采用其他任何压缩。因此，BMP 文件所占用的空间很大。另外，BMP 文件存储数据时，图像的扫描方式是按从左到右、从下到上的顺序。

BMP 文件由四个部分组成，分别是：位图文件头、位图信息头、彩色板、图像数据阵列。

位图文件头：文件头用来存放图像文件特征字符，表明了图像的大小、像素位置等内容。

位图信息头：它包含有 BMP 图像的宽、高、压缩方法，以及定义颜色等信息。

彩色板：这部分定义了图像中所用的颜色。位图图像一个像素接着一个像素存储，每个像素使用一个或者多个字节的值表示，所以调色板的目的就是要告诉应用程序这些值所对应的实际颜色。

典型的位图文件使用 RGB 彩色模型。在这种模型中，每种颜色都是由不同强度（从 0 到最大强度）的红色（R）、绿色（G）和蓝色（B）组成的。也就是说，每种颜色都可以使用红色、绿色和蓝色的值来定义。

图像数据阵列：这部分内容根据 BMP 位图使用的位数不同而不同，在 24 位图中直接使用 RGB，而其他小于 24 位的使用调色板中颜色索引值这部分逐个像素表示图像。像素是从下到上、从左到右保存的。每个像素使用一个或者多个字节表示。

BMP 文件通常比较大，这是由于 BMP 文件并不经过压缩。因此，它们通常不适合在互联网或者其他低速或者有容量限制的媒介上进行传输。

根据颜色深度的不同，图像上的一个像素可以用一个或者多个字节表示，它由 n/8 所确定（n 是位深度，1 字节包含 8 个数据位）。图片浏览器等基于字节的 ASCII 值计算像素的颜色，然后从调色板中读出相应的值。

由于 BMP 文件格式是 Windows 环境中交换与图有关数据的一种标准，因此在 Windows 环境中运行的图形图像软件都支持 BMP 图像格式。

8.3.4　GIF 格式

GIF（Graphics Interchange Format）图形交换格式是一种位图图形文件格式，其文件数据是一种基于 LZW 算法的连续色调的无损压缩格式。压缩率一般在 50%左右。目前几乎所有相关软件都支持它，公共领域有大量的软件在使用 GIF 图像文件。另外 GIF 有一个很受欢迎的特点，即一个 GIF 文件中可以存储多幅彩色图像，将这些图像数据逐个读出并显示到屏幕就可以构成简单的动画效果。

GIF 格式的优点：①优秀的压缩算法使其在一定程度上保证图像质量的同时将体积变得很小；②可插入多帧，从而实现动画效果；③可设置透明色以产生对象浮现于背景之上的效果。

GIF 格式的缺点：由于采用了 8 位压缩，最多只能处理 256 种颜色，故不宜应用于真彩图像。

GIF 的存储结构

GIF 有五个主要部分以固定顺序出现，所有部分均由一个或多个区块（block）组成。这些部分的顺序为：头块、逻辑屏幕描述块、调色板块、图像数据块以及结尾块。

文块：首先识别数据流为 GIF，并指示 GIF 的版本号（87a 或 89a）。

逻辑屏幕描述块：可以知道如何显示凸显，如所有后面的图像平面大小、纵横尺寸比以及色彩深度。它还指明后面跟随的是否为"全局"色彩表。

全局色彩表构成一个 24 位 RGB 元组的调色板。如果后面没有其自己的"局部"调色板，那么全局色表就是缺省调色板。

图像数据块：由两部分组成——LZW 编码长度（LZW Minimum Code Size）和图像数据。

结尾块：是值为 0x3B 的一个字节，表示数据流结束。

8.3.5　PNG 格式

PNG 是便携式网络图片（Portable Network Graphics）的简称，它是一种无损数据压缩位图图形文件格式，被认为是目前最不失真的图像格式。

PNG 的出现要追溯到 1995 年早期，由于 Unisys 公司根据它在 GIF 格式中使用的 LZW 数据压缩算法的软件专利开始商业收费。为避免专利影响，用于表现单张图像的 PNG 文件格才式被创建出来。1999 年，Unisys 公司进一步中止了对自由软件和非商用软件开发者的 GIF 专利免费许可，PNG 格式从此获得了更多关注。

PNG 使用了一个非专利无失真式压缩算法（名为 DEFLATE）。这个算法对图像里的直线进行预测然后存储颜色差值，使得 PNG 经常能获得比原始图像甚至比 GIF 更大的压缩率。

1. PNG 格式的特点

（1）使用无损压缩。

（2）支持 256 色调色板技术以产生小体积文件。

（3）最高支持 48 位真彩色图像以及 16 位灰度图像。

（4）支持阿尔法通道的半透明特性。

（5）支持存储附加文本信息，以保留图像名称、作者、版权、创作时间、注释等信息。

（6）允许在一个文件内存储多幅图像。

2. PNG 格式文件结构

PNG 图像格式文件由一个 8 字节的 PNG 文件署名（File Signature）域和 3 个以上的后续数据块（Chunk）组成。

PNG8 字节的文件署名主要是用来识别 PNG 格式。也就是说，PNG 的文件总是由固定的字节来描述的。

PNG 中数据块分为两种类型：一种叫作关键块（Critical Chunk），这种类型的数据块是 PNG 文件必须包含，读写软件也都必须支持的数据块；另一种叫作辅助块（Ancillary Chunks），这种设计是为了 PNG 自身的版本兼容，允许文件本身不识别该类型的数据块。

（1）PNG 关键数据块共有四个标准数据块。

文件头数据块 IHDR（Header Chunk）：包含有图像基本信息，作为第一个数据块出现并只出现一次；由 13 字节组成。

调色板数据块 PLTE（Palette Chunk）：必须放在图像数据块之前。它包含有与索引彩色图像（Indexed-color Image）相关的彩色变换数据，仅与索引彩色图像有关，而且要放在图像数据块（Image Data Chunk）之前。真彩色的 PNG 数据流也可以有调色板数据块，目的是便于非真彩色显示程序用它来量化图像数据，从而显示该图像。

图像数据块 IDAT（Image Data Chunk）：存储实际图像数据。PNG 数据允许包含多个连续的图像数据块。

图像结束数据 IEND（Image Trailer Chunk）：放在文件尾部，表示 PNG 数据流结束。

（2）PNG 文件格式规范中共制定了 10 种辅助数据块，分别是：

① 背景颜色数据块；

② 基色和白色度数据块；

③ 图像 γ 数据块；

④ 图像直方图数据块；

⑤ 物理像素尺寸数据块；

⑥ 样本有效位数据块；

⑦ 文本信息数据块；

⑧ 图像最后修改时间数据块；。

⑨ 图像透明数据块；

⑩ 压缩文本数据块。

8.3.6　其他图片文件格式

1. PCX 格式

这种图像文件的形成是有一个发展过程的。最先的 PCX 雏形是出现在 ZSOFT 公司推出的名叫 PC PAINBRUSH 用于绘画的商业软件包中。以后，微软公司将其移植到 Windows 环境中，成为 Windows 系统中一个子功能。先在微软的 Windows3.1 中广泛应用，随着 Windows 的流行、升级，加之其强大的图像处理能力，使 PCX 同 GIF，TIFF，BMP 图像文件格式一起，被越来越多的图形图像软件工具所支持，也越来越得到人们的重视。

PCX 是最早支持彩色图像的一种文件格式，现在最高可以支持 256 种彩色，显示 256 色的彩色图像。PCX 设计者很有眼光地超前引入了彩色图像文件格式，使之成为现在非常流行的图像文件格式。

PCX 图像文件由文件头和实际图像数据构成。文件头由 128 字节组成，描述版本信息和图像显示设备的横向、纵向分辨率以及调色板等信息；在实际图像数据中，表示图像数据类型和彩色类型。PCX 图像文件中的数据都是用 PCXREL 技术压缩后的图像数据。

PCX 是 PC 机画笔的图像文件格式。PCX 的图像深度可选为 1、4、8bit。由于这种文件格式出现较早，故不支持真彩色。PCX 文件采用 RLE 行程编码，文件体中存放的是压缩后的图像数据。因此，将采集到的图像数据写成 PCX 文件格式时，要对其进行 RLE 编码；而读取一个 PCX 文件时首先要对其进行 RLE 解码，才能进一步显示和处理。

2. TIFF 格式

TIFF（TagImageFileFormat）图像文件是由 Aldus 和 Microsoft 公司为桌上出版系统研制开发的一种较为通用的图像文件格式。它灵活易变，又定义了四类不同的格式：TIFF-B 适用于二值图像；TIFF-G 适用于黑白灰度图像；TIFF-P 适用于带调色板的彩色图像；TIFF-R 适用于 RGB 真彩图像。

TIFF 支持多种编码方法，其中包括 RGB 无压缩、RLE 压缩及 JPEG 压缩等。

TIFF 是现存图像文件格式中最复杂的一种，具有扩展性、方便性、可改性，可以提供给 IBMPC 等环境中运行、图像编辑程序。

TIFF 图像文件由三个数据结构组成，分别为文件头、一个或多个称为 IFD 的包含标记指针的目录以及数据本身。

TIFF 图像文件中的第一个数据结构称为图像文件头或 IFH。这个结构是一个 TIFF 文件中唯一的、有固定位置的部分；IFD 图像文件目录是一个字节长度可变的信息块，Tag 标记是 TIFF 文件的核心部分，在图像文件目录中定义了要用的所有图像参数。目录中的每一目录条目就包含图像的一个参数。

3. TGA 格式

TGA 格式（Tagged Graphics）是由美国 Truevision 公司为其显示卡开发的一种图像文件格式，文件后缀为.tga，已被国际上的图形、图像工业所接受。TGA 的结构比较简单，属于一种图形、图像数据的通用格式，在多媒体领域有很大影响，是计算机生成图像向电视转换的一种首选格式。

TGA 图像格式最大的特点是可以做出不规则形状的图形、图像文件。一般图形、图像文件都为四方形，若需要有圆形、菱形甚至缕空的图像文件，TGA 可就派上用场了。TGA 格式支持压缩，使用不失真的压缩算法，是一种比较好的图片格式。

4. EXIF 格式

EXIF 的格式是 1994 年富士公司提倡的数码相机图像文件格式,其实与 JPEG 格式相同,区别是除保存图像数据外,还能够存储摄影日期、使用光圈、快门、闪光灯数据等曝光资料和附带信息以及小尺寸图像。

5. FPX 格式

FPX 图像文件格式(扩展名为.fpx)是由柯达、微软、HP 及 Live PictureInc 联合研制,并于1996 年 6 月正式发表。FPX 是一个拥有多重分辨率的影像格式,即影像被储存成一系列高低不同的分辨率,其好处是当影像被放大时仍可维持影像的质素。另外,当修饰 FPX 影像时,只会处理被修饰的部分,而不会把整幅影像一并处理,从而减小处理器及记忆体的负担,使影像处理时间减少。

6. SVG 格式

SVG 是可缩放的矢量图形格式。它是一种开放标准的矢量图形语言,可任意放大图形显示,边缘异常清晰,文字在 SVG 图像中保留可编辑和可搜寻的状态,没有字体的限制,生成的文件很小,下载很快,十分适用于设计高分辨率的 Web 图形页面。

7. PSD 格式

这是 Photoshop 图像处理软件的专用文件格式,文件扩展名是.psd,可以支持图层、通道、蒙版和不同色彩模式的各种图像特征,是一种非压缩的原始文件保存格式。扫描仪不能直接生成该种格式的文件。PSD 文件有时容量会很大,但由于可以保留所有原始信息,在图像处理中对于尚未制作完成的图像选用 PSD 格式保存是最佳的选择。

8. CDR 格式

CDR 格式是著名绘图软件 CorelDRAW 的专用图形文件格式。由于 CorelDRAW 是矢量图形绘制软件,所以 CDR 可以记录文件的属性、位置和分页等。但它在兼容度上比较差,所有 CorelDraw 应用程序中均能够使用,但其他图像编辑软件打不开此类文件。

9. PCD 格式

PCD 是 Kodak PhotoCD 的缩写,文件扩展名是.pod,是 Kodak 开发的一种 Photo CD 文件格式,其他软件系统只能对其进行读取。该格式使用 YCC 色彩模式定义图像中的色彩。YCC 和 CIE 色彩空间包含比显示器和打印设备的 RGB 色和 CMYK 色多得多的色彩。PhotoCD 图像大多具有非常高的质量。

10. DXF 格式

DXF 是 Drwing ExchangeFormat 的缩写,扩展名是.dxf,是 AutoCAD 中的图形文件格式。它以 ASCII 方式储存图形,在表现图形的大小方面十分精确,可被 CorelDraw 和 3DS 等大型软件调用编辑。

11. UFO 格式

它是著名图像编辑软件 Ulead Photolmapct 的专用图像格式,能够完整地记录所有Photolmapct 处理过的图像属性。值得一提的是,UFO 文件以对象来代替图层记录图像信息。

12. EPS 格式

EPS 是 Encapsulated PostScript 的缩写,是跨平台的标准格式,扩展名在 PC 平台上是.eps,在Macintosh 平台上是.epsf,主要用于矢量图像和光栅图像的存储。EPS 格式采用 PostScript 语言进行描述,并且可以保存其他一些类型信息,如多色调曲线、Alpha 通道、分色、剪辑路径、挂网信息和色调曲线等。因此,EPS 格式常用于印刷或打印输出。Photoshop 中的多个 EPS 格式选项可以实现印刷打印的综合控制，甚至在某些情况下优于 TIFF 格式。

8.4　习　　题

1. 了解图像和数字图像的概念。
2. 了解图像的存储方式及它们的特点。
3. 了解色彩空间的概念。
4. 总结图像有损压缩和无损压缩各自的特点。
5. 总结各种图像格式文件的特点。

第9章
数字音频基础

声音是多媒体技术中的重要内容。本章将重点介绍数字音频的基础知识。

9.1 音　　频

多媒体技术的特点是计算机交互式综合处理声文图信息。声音是携带信息的重要媒体。娓娓动听的音乐和解说，使静态图像变得更加丰富多彩。音频和视频的同步，使视频图像更具真实性。传统计算机与人交互是通过键盘和显示器，人们通过键盘或鼠标输入，通过视觉接收信息。而今天的多媒体计算机是为计算机增加音频通道，采用人们最熟悉、最习惯的方式与计算机交换信息。我们希望能为计算机装上"耳朵"（麦克风），让计算机听懂、理解人们的讲话，这就是语音识别；设计师为计算机安上嘴巴和乐器（扬声器），让计算机能够讲话和奏乐，这就是语音和音乐合成。

随着多媒体信息处理技术的发展，计算机数据处理能力的增强，音频处理技术受到重视并得到广泛的应用。例如，视频图像的配音、配乐、背景音乐；可视电话、电视会议中的话音；游戏中的音响效果；虚拟现实中的声音模拟；用声音控制 Web；电子读物的有声输出。

9.1.1　模拟音频和数字音频

1．模拟音频

物体振动产生声音，为了记录和保存声音信号，先后诞生了机械录音（以留声机、机械唱片为代表）、光学录音（以电影胶片为代表）、磁性录音（以磁带录音为代表）等模拟录音方式。20世纪七、八十年代开始进入了数字录音的时代。

声音是机械振动在弹性介质中传播的机械波。声音的强弱体现在声波压力的大小上，音调的高低体现在声音的频率上。声音用电表示时，声音信号在时间和幅度上都是连续的模拟信号。声音信号的两个基本参数是频率和幅度。频率是指信号每秒钟变化的次数，用 Hz 表示；幅度是指信号的强弱。

2．数字音频

数字音频主要包括两类：波形音频和 MIDI 音频。

模拟声音在时间和幅度上是连续的，声音的数字化是通过采样、量化和编码把模拟量表示的音频信号转换成由许多二进制数 1 和 0 组成的数字音频信号。数字音频是一个数据序列，在时间和幅度上是断续的。

计算机内的基本数制是二进制，为此我们要把声音数据写成计算机的数据格式。将连续的模拟音频信号转换成有限个数字表示的离散序列（即实现音频数字化），在这一处理技术中涉及音频的采样、量化和编码。

9.1.2　数字音频信号的基本属性

1. 采样频率

采样频率是指每秒钟抽取声波幅度样本的次数，其单位为 Hz（赫兹）。例如，CD 音频通常采用 44.1kHz 的采样频率，即每秒钟在声波曲线上采集 44100 个样本。傅立叶定理表明，在单位时间内的采样点越多，录制的声音就越接近原声。我们可以从时间概念上来理解采样频率，采样频率越高，数字音频则越接近原声波曲线，失真也就越小。当然，高采样频率意味着其存储音频的数据量大。采样频率的高低是根据奈奎特采样定理和声音信号本身的最高频率决定的。该定理指出：采样频率不应低于原始声音最高频率的 2 倍，这样才能把以数字表达的声音还原成原来的声音。众所周知，人耳的响应频率范围在 20Hz～20kHz，根据奈奎特采样定理，为保证声音不失真，采样频率至少应保证不低于 40kHz。此外，由于每个人的听力范围是不同的，20Hz～20kHz 只是一个参考范围，因而通常还要留有一定余地，所以 CD 音频通常采用 44.1kHz 的采样频率。

2. 量化

这个过程就是把整个振幅划分成有限个小幅度，每一个有限的小幅度赋予相同的一个量化值（振幅状态），用于表示采样精度可以描述的振幅状态的数量。量化的方法大致可以分成两类。

（1）均匀量化：即采用相等的量化间隔来度量采样得到的幅度。这种方法对于输入信号不论大小一律采用相同的量化间隔。其优点在于获得的音频品质较高，而缺点在于音频文件容量较大。

（2）如非均匀量化：即对输入的信号采用不同的量化间隔进行量化。对于小信号采用小的量化间隔，对于大信号采用大的量化间隔。虽然非均匀量化后文件容量相对较小，但对于大信号的量化误差较大。

3. 声道数

记录声音时，如果每次生成一个声波数据，称为单声道；每次生成两个声波数据，称为双声道。使用双声道记录声音，能够在一定程度上再现声音的方位，反映人耳的听觉特性。

4. 声音质量与数据率

根据声音的频带，通常把声音的质量分成五个等级，由低到高分别是电话（telephone）、调幅（amplitude modulation，AM）广播、调频（frequency modulation，FM）广播、激光唱盘（CD-Audio）和数字录音带（digital audio tape，DAT）的声音。在这五个等级中，使用的采样频率、样本精度、通道数和数据率如表 9-1 所示。

表 9-1　　　　　　　　　　　　　声音质量和数据率

质量	采样频率（kHz）	样本精度（bit/s）	单道声/立体声	数据率（kB/s）（未压缩）	频率范围
TEL	8	8	单道声	8	200～3400Hz
AM	11.025	8	单道声	11.0	50～7000Hz
FM	22.050	16	立体声	88.2	20～15000Hz
CD	44.1	16	立体声	176.4	20～20000Hz
DAT	48	16	立体声	192.0	20～20000Hz

其中，数据率 = 采样频率（Hz）×量化位数（bit）×声道数（bit/s）。

5. 数字音频的存储

一般来说，采样频率、量化位数越高，声音质量也就越高，保存这段声音所用的空间也就越大。立体声（双声道）是单声道文件的两倍。

即：文件大小（B）=采样频率（Hz）×录音时间（S）×（量化精度/8）×声道数（单声道为 1，立体声为 2）。

录制 1 分钟采样频率为 44.1KHz，量化精度为 16 位，立体声的声音（CD 音质），文件大小为：

$$44.1 \times 1000 \times 60 \times （16/8） \times 2 = 10584000B \approx 10.09M$$

9.1.3 基本的数字音频文件格式

声音数据有多种存储格式，下面我们主要介绍 WAV 文件、MIDI 文件。

1. WAV 文件

WAV 文件主要用在 PC 上，是微软公司的音频文件格式，又称为波形文件格式。它来源于对声音模拟波形的采样，用不同的采样频率对声音的模拟波形进行采样可以得到一系列离散的采样点，以不同的量化位数把这些采样点的值转换成二进制数，然后存盘，就产生了声音的 WAV 文件。

声音是由采样数据组成的，所以它需要的存储容量很大。用前面我们介绍的公式就可以简单地推算出 WAV 文件的文件大小。

2. MIDI 文件

MIDI 是 Musical Instrument Digital Interface 的首写字母组合词，可译成"电子乐器数字接口"。它是用于在音乐合成器（Music Synthesizers）、乐器（Musical Instruments）和计算机之间交换音乐信息的一种标准协议。MIDI 是乐器和计算机使用的标准语言，是一套指令（即命令的约定），它指示乐器即 MIDI 设备要做什么、怎么做，如演奏音符、加大音量、生成音响效果等。MIDI 不是声音信号，在 MIDI 电缆上传送的不是声音，而是发给 MIDI 设备或其他装置让它产生声音或执行某个动作的指令。当信息通过一个音乐或声音合成器进行播放时，该合成器对系列的 MIDI 信息进行解释，然后产生出相应的一段音乐或声音。

记录 MIDI 信息的标准格式文件称为 MIDI 文件，其中包含音符、定时和多达 16 个通道的乐器定义以及键号、通道号、持续时间、音量和击键力度等各个音符的有关信息。由于 MIDI 文件是一系列指令而不是波形数据的集合，所以要求的存储空间较小。

3. WAV 文件和 MIDI 文件的区别

WAV 文件记录的是声音的波形，要求较大的数据空间；MIDI 文件记录的是一系列指令，文件紧凑且占用空间小，预先装载比 WAV 容易，设计播放所需音频的灵活性较大。WAV 文件可编辑性优于 MIDI，音质饱满。

WAV 文件的特点和播放要求：.

① 计算机资源足够处理数字文件；

② 有语言会话的需要；

③ 对回放设备没有特定要求。

MIDI 文件的特点和播放要求：

① 没有足够的内存、硬盘空间或 CPU 处理能力；

② 具备符合要求的回放设备；

③ 具有高质量的声源；

④ 没有语言对话的需要。

9.1.4　音频信号的特点

音频信号处理的特点如下。

（1）音频信号是时间依赖的连续媒体。因此音频处理的时序性要求很高，如果在时间上有 25ms 的延迟，人就会感到断续。

（2）理想的合成声音应是立体声。由于人接收声音有两个通道（左耳、右耳），因此计算机模拟自然声音也应有两个声道，即立体声。

（3）由于语音信号不仅仅是声音的载体，同时也包含情感等信息，因此对语音信号的处理要抽取语意等其他信息，如可能会涉及语言学、社会学、声学等。

从人与计算机交互的角度来看，音频信号相应的处理如下。

（1）人与计算机通信（计算机接收音频信号）。音频获取、语音识别与理解。

（2）计算机与人通信（计算机输出音频）。音频合成（音乐合成，语音合成）、声音定位（立体声模拟、音频/视频同步）。

（3）人—计算机—人通信。人通过网络与处于异地的人进行语音通信，需要的音频处理包括语音采集、音频编码/解码、音频传输等。这里音频编/解码技术是信道利用率的关键。

9.2　语音和音频编码技术

对数字音频信息的压缩主要是依据音频信息自身的相关性以及人耳对音频信息的听觉冗余度。音频信息在编码技术中通常分成语音和音乐两类来处理，各自采用的技术有差异。现代声码器一个重要的课题是：如何把语音和音乐的编码融合起来？

9.2.1　语音编码技术

语音编码技术分为三类：波形编码、参数编码以及混合编码。

1. 波形编码

波形编码是在时域上进行处理，力图使重建的语音波形保持原始语音信号的形状。它将语音信号作为一般的波形信号来处理，具有适应能力强、话音质量好等优点，但压缩比偏低。

该类编码技术主要有非线性量化技术、时域自适应差分编码和量化技术。非线性量化技术利用语音信号小幅度出现的概率大而大幅度出现的概率小的特点，通过为小信号分配小的量化阶、为大信号分配大的量阶来减少总量化误差。G.711 标准用的就是这个技术。自适应差分编码是利用过去的语音来预测当前的语音，只对它们的差进行编码，从而大大减小了编码数据的动态范围，节省了码率。自适应量化技术是根据量化数据的动态范围来动态调整量阶，使得量阶与量化数据相匹配。G.726 标准中应用了这两项技术，G.722 标准把语音分成高低两个子带，然后在每个子带中分别应用这两项技术。

2. 参数编码

利用语音信息产生的数学模型，提取语音信号的特征参量，并按照模型参数重构音频信号。它只能收敛到模型约束的最好质量上，力图使重建语音信号具有尽可能高的可懂性，而重建信号的波形与原始语音信号的波形相比可能会有相当大的差别。

这种编码技术的优点是压缩比高，但重建音频信号的质量较差、自然度低，适用于窄带信道的语音通信，如军事通信、航空通信等。美国的军方标准 LPC-10，就是从语音信号中提取出来反射系数、增益、基音周期、清/浊音标志等参数进行编码的。MPEG-4 标准中的 HVXC 声码器用的也是参数编码技术。当它在无声信号片段时，激励信号与在 CELP 时相似，都是通过一个码本索引和通过幅度信息描述；在发声信号片段时则应用了谐波综合，是将基音和谐音的正弦振荡按照传输的基频进行综合。

3. 混合编码

将上述两种编码方法结合起来，采用混合编码的方法，可以在较低的数码率上得到较高的音质。它的基本原理是合成分析法，将综合滤波器引入编码器，与分析器相结合，在编码器中将激励输入综合滤波器产生与译码器端完全一致的合成语音，然后将合成语音与原始语音相比较（波形编码思想），根据均方误差最小原则求得最佳的激励信号，最后把激励信号以及分析出来的综合滤波器编码送给解码端。

这种得到综合滤波器和最佳激励的过程称为分析（得到语音参数）；用激励和综合滤波器合成语音的过程称为综合。由此我们可以看出，CELP 编码把参数编码和波形编码的优点结合在了一起，使得用较低码率产生较好的音质成为可能。通过设计不同的码本和码本搜索技术，产生了很多编码标准。目前我们通信中用到的大多数语音编码器都采用了混合编码技术。例如在互联网上的 G.723.1 和 G.729 标准，在 GSM 上的 EFR，HR 标准，在 3GPP2 上的 EVRC，QCELP 标准，在 3GPP 上的 AMR-NB/WB 标准等。

9.2.2 音乐编码技术

音乐编码技术主要有自适应变换编码（频率编码）、心理声学模型和熵编码等技术。

1. 自适应变换编码

利用正交变换，把时域音频信号变换到另一个域。由于去相关的结果，变换域系数的能量集中在一个较小的范围，所以对变换域系数最佳量化后可以实现码率的压缩。理论上的最佳量化很难达到，通常采用自适应比特分配和自适应量化技术来对频率数据进行量化。在 MPEG layer3 和 AAC 标准及 Dolby AC-3 标准中都使用了改进的余弦变换（MDCT）；在 ITU G.722.1 标准中则用的是重叠调制变换（MLT）。本质上，它们都是余弦变换的改进。

2. 心理声学模型

其基本思想是对信息量加以压缩，同时使失真尽可能不被觉察出来。利用人耳的掩蔽效应就可以达到此目的，即较弱的声音会被同时存在的较强声音所掩盖，使得人耳无法听到。在音频压缩编码中利用掩蔽效应，就可以通过给不同频率处的信号分量分配以不同的量化比特数的方法来控制量化噪声，使得噪声的能量低于掩蔽阈值，从而使人耳感觉不到量化过程的存在。在 MPEG layer2、3 和 AAC 标准及 AC-3 标准中都采用了心理声学模型。在目前的高质量音频标准中，心理声学模型是一个最有效的算法模型。

3. 熵编码

根据信息论的原理，可以找到最佳数据压缩编码的方法，数据压缩的理论极限是信息熵。如果要求编码过程中不丢失信息量，即要求保存信息熵，这种信息保持编码叫熵编码。它是根据信息出现概率的分布特性而进行的，是一种无损数据压缩编码。常用的有霍夫曼编码和算术编码。在 MPEG layer1、2、3 和 AAC 标准及 ITU G.722.1 标准中都使用了霍夫曼编码；在 MPEG4 BSAC

工具中则使用了效率更高的算术编码。

9.3　音频文件格式简介

本节将对各种音频格式作简要介绍。

9.3.1　常见音频文件格式

1. WAVE 格式

这是一种古老的音频文件格式，由微软开发。WAV 对音频流的编码没有硬性规定，除了 PCM 之外，还有几乎所有支持 ACM 规范的编码都可以为 WAV 的音频流进行编码。WAV 可以使用多种音频编码来压缩其音频流，不过常见的都是音频流被 PCM 编码处理的 WAV，但这不表示 WAV 只能使用 PCM 编码，MP3 编码同样可以运用在 WAV 中。只要安装好相应的 Decode，就可以欣赏这些 WAV 了。

在 Windows 平台下，基于 PCM 编码的 WAV 是被支持得最好的音频格式，所有音频软件都能完美支持。由于本身可以达到较高的音质水平，因此 WAV 也是音乐编辑创作的首选格式，适合保存音乐素材。因此，基于 PCM 编码的 WAV 被作为一种中介的格式常常使用在其他编码的相互转换之中，如 MP3 转换成 WMA。

标准格式的 WAV 文件和 CD 格式一样，声音文件质量和 CD 相差无几，所以把 CD 转换成 WAV 是损失最小的选择。但是这种设置下的 WAV 文件体积也是大得惊人，和 CD 一样大。我们在转换的时候也可以选择不同比特率和采样率，这样转出来的文件体积和音质都不同，根据需要选择会更加实用。

2. MP3 格式

MP3 的全称是 MPEG（MPEG：Moving Picture Experts Group）Audio Layer-3，于 1993 年由德国夫朗和费研究院和法国汤姆生公司合作发展成功。MP3 是一种有损的压缩方式，早期的 MP3 编码采用的是固定编码率的方式（CBR），我们常看到的 128KB/S 就代表每秒的数据流量有 128KBIT，而且是固定的，这个称为比特率。比特率本身是可以改变的，最高可以达 320KBPS。当然比特率越高音质越好，但是文件的体积会相应增大。

因为 MP3 的编码方式是开放的，任何人都可以在这个标准框架的基础上自己选择不同的声学原理进行压缩处理。所以，很快由 Xing 公司推出可变编码率的压缩方式（VBR）。它的原理就是利用将一首歌的复杂部分用高 bitrate 编码，简单部分用低 bitrate 编码，进一步取得质量和体积的统一。当然，早期的 Xing 编码器的 VBR 算法很差，音质与 CBR（固定码率）相去甚远。但是这种算法指明了一种方向，其他开发者纷纷推出自己的 VBR 算法，使得效果一直在改进。目前公认比较好的首推 LAME，它完美地实现了 VBR 算法，而且是完全免费的软件，并且由爱好者组成的开发团队一直在不断地发展完善。

而在 VBR 的基础上，LAME 更加发展出 ABR 算法。ABR（Average Bitrate）平均比特率是 VBR 的一种插值参数。LAME 针对 CBR 不佳的文件体积比和 VBR 生成文件大小不定的特点独创了这种编码模式。ABR 在指定的文件大小内，以每 50 帧（30 帧约 1 秒）为一段，低频和不敏感频率使用相对低的流量，高频和大动态表现时使用高流量，可以作为 VBR 和 CBR 的一种折中选择。

3. OGG 格式

OGG 格式号称 MP3 杀手，是一个庞大的多媒体开发计划的项目名称，将涉及视频音频等方面的编码开发。整个 OGG 项目计划的目的就是向任何人提供完全免费多媒体编码方案。OGG 的信念就是：OPEN！FREE！Vorbis 这个词汇是特里·普拉特柴特的幻想小说《Small Gods》中的一个"花花公子"人物名。这个词汇成了 OGG 项目中音频编码的正式命名。目前 Vorbis 已经开发成功，并且开发出了编码器。

Ogg Vorbis 是高质量的音频编码方案。官方数据显示，Ogg Vorbis 可以在相对较低的数据速率下实现比 MP3 更好的音质。Ogg Vorbis 也远比 90 年代开发成功的 MP3 先进，它可以支持多声道，即意味着 Ogg Vorbis 在 SACD，DTSCD，DVD AUDIO 抓轨软件的支持下，可以对所有的声道进行编码，而不是 MP3 只能编码 2 个声道。多声道音乐的兴起，给音乐欣赏带来了革命性的变化。尤其在欣赏交响时，会带来更多临场感。而这场革命性的变化是 MP3 所无法适应的。

和 MP3 一样，Ogg Vorbis 是一种灵活开放的音频编码，能够在编码方案已经固定下来后对音质进行明显的调节和新算法的改良。因此，它的声音质量将会越来越好。和 MP3 相似，Ogg Vorbis 更像一个音频编码框架，可以不断导入新技术以逐步完善。OGG 也支持可变比特率（VBR）。

4. WMA 格式

WMA 就是 Windows Media Audio 编码后的文件格式，由微软开发。WMA 针对的不是单机市场，而是网络。竞争对手就是网络媒体市场中著名的 Real Networks。微软声称，在只有 64kbps 的码率情况下，WMA 可以达到接近 CD 的音质。和以往的编码不同，WMA 支持防复制功能，可以限制播放时间和播放次数甚至播放的机器等。WMA 支持流技术，即一边读一边播放，因此可以很轻松地实现在线广播。由于是微软自己的格式，因此微软在 Windows 中加入了对 WMA 的支持。WMA 有着优秀的技术特征，在微软的大力推广下，这种格式被越来越多的人所接受。

应该说，WMA 的推出就是针对 MP3 没有版权限制的缺点而来——普通用户可能很欢迎这种格式。但作为版权拥有者的唱片公司，它们更喜欢难以复制的音乐压缩技术，而微软的 WMA 则照顾到了这些唱片公司的需求。除了版权保护外，WMA 还在压缩比上进行了深化，其目标是在相同音质条件下文件体积可以变得更小（当然，只在 MP3 低于 192KBPS 码率的情况下有效，实际上当采用 LAME 算法压缩 MP3 格式时，高于 192KBPS 普遍的反映是 MP3 的音质要优于 WMA）。不过 WMA 有一个致命缺陷就是导致耗电量增加，这给其在移动设备上的应用增加了少许障碍。

5. RA 格式

RA 就是 RealAudio 格式，这是在网络上接触得非常多的一种格式，大部分音乐网站的在线试听都是采用 RealAudio。这种格式完全针对的是网络上的媒体市场，支持非常丰富的功能。其最大的优点就是可以根据网络的带宽来控制自己的码率，在保证流畅的前提下尽可能提高音质。RA 可以支持多种音频编码，包括 ATRAC3。和 WMA 一样，RA 不但都支持边读边放，也同样支持使用特殊协议来隐藏文件的真实网络地址，从而实现只在线播放而不提供下载的欣赏方式。这对唱片公司和唱片销售公司来说很重要。在各方的大力推广下，RA 和 WMA 是目前互联网上用于在线试听最多的音频媒体格式。

6. APE 格式

APE 是 Monkey's Audio 提供的一种无损压缩格式。Monkey's Audio 提供了 Winamp 的插件支持，因此意味着压缩后的文件不再是单纯的压缩格式，而是和 MP3 一样可以播放的音频文件格式。这种格式的压缩比远低于其他格式，但能够做到真正无损，因此受到不少发烧用户的青睐。

在现有不少无损压缩方案中，APE 是一种有着突出性能的格式，令人满意的压缩比以及飞快的压缩速度使其成为不少朋友私下交流发烧音乐的唯一选择。

9.3.2　其他音频文件及编码格式

1. PCM 编码

PCM（Pulse Code Modulation）即脉冲编码调制，指模拟音频信号只经过采样、模数转换直接形成的二进制序列，未经过任何编码和压缩处理。PCM 编码最大的优点就是音质好，最大的缺点就是体积大。在计算机应用中，能够达到最高保真水平的就是 PCM 编码，在 CD，DVD 以及我们常见的 WAV 文件中均有应用。

2. MPC 格式

MPC 是一种高比特率、高保真音乐格式。它的普及过程非常低调，也没有复杂的背景故事，目的就只有一个——更小的体积及更好的音质。MPC 以前被称作 MP+，很明显，可以看出它针对的竞争对手是谁。只要用过这种编码的人都会有深刻的印象，就是它出众的音质。

3. mp3PRO 格式

2001 年 6 月 14 日，美国汤姆森多媒体公司（Thomson Multimedia SA）与佛朗赫弗协会（Fraunhofer Institute）发布了一种新的音乐格式版本，即 mp3PRO。这是一种基于 mp3 编码技术的改良方案，从官方公布的特征来看确实相当吸引人。各方面的资料显示，mp3PRO 并不是一种全新的格式，完全是基于传统 mp3 编码技术的一种改良。其本身最大的技术亮点就在于 SBR（Spectral Band Replication 频段复制），是一种新的音频编码增强算法。它提供了改善低位率情况下音频和语音编码性能的可能。这种方法可在指定的位率下增加音频的带宽或改善编码效率。SBR 最大的优势就是在低数据速率下实现非常高效的编码。与传统编码技术不同的是，SBR 更像一种后处理技术，因此解码器算法的优劣直接影响到音质的好坏。高频实际上是由解码器（播放器）产生的，SBR 编码的数据更像一种产生高频的命令集，或者称为指导性的信号源。我们可以看到，mp3PRO 其实是一种 mp3 信号流和 SBR 信号流的混合数据流编码。有关资料显示，SBR 技术可以改善低数据流量下的高频音质，改善程度约为 30%。我们先不管这个 30% 是如何得来的，但可以事先预知这种改善能让 64kbps 的 mp3 达到 128kbps 的 mp3 的音质水平（注：在相同的编码条件下，数据速率的提升和音质的提升不是成正比的，至少人耳听觉上是这样的），这和官方声称的 64kbps 的 mp3PRO 可以与 128kbps 的 mp3 相媲美的宣传基本吻合。

4. AMR 格式

AMR（Adaptive Multi-Rate）即自适应多速率编码，是应用在手机上的一种语音压缩格式。也就是说，我们用手机录音而成的文件就是这种格式。AMR 格式压缩率较高，但是音质相对较差。其优点就是我们可以用手机随时随地录制音频。

5. AAC 格式

AAC（Advanced Audio Coding）实际上是高级音频编码的缩写。AAC 是由 Fraunhofer IIS-A、杜比和 AT&T 共同开发的一种音频格式，是 MPEG-2 规范的一部分。AAC 所采用的运算法则与 MP3 的运算法则有所不同，是通过结合其他的功能来提高编码效率。AAC 的音频算法在压缩能力上远远超过了以前的一些压缩算法（比如 MP3 等）。它还同时支持多达 48 个音轨、15 个低频音轨、更多种采样率和比特率、多种语言的兼容能力、更高的解码效率。

AAC 的优点和 WMA 差不多，在低比特率下音质很好。在 96～160KB/S 的比特率下，AAC 基本上是首选。现在某些随身听也支持 AAC 的播放，如苹果的 IPOD。

9.4　音乐合成、MIDI 规范及波表技术

在本节中，读者将了解到音乐的诸多"秘密"。

9.4.1　乐音的基本概念

一个乐音包括必备的三要素：音高、音色和响度。若把一个乐音放在运动的旋律中，它还应具备时值——持续时间。这些要素的理想配合是产生优美动听旋律的必要条件。

音高：指声波的基频。基频越低，给人的感觉越低沉。对于平均律（一种普遍使用的音律）来说，各音高的对应频率如图表所示。

音高	C	D	E	F	G	A	B
简谱	1	2	3	4	5	6	7
频率（Hz）	261	293	330	349	392	440	494

知道了音高与频率的关系，我们就能够设法产生规定音高的单音了。

音色：具有固定音高和相同谐波的乐音，有时给人的感觉仍有很大差异。比如人们能够分辨具有相同音高的钢琴和小提琴声音，这正是因为它们的音色不同。音色是由声音的频谱决定的，各阶谐波的比例不同，随时间衰减的程度不同，音色就不同。"小号"的声音之所以具有极强的穿透力和明亮感，只因"小号"声音中高次谐波非常丰富。各种乐器的音色是由其自身结构特点决定的。用计算机模拟具有强烈真实感的旋律，音色的变化是非常重要的。

响度：响度是对声音强度的衡量，它是听判乐音的基础。人耳对于声音细节的分辨与响度直接有关，只有在响度适中时人耳辨音才最灵敏。

9.4.2　乐音的合成

自 1976 年应用调频（FM）音乐合成技术以来，其乐音已经很逼真。1984 年又开发出另一种更真实的音乐合成技术——波形表（Wavetable）合成。此外，还有采样及物理建模等乐音合成技术。

1. 调频（FM）合成

FM 合成是根据傅立叶原理——一个任何形状的波形都可以用几个正弦波的叠加来解释。它通过正弦波来模拟各种乐器的波形。但是由于民用市场中，声卡的 FM 振荡器只有 2～3 个，效果很差导致坏了 FM 的名声。实际上，专业领域中 FM 一般有 20 个左右的振荡器，效果已经很好了。

2. 采样合成

提到波表合成，就必须先提到采样。采样通常来说就是一段声音的样本，如钢琴中央 C 的声音。假设所有的声音都可以被记录下来，那么当合成时，只需回放声音样本即可。因此如果可以，读者应完全记录下钢琴 88 个键的声音，到时候回放波形即可，效果会很逼真。

3. 波表合成

采样合成的优点是可以提供最完美的还原效果，但是有一个很大的缺点——容量问题。设想一个乐器——钢琴有 88 键，还有各种不同的音量，那么采样的总量将达到 88*N 个。假设一个采样需要 1MB，这么多的采样需要庞大的存储空间。因此，波表合成产生了。波表合成就是通过一定的算法用有限个真实的采样模拟无限种采样的效果——真实乐器的效果。波表合成对采样进行

升调、降调、增益（提高音量）或衰减（减少音量）的处理，然后输出处理后的波形。波表合成的缺点之一是有些设备的波表是固定的，无法更换。

4. 物理建模合成

物理建模合成就是通过建立一个真实乐器的声学模型来模拟真实乐器发声。由于采用了大量的数学和物理模型，因此不需要采样，但是需要极为强大的运算能力。物理建模对于吹管乐器以及弦乐器的还原效果极好。但也是有缺点的，如果说采样的缺点在于"死板"，那么物理建模合成的缺点则在于模型太普遍，无法描述特定乐器的一些特殊个性。比如，不同牌子的钢琴和小提琴音色就不同。

9.4.3　MIDI 接口规范

MIDI 是音乐与计算机结合的产物。MIDI（Musical Instrument Digital Interface）是乐器数字接口的缩写，泛指数字音乐的国际标准，始建于 1982 年。

Windows 支持在多媒体节目中使用 MIDI 文件。标准的多媒体 PC 平台能够通过内部合成品在或连到计算机 MIDI 端口的外部合成品在播的 MIDI 文件。

利用 MIDI 文件演奏音乐所需的存储量最少，如演奏 2 分钟乐曲的 MIDI 文件只需不到 8K 的存储空间。

MIDI 标准规定了不同厂家的电子乐器与计算机连接的电缆和硬件，还指定从一个装置传送数据到另一个装置的通信协议。这样，任何电子乐器只要有处理 MIDI 信息的处理器和适当的硬件接口都能变成 MIDI 装置。MIDI 间靠这个接口传递消息而进行彼此通信。实际上，消息是乐谱的数字描述。乐谱由音符序列、定时和称作合成音色的乐器定义所组成。当一组 MIDI 消息通过音乐合成芯片演奏时，合成器解释这些符号并产生音乐。

MIDI 区别于波形音频的特点：MIDI 文件是一系列描述乐曲演奏过程的指令，而不是波形。它需要的磁盘空间非常少，并且预装 MIDI 文件比预装波形文件容易得多。这样，当你设计多媒体节目特别是指定什么时候播放音乐时，将有很大的灵活性。

在以下几种情况下，使用 MIDI 比使用波形音频更合适。

（1）需要播放长时间高质量音乐，需要计算机有较高的 MIDI 回放能力。

（2）作为单纯的背景音乐，低质量的 MIDI 回访可以满足要求，而且文件很小。

9.4.4　波表

1. 软波表与硬波表

"波表"实际是一种最常用的乐音合成技术，也是当今使用最广泛的一种合成器技术。"波表"本无软硬之分，之所以分开是有一定历史因素的。在电脑的整体性能和速度（特别是 CPU 速度）没有足够快时，波表技术只能通过专门的芯片和 DSP（数字信号处理器）来完成。这些专门的合成芯片和 DSP 就构成了那些专业硬件设备，如音源、合成器等（直到今天仍然有这些专用设备）。而当个人电脑迈入奔腾时代以后，电脑的处理速度已经足够快，可以实时处理相对简单的波表数据。所以，当时就出现了几款靠电脑来运算的"软波表"，其中最著名的就是 Wingroove。可见，所谓"软波表"就是靠电脑 CPU 来运算的波表技术，其他的都称作"硬波表"（无论是在声卡上还是在专用设备上）。

当 PC 电脑迈入奔腾二时代以后，涌现出许许多多软波表，连专业的 MIDI 硬件厂商也开发出同类的软波表。其中，最出名的就是 YAMAHA 和 ROLAND 的软波表。由于这两个厂家都是业界非常出名的生产专业合成器和音源厂商，所以他们出品的软波表也有相当的专业素质。

2．波表的技术指标

下面是一些关于软波表比较重要的指标含义。

（1）最大发音数。专业术语为"复音数"。简单地说，就是同一时刻最多能够模仿多少个乐器同时发声。这个指标直接由电脑的处理能力来决定。以现在电脑的处理速度来说，32 甚至 64 复音数是没有多大问题的，而这对于普通的 MIDI 文件来说也足够了。

（2）波形容量。就是所有波表样本的总容量大小。很明显，波形容量越大，所容纳的波形样本越多，所模仿的乐器音色也就越真实。这个指标一般软波表都不明确标明。实际上，通常的软波表都是 4M～8M 的容量。

（3）波形的采样质量。即录制样本所采用的数码录音格式。一般的专业设备，其采样质量都是 16 比特、44.1Khz 的（或者 48Khz），即相当于普通 CD 的质量。但软波表由于是给电脑玩家使用的，所以样本的质量未必会达到这个标准。最新版本的 YAMAHA 和 ROLAND 软波表是可以达到准 CD 音质的。

（4）波表的实时性。软波表往往都不是真正实时的，它们都会有几百毫秒（即零点几秒）的滞后，这种滞后对于播放 MIDI 音乐来说毫无影响。而通常只有专业软波表才被认为是实时的（响应速度要小于 10 毫秒），这些专业的软波表鲜为普通 MIDI 爱好者所知，如 Reality，Rebirth，Gigasampler 等。专业的软波表（专业人士称之为"软音源"或"软采样器"）在使用上比较复杂，虽然不适合普通电脑用户欣赏，但在业界却是赫赫有名的。

还有一类很少人知道的软波表，就是完全非实时的软波表。它在早期是很常见的，因为当时的电脑处理速度不够快，这种软波表需要时间来运算 MIDI 音乐的结果，运算的过程非常类似于三维动画的制作，所以这个运算过程也被称作渲染（Render）。这类软件的长处是：由于非实时，所以运算过程可以非常复杂，对电脑的要求也非常低。其代表软件有 Smorphi，Stomper Ultra＋＋，DirectCsound 等。

9.5　语音识别与语音合成

本节将介绍语音识别和语音合成的相关知识。

9.5.1　语音识别的分类

语音识别的研究领域比较广，归纳起来一般有以下四个方面。

（1）按可识别的词汇量多少，语音识别系统可分为小、中、大词汇量三种。一般来说，能识别词汇小于 100 的，称为小词表语言识别；大于 100 的称为中词表语音识别；大于 1000 的称为大词表语音识别。词表越大，困难越多。

（2）按照语音的输入方式，语音识别的研究集中于对孤立词、连接词和连续语音的识别。

词表中的每个条目，无论是单音节还是短语，发音时都是以条目为单位的；条目间有明显的停顿，而条目内的音节要求连续。这就是孤立词语音识别，如识别 0～9 十个数字、人名、地名、控制命令、英语单词、汉语音节或短语。

对连呼词表中的几个条目，识别时进行切分，最后给出连呼词的识别结果。这种识别需要用到词与词之间的连接信息，所以称为连接词识别，如连呼数字串的识别。

自然语言的特点是使用连续自然的语音。语音识别的目标是让计算机能理解自然语言，这是语音识别中最困难的课题，如听写机、翻译机、智能计算机中人机语音对话都需要连续语音识别。

（3）按发音人可分为特定人、限定人和非特定人语音识别三种。

对于特定人进行语音识别的系统，使用前需由特定人对系统进行训练。具体方法是由特定人口呼待识词或指定字表，系统建立相应的特征库。之后，特定人即可口呼待识词由系统识别，这样的系统只能识别训练者的声音；如果需要限定的几个人使用同一系统，则可以研制成限定人识别系统；如果一个系统不必经使用者训练就可以识别各种发音者的语音，则称为非特定人语言识别。

（4）对说话人的声纹进行识别，称为说话人识别。这是研究如何根据语音来辨别说话人的身份、确定说话人的姓名。

语音识别研究的最终目标是要实现大词汇量、非特定人连续语音的识别，这样的系统才有可能完全听懂并理解人类的自然语言。

9.5.2　汉语语音识别技术概述

汉语语音听写机（CDM，Chinese Dictation Machine）是非特定人、大词汇量的连续语流（或连接词）识别系统，目的是由计算机将人的语流转化为相应的文本信息。

在当今人与计算机交互日益频繁的条件下，探索高效而自然的交互方式是人们不断努力的目标。汉语语音听写机正是这样一种十分有潜力的人机交互系统，它有望把人从不自然的信息输入方式中解放出来，从而大大推进计算机的应用和发展。

我们希望实现的语音识别系统，即语音识别系统的最终目标应该是：

（1）不存在对说话人的限制，即非特定人的。

（2）不存在对词汇量的限制，即基于大词汇表的。

（3）不存在对发音方式的限制，即可识别连续自然发音的。

（4）系统的整体识别率应该相当高，接近于人类对自然语音的识别能力。这也正是听写机系统最终要达到的目标。

目前要完全实现上述要求还存在很多困难，这是因为：

（1）使用者之间在年龄、性别、口音、发音速度、语音强度、发音习惯与方式等方面存在着较大的差异。如果系统不能把这些差异排除掉，那么要实现对语音的稳定识别是不可能的；而要做到能够排除这些因素的干扰，保留它们的共性则是很困难的。

（2）系统可以识别的词汇量越大，它所需要的空间和时间的花销就越多，并且随着词汇量的增多，词与词之间的差异就会变得越来越细微，最终将导致系统的识别性能急剧下降而丧失可用性。

（3）尽管连续发音是人们最为自然的发音方式，但是识别系统不可能把连续语音作为一个整体来识别，即系统的基本识别单元只能是连续语音的一个部分，并且由这些识别基元可以组成任意的连续语音。然而，连续语音中的识别基元同孤立情况下的识别基元有时并不一致，甚至要准确地从连续语音中分割出一个个的识别基元也是很困难的。

（4）我们希望最终的语音识别系统是非常实用的，要求它能在大多数自然环境和计算机硬件环境下可靠高效地运行，这就需要提高语音特征参数的鲁棒性、对不同非高斯噪声的非敏感性以及对不同用户的适应能力等。然而由于这些需求的复杂性，这些目标的实现也是非常困难的。

9.5.3 语音识别技术的应用

语音识别技术应用于需要以语音作为人机交互手段的场合，主要是实现听写和命令控制功能。

从技术成熟程度、实际需要以及应用面大小等多方面的因素考虑，办公自动化成为优先应用的领域。在办公业务处理中，起草和形成各种书面文件是一个重要内容，但录入是一件很麻烦的事。在有些场合如移动工作中，人的手和眼都很忙，设备和键盘也变得越来越小。如使用个人通信终端 PDA，使用语音将使计算机的操作变得简单方便，而对于不能做键入动作的残疾人以及医学、法律和其他领域的工作人员，他们不能或不便用手将信息输入计算机。在这些场合下，使用语音操作计算机就越发显得重要。

电话商业服务是语音识别技术应用的又一个主要领域，基于电话线输入的语音信号识别系统将得到广泛的应用。语音技术的推广一直由于缺乏直接和吸引用户的应用而受阻，而计算机和电话的结合以及远程计算平均通话的发展则可能促进语音技术应用的普及。语音拨号电话机、具有语音识别能力的电话订票服务和自动话务转换系统在国外已经有一定程度的应用。当然对于现代通信来说，最重要的莫过于具有多种语言的口语识别、理解和翻译功能的电话自动翻译系统，唯此才能实现不限地点、不限时间、不限语言的全球性自由通信。

目前，计算机领域多媒体技术发展很快，使多媒体产品具有语音识别能力，将成为商业竞争中优先考虑的问题。现在越来越多的功能处理器和先进的软件已经实现把声音和语音功能集成到微机系统中，借助于具有命令识别能力的多媒体操作系统和具有语音识别能力的数据库系统，语音可以命令和控制计算机像代理一样为用户处理各种事务，从而极大地提高用户的工作效率。

9.5.4 计算机语音输出概述

一般来讲，实现计算机语音输出有两种方法：一是录音/重放，二是文—语转换。

用第一种方法，首先要把模拟语音信号转换成数字序列，编码后暂存于存储设备中（录音），需要时再经解码，重建声音信号（重放）。录音/重放可获得高音质声音，并能保留特定人或乐器的音色，但所需的存储容量随发音时间线性增长。

第二种方法是基于声音合成技术的一种声音产生技术。它可用于语音合成和音乐合成。文—语转换是语音合成技术的延伸，它能把计算机内的文体转换成连续自然的语声流。若采用这种方法输出语音，应预先建立语音参数数据库、发音规则库等。需要输出语音时，系统按需求先合成语音单元，再按语音学规则或语言学规则连接成自然的语流。文—语转换的参数库不随发音时间增长而加大；但规则库却随语音质量的要求而增大。目前世界上已研制出汉、英、日、法、德等语种的文—语转换系统，并在许多领域得到了广泛应用。语音合成涉及多方面的相关技术。

计算机话语输出按其实现的功能，可以分为以下档次。

1. 有限词汇的计算机语音输出

这是最简单的计算机语音输出，适合特定场合的要求。它可以采用录音/重放技术，或针对有限词汇采用某种合成技术，对语言理解没有要求。可用于语音报时、汽车报站等。

2. 基于语音合成技术的文字-语音转换（TTS）

进行由书面语言到语音的转换。它对书面语进行处理，将其转换为流利的、可理解的语音信号。这是目前计算机语言输出的主要研究阶段。它并不只是由正文到语音信号的简单映射，还包括了对书面语言的理解以及对语音的韵律处理。

语音合成的方法为：

从合成采用的技术上讲，可分为发音参数合成、声道模型参数合成和波形编辑合成；从合成策略上讲，可分为频谱逼近和波形逼近。

1. 发音器官参数语音合成

这种方法对人的发音过程进行直接模拟。它定义了唇、舌、声带的相关参数，如唇开口度、舌高度、舌位置、声带张力等。由这些发音参数估计声道截面积函数，进而计算声波。但由于人发音生理过程的复杂性，理论计算与物理模拟之间的差异，合成语音的质量暂时还不理想。

2. 声道模型参数语音合成

这种方法基于声道截面积函数或声道谐振特性合成语音，如共振峰合成器、LPC 合成器。国内外也有不少采用这种技术的语音合成系统。这类合成品的比特率低、音质适中。为改善音质，发展了混合编码技术，主要手段是改善激励如码本激励、多脉冲激励、长时预测规则码激励等。这样比特率有所增大，同时音质得到提高。作为压缩编码算法，参数合成广泛用于通信、系统和多媒体系统中。

3. 波形编辑语音合成技术

80 年代末 E.Moulines 和 F.Charpentier 提出基于时域波形修改的语音合成算法，在 PSO-LA（Pitch Synchronous Overlap Add）方法的推动下，此技术得到很大的发展与广泛的应用。

波形编辑语音合成技术是直接把语音波形数据库中的波形相互拼接在一起，输出连续语流。这种语音合成技术用原始语音波形替代参数，而且取自自然语音的词或句子。它隐含了声调、重音、发音速度的细微特性，合成的语音清晰自然。其质量普遍高于参数合成。

这种语音波形编辑技术多用于文—语转换系统中，现已有英、日、德、法、汉语等多种语言的系统问世。采用这种技术应解决好以下几个问题：语音基元的选取、波形拼接过程中的平滑滤波、韵律修改以及语言学的分析和处理。

9.5.5　计算机语音输出系统的发展方向

文—语转换（TTS）是一种智能型的语言合成，涉及语言学、语音学、语音信号处理、心理学等多个领域。它综合多学科的研究成果，将文字转换成声音，是我们解决计算机语音输出的一种好方法。

1. 特定应用场合的计算机言语输出系统

由于计算机言语输出的复杂性，用于普遍场合的言语输出系统的质量还不能达到使用户满意的地步。然而对于特定的应用，可以使系统达到实用的水平。如仪器设备中的语音提示、语音合成、数据库与电话系统的结合、实现有声信息服务。

2. 韵律特征的获取与修改

人说话时含有丰富的韵律特征，这对于表达语义和感情起着至关重要的作用。然而大部分书面语并不能携带丰富的韵律信息，如果忽视自然语言的韵律特征、个人特色，那么通过计算机言语合成只能得到单调枯燥的语音。当前，如何在合成的言语中增加韵律信息是计算机言语输出研究的热点问题。如采用神经网络训练系统、抽取韵律描述规则、设计韵律置标语言等。这些研究成果将不断改善合成语音的自然度、提高其表现力。另外，合成系统也将模拟出具有特定音色的声音。

3. 语言理解与语言合成的结合

为了产生高质量的计算机言语输出，必须对所要输出的语言有一定的理解，然后在输出的言语中更好地表达语义，从而提高输出言语的可理解度。自然语言理解和语言生成的结合为实现这一目标提供了途径。

4. 计算机言语输出与计算机言语识别的结合

计算机言语输出与计算机言语识别是互补的两门学科，它们有许多相似之处，在某些方面可以相互借鉴。它们也是人机自然语言交互的两大基石。计算机言语输出和识别的成功将为通过自然语言实现人机交互创造条件。

5. 计算机言语输出与图像处理相结合

最近的一些研究表明，言语输出与图像处理相结合可以帮助听者的理解。在言语输出的过程中伴以话者的表情，可以更好地表达感情和语气，有利于听者的理解。与图像信息相结合为提高言语输出的质量提供了一条有效的途径。

9.6 习　　题

1. 了解模拟音频和数字音频的概念。
2. 了解数字音频的基本属性及文件格式。
3. 了解语言编码技术的分类。
4. 了解常见音频文件的格式。
5. 了解乐音的概念及合成。
6. 总结 MIDI 与波形音频各自的特点。
7. 了解波表的概念及它的技术指标。
8. 了解语音识别的分类及应用。
9. 了解计算机语音输出系统的发展方向。

第10章
动画和视频基础

本章将从原理、应用等方面介绍动画和视频相关的基础知识。

10.1　动画和视频原理

本节分别介绍动画和视频的制作原理。

10.1.1　动画原理

动画在中国早期被称为美术片，国际通称为动画片，英文为 Animation。它是一种综合艺术门类，是工业社会人类寻求精神解脱的产物，集绘画、漫画、电影、数字媒体，摄影、音乐、文学等众多艺术门类于一体的艺术表现形式。它是一门幻想艺术，更容易直观表现和抒发人们的感情，可以把现实不可能看到的转为现实，扩展了人类的想象力和创造力，把人、物的表情、动作、变化等分段画成许多幅画，再用摄影机连续拍摄而成。

动画是通过连续播放一系列动画，给视觉造成连续变化的图像。动画主要用的是人们的视觉暂留原理，人们能够将看到的影像暂时保存，即在影像消失之后，之前的影像还会暂时停留在眼前。视觉暂留就是我们的眼睛看任何东西时，都会产生一种很短暂的记忆。当人脑里面保留着上一幅图像幻觉，如果第二幅图像能在一个特定的极短时间内出现（大约 50ms），那么人脑将把上一幅图像的幻觉与这幅图像结合起来。当一系列的图像序列一个接着一个地出现，每幅图像的改变很小，而且以一个特定极短时间间隔连续出现，最终效果便是一个连续的运动图像，即所谓的动画。

动画是将静止的画面变为动态的艺术，实现由静止到动态。可以说运动是动画的本质，动画是运动的艺术。动画指由许多帧静止的画面连续播放的过程。一般来说，动画是一种动态生成一系列相关画面的处理方法，其中的每一幅与前一幅略有不同。播放速度越快，动画越流畅，相邻帧之间的变化越小，动画的效果越连续。实验证明，如果画面刷新率为 24 帧/s，即每秒放映 24 幅图画，则人眼看到的是连续的画面效果。

10.1.2　视频原理

视频（英文：Video，又翻译为视讯）泛指将一系列的静态影像以电信号方式加以捕捉，记录、处理、储存、传送与重现的各种技术。关于大小视频各种后缀格式，包括个人视频上传、电影视频。视频也指新兴的交流、沟通工具，是基于互联网的一种设备及软件，用户可通过视频看到对方的仪容、听到对方的声音，是可视电话的雏形。视频技术最早是为了电视系统而发展，但是现在已经更加发展为各种不同的格式以利消费者将视频记录下来。网络技术的发达也促使视频的纪录片段以串流媒体的形式存在于互联网之上，并可被电脑接收与播放。

视频与动画有很多相似的地方，都用到了视觉暂留原理。视频是以每秒 25～30 帧的速度按一定的顺序播放静止的图像。每幅画面以每秒 25 个画面的速度顺序取代前一个画面，就构成 PAL 视频制式；每幅画面以每秒 30 个画面的速度取代前一个画面，则构成 NTSC 视频制式。

10.1.3　动画与视频的区别

下面详细介绍动画与视频的区别。

首先要理解"图形"和"图像"的区别。一般情况下可以混用这两个词，但严格来说它们是不同的。"图像"对应于英文中的"Image"，类似于照片，由许许多多排成行和列的点组成，当每个点都足够小的时候，宏观看起来，一幅照片就非常清晰了。而"图形"则对应于英文中的"Graphics"，更类似于逻辑概念，如我们说一个三角形、一个圆形或者一条曲线，它们都被称为"图形"，而不是"图像"。

与之相关联的还有一组概念叫作"位图"与"矢量"。比如我们经常说 Photoshop 是位图处理软件，而 Flash 是矢量动画软件。位图实际上就是图像的存储方式，通过逐位存储信息来保存和显示一个画面；而"矢量"则是图形的存储方式，是通过数学方程的形式记录和存储画面的。因此，完整的说法应该是"位图图像"和"矢量图形"。

位图图像由排列成网格的点组成，每个点称为一个"像素"。计算机的屏幕就是一个大的像素网格。在一幅位图中，图像是由网格中每个像素的位置和颜色值所决定的。每个点被指定一种颜色，像马赛克中的贴砖那样拼合在一起形成图像。位图图形的优点是可以保证图像的细节，因此照片都是典型的位图图像。位图的一个特征是当它被放大以后，就会变模糊。

编辑位图图形时，修改的是像素，而不是线条和曲线。位图图形与分辨率有关，即描述图像的数据被固定到一个特定大小的网格中。正如前面说到的，放大位图图像将使这些像素在网格中重新进行分布，这通常会使图像的边缘呈锯齿状。在一个分辨率比图像自身分辨率低的输出设备上显示位图图像也会降低图像品质。

矢量图形使用称为"矢量"的线条和曲线（包含颜色和位置信息）呈现图像。图形的颜色由其轮廓的颜色和该轮廓所包围区域的颜色决定。

编辑矢量图形时，修改的是描述其形状的线条和曲线的属性。矢量图形与分辨率无关，这意味着除了可以在分辨率不同的输出设备上显示它以外，还可以对其执行移动、调整大小、更改形状或更改颜色等操作，而不会改变其外观品质。矢量图形的缺点是它无法表达细节，如一幅照片上的各个点是无法构成一个用数学方程可以描述的曲线的。

理解了上面这些概念以后，再理解"动画"和"视频"就很容易了。动画对应于英文中的"Animation"，而视频对应于英文中的"Video"。

我们认为若干幅"图像"快速地连续播放就构成了"视频"，而"图形"连续变化就构成"动画"。写到这里，是不是不再需要更多的解释了？

如果把这组概念用一个图形来描述，如图 10-1 所示。

最后要说的是，在实际工作中这两个词语有时并不是严格

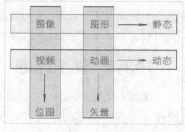

图 10-1　概念说明

区分的。比如说如果用 Flash 制作的动画通常不会说是视频，可如果使用 3ds Max 等软件制作出的三维动画，实际上并不是矢量的，而是已经逐帧渲染为位图了，但是我们通常不会把它称为"三维视频"，而称为"三维动画"。因此对于这一组概念，我们并不能太较真地区分它们，如果从原理上理解其中的含义，叫什么名字其实也就没有太大关系了。

10.2 动 画 制 作

动画制作主要有关键帧动画、路径动画和动力学动画等方式。

关键帧动画是最基本也是最主要的动画制作方式。在动画制作中几乎所有的参数都可以用来设置关键帧，即任何东西都可以动画，如动画对象（可以是三维模型，也可以是灯光等一切物体）的空间坐标、大小形态、颜色明暗等，这都为动画制作提供了无限的可能性。在动画系统中为动画制作提供形象的运动曲线，制作者可以通过调节运动曲线的形态来直观地调整关键帧之间物体的运动状态。

路径动画方式是把某一物体的运动约束在一个特定的路线上，是其按预先设计的路径运动。操作者可以任意地编辑调节运动路线的形态，方便地制作出一个物体在三维空间飞行的动画。例如一架飞机在机场上慢慢盘旋下降，最后在跑道上滑行停止的整个过程就可以用路径动画很容易地制作出来。

动力学动画是一种比较特殊的动画方式，用来模拟真实物理条件下物体的运动状态，如碰撞、破碎、下落、漂浮等。一般先为动画对象设定真实的物理属性，如刚体/软体、质量、摩擦系数等，然后把对象放置到系统设定的立场（如重力场、风力、涡流等）重做完全符合物理规律的运动。

10.3 动 画 应 用

本节将介绍动画在影视、数字游戏、虚拟现实和教育等领域的应用。

10.3.1 影视制作

计算机技术在影视片中的作用越来越重要。其工作内容大致分为两类：一是利用计算机动画技术制作实际拍摄非常困难甚至是无法实现的镜头，或者制作出虚拟的任务或景象；二是用计算机对镜头进行特技处理或后期加工，取得普通拍摄方法难以达到的艺术效果。

电影被认为是一种"造梦"工具，计算机动画技术的介入更是将电影的"造梦"能力发挥到了极致。利用计算机动画技术，可以实现使用传统手法无法拍摄的诸如宇宙爆炸、龙卷风袭击、微观世界等镜头，也可以"真实"地展现人们想象中的一切事物，如史前生物、外星来客、星际飞船等。

尽管相对于电影，电视领域所运用的计算机动画技术比较简单，投入的成本也低一些，但使用计算机动画技术制作电视的历史却比电影长。人们使用计算机动画技术制作各种充满视觉刺激的电视片头，进行节目包装，使用计算机动画技术完成电视剧中出现的越来越频繁的特技镜头，实现各种充满神奇创意的广告镜头。随着计算机动画技术的迅速普及，现在个人使用 PC 动画系统就可以制作出相当水平的电视动画。

10.3.2　数字游戏

计算机动画技术在数字娱乐等领域已经形成了一个巨大的市场。无论是 PC 游戏、视频游戏，还是网络游戏等数字游戏，计算机动画技术都是最主要的关键技术，其制作完全需要依靠计算机动画技术。

10.3.3　虚拟现实和 Web 3D

虚拟现实是利用计算机动画技术模拟产生一个三维空间的虚拟环境系统。人们凭借系统提供的视觉、听觉甚至触觉设备，身临其境地置身于这个虚拟环境中并随心所欲地活动，就像在真实世界一样。

Web 3D 可以认为是一种非沉浸式的虚拟现实技术，其出现把计算机动画带入了网络，使得计算机网络演化成一种全新的三维空间界面。人们可以通过浏览器在网络上身临其境地观察三维场景或全方位地、立体地观察某样产品。

10.4　动　画　格　式

本节将介绍几种动画的文件格式。

10.4.1　GIF 动画格式

GIF 是用于压缩具有单调颜色和清晰细节的图像（如线状图、徽标或带文字的插图）的标准格式。在早期，GIF 所用的 LZW 压缩算法是 Compuserv 所开发的一种免费算法。然而令很多软件开发商感到意外的是，GIF 文件所采用的压缩算法忽然成了 Unisys 公司的专利。据 Unisys 公司称，他们已注册了 LZW 算法中的 W 部分。如果要开发生成（或显示）GIF 文件的程序，则需向该公司支付版税。由此，人们开始寻求一种新技术以减少开发成本。PNG（Portable Network Graphics，便携式网络图形）标准就在这个背景下应运而生了。它一方面满足了市场对更少的法规限制的需要，另一方面带来了更少的技术上的限制，如颜色的数量等。

2003 年 6 月 20 日，LZW 算法在美国的专利权已到期而失效。在欧洲、日本及加拿大的专利权亦已分别在 2004 年的 6 月 18 日、6 月 20 日和 7 月 7 日到期失效。尽管如此，PNG 文件格式凭着其技术上的优势，已然跻身于网络上第三广泛应用格式。与 GIF 相关的专利于 2006 年 8 月 11 日过期。

10.4.2　SWF 动画格式

Flash 是由 Macromedia 公司推出的交互式矢量图和 Web 动画的标准。网页设计者使用 Flash 创作出既漂亮又可改变尺寸的导航界面及其他奇特的效果。

SWF 是 Macromedia 公司（现已被 Adobe 公司收购）的动画设计软件 Flash 的专用格式，是一种支持矢量和点阵图形的动画文件格式。它具有缩放不失真、文件体积小等特点，采用了流媒体技术，可以一边下载一边播放，目前被广泛应用于网页设计、动画制作等领域。SWF 文件通常也被称为 Flash 文件，是 Shock Wave Flash 的缩写，正如 RM = Real Media，MP3 = MPEG Layer 3，WMA = Windows Media Audio 一样。

SWF 的普及程度很高，现在超过 99%的网络使用者都可以读取 SWF 档案。SWF 在发布时可以选择保护功能，如果没有选择，很容易被别人输入其原始档中使用。然而保护功能依然阻挡不了为数众多的破解软体，有不少闪客专门以此来学习别人的程式码和设计方式。

10.4.3　FLV 动画格式

FLV 流媒体格式是一种新的视频格式，全称为 Flash Video。由于它形成的文件极小、加载速度极快，使得网络观看视频文件成为可能。它的出现有效地解决了视频文件导入 Flash 后，使导出的 SWF 文件体积庞大，不能在网络上很好地使用等缺点。

目前各在线视频网站均采用此视频格式，如新浪播客、56、优酷、土豆、酷 6、youtube 等，无一例外。FLV 已经成为当前视频文件的主流格式。

FLV 就是随着 Flash MX 的推出发展而来的视频格式，已被众多新一代视频分享网站所采用，是目前增长最快、最为广泛的视频传播格式。它是在 Sorenson 公司压缩算法的基础上开发出来的。FLV 格式不仅可以轻松地导入 Flash 中，速度极快，并且能起到保护版权的作用；同时还可以不通过本地的微软或者 REAL 播放器播放视频。

FLV 作为一种新兴的网络视频格式，能得到众多的网站支持并非偶然。除了 FLV 视频格式本身占有率低、视频质量良好、体积小等特点适合目前网络发展外，丰富、多样的资源也是 FLV 视频格式统一在线播放视频格式的一个重要因素。现在，从最新的《变形金刚》到《越狱》再到各项体育节目，甚至网友制作的自拍视频等都可以在网络中轻而易举地找到。

10.4.4　LIC（FLI/FLC）格式

大凡玩过三维动画的朋友应该都熟悉这种格式，FLIC 格式由大名鼎鼎的 Autodesk 公司研制而成。近水楼台先得月，在 Autodesk 公司出品的 AutodeskAnimator，AnimatorPro 和 3DStudio 等动画制作软件中均采用了这种彩色动画文件格式。FLIC 是 FLC 和 FLI 的统称：FLI 是最初的基于 320×200 分辨率的动画文件格式；而 FLC 进一步扩展，采用了更高效的数据压缩技术。所以 FLC 具有比 FLI 更高的压缩比，分辨率也有了不少提高。

10.5　视频的获取

在计算机技术与网络日益普及的今天，已经有不少人开始通过 DVD、网络等工具观看各种视频节目。而更难能可贵的是，数码照相机和数码摄像机等的问世使得人们可以随时亲手摄制自己的视频资料。

在过去，只有专业摄像师才能摄制视频节目，而现在人们已经开始习惯于用自己的摄像机记录人生美好的瞬间。数字化摄像机的普及，使传统摄像与计算机技术结合在一起，方便了视频的编辑、处理过程。只要拥有一台计算机、一部数码摄像机就可以自己当导演、编辑，为会议、重要事件、家庭聚会等制作视频资料。

下面以磁带式数码摄像机为例，说明从磁带式数码摄像机下载视频录像的操作过程。

10.5.1　进行视频转录操作所需的软、硬件支持

1．数码摄像机转录必备的硬件条件

计算机 256MB 以上的内存，20GB 以上的硬盘；

一台数码相机；

一条连接数码摄像机和计算机的连接线（USB 数据线）。

2. 转录软件具备

使用 Windows 2000 以上的操作系统；

转录软件可以使用 Adobe Premiere，Windows Movie Maker 或会声会影等视频处理软件。

10.5.2 磁带转录过程

图 10-2 所示为磁带转录过程。

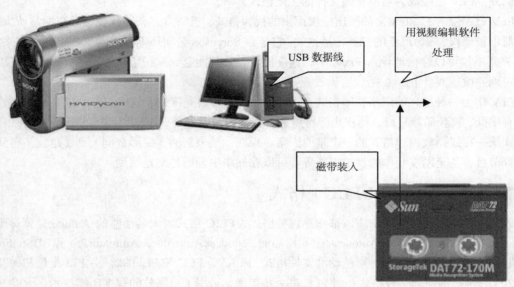

图 10-2 磁带转录过程

（1）准备：将磁带装入数码摄像机。

（2）连线：用数码摄像机专用连接线将数码摄像机和计算机硬件连接起来。

首先，关闭数码摄像机再进行连接，以防损坏数码摄像机。数码摄像机一般都有 2 个连接计算机的接口，其中一个接串口或者 USB 口，USB 端连数码摄像机 USB 端口；另一端连接数码摄像机输出口。

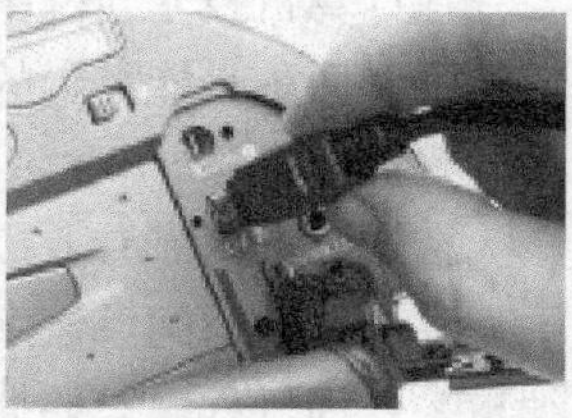

然后，将连线一端的 1394 小口插入数码摄像机输出端口，如图 10-3 所示。

最后，将连线的 USB 端连接到计算机的 USB 端口中。

（3）连接完成后，打开数码摄像机电源，将摄像机设置成连接计算机模式。

图 10-3 连接 DV

（4）然后启动采集过程，开始传输。

（5）传输。用视频处理软件将数码摄像机中磁带的视频资料传送到计算机硬盘中，以原始格式（AVI）存储，翻录每 60 分钟的录像资料需要 1 个小时左右。

（6）压缩。每 60 分钟的录像资料转录成的 AVI 文件大约占用 15GB 的硬盘空间，存储、传播十分困难，必须进行压缩处理。用视频压缩方法（如 MPEG）可以将 15G 压缩到 700M 左右。

（7）刻录。可以将处理过的视频文件刻录成普通的视频光盘或高画质光盘（DVD）。

10.6　视频的格式

本节将介绍视频的主要文件格式。

10.6.1　AVI 格式

AVI 是 Audio Video Interleave 的缩写，这个微软由 WIN3.1 时代就发表的旧视频格式已经为我们服务了好几个年头。它的优点是兼容好、调用方便、图像质量好，缺点是尺寸大。就因为这一点，我们现在才可以看到由 MPEG1 的诞生到现在 MPEG4 的出台。

10.6.2　DV–AVI 格式

DV 的英文全称是 Digital Video Format，是由索尼、松下、JVC 等多家厂商联合提出的一种家用数字视频格式。目前，非常流行的数码摄像机就是使用这种格式记录视频数据的。

10.6.3　MPEG 格式

MPEG（Moving Picture Experts Group，运动图像专家组）是国际标准化组织（ISO）成立的专责制定有关运动图像压缩编码标准的工作组。其所制定的标准是国际通用标准，叫 MPEG 标准，由视频、音频和系统三部分组成。MPEG1 是 VCD 的视频图像压缩标准；MPEG2 是 DVD/超级 VCD 的视频图像压缩标准；MPEG4 是网络视频图像的压缩标准之一，特点是压缩比高、成像清晰。MPEG4 视频压缩算法能够提供极高的压缩比，最高可达 200：1。更重要的是，MPEG 在提供高压缩比的同时，对数据的损失很小。MPEG4 是 MPEG 提出的最新图像压缩技术标准。

10.6.4　RM 格式

Networks 公司所制定的音频视频压缩规范称之为 Real Media，用户可以使用 RealPlayer 或 RealOne Player 对符合 RealMedia 技术规范的网络音频/视频资源进行实况转播，并且 RealMedia 还可以根据不同的网络传输速率制定出不同的压缩比率，从而实现在低速率网络上进行影像数据的实时传送和播放。

10.6.5　RMVB 格式

这是一种由 RM 视频格式升级延伸出的新视频格式，其先进之处在于 RMVB 视频格式打破了原先 RM 格式那种平均压缩采样的方式，在保证平均压缩比的基础上合理利用比特率资源，即静止和动作场面少的画面场景采用较低的编码速率。这样可以留出更多的带宽空间，而这些带宽会在出现快速运动的画面场景时被利用。于是在保证了静止画面质量的前提下，大幅地提高了运动图像的画面质量，从而图像质量和文件大小之间就达到了微妙的平衡。另外，相对于 DVDrip 格式，RMVB 视频也有着较明显的优势，一部大小为 700MB 左右的 DVD 影片，如果将其转录成同样视听品质的 RMVB 格式，其个头最多也就 400MB 左右。

10.7 习　题

1. 简述动画和视频的原理并总结两者的区别。
2. 了解动画的应用。
3. 了解动画的格式。
4. 了解视频获取的过程。
5. 了解视频的格式。

第11章
网络多媒体

本章将介绍多媒体内容在网络上的传输和呈现。

11.1 传 输 协 议

　　网络传输协议简称传输协议（Communications Protocol），是在网络基础结构上提供面向连接或无连接的数据传输服务，以支持各种网络应用的协议。现在经常应用到的网络传输协议有TCP/IP、SPX/IPX 和 AppleTalk 等。其中，TCP/IP 也是应用最为广泛的网络传输协议。因为 TCP/IP 产生于 20 世纪七八十年代，而那时还没有多媒体的概念，所以它并不支持多媒体通信。随着多媒体的快速发展，对传统传输协议提出了新的要求，传统的传输协议也就随之显示出不足之处。于是，人们提出了一些支持多媒体通信的新协议。

　　新传输协议的研究主要针对两个方面：一是采用全新的网络协议来支持多媒体应用，但会产生与已有网络应用程序的兼容问题，故可能难以推广；二是在原有传输协议的基础上增加新的协议，以支持多媒体的应用。相比而言第二方面虽然也有一定的局限性，但是能保护用户已有的投资，故在用户这里得到了更多支持，成为现在采用的主要方法。下面介绍几种支持多媒体应用的主要传输协议。

11.1.1 IPv6 协议

　　IPv6（Internet Protocol Version 6）也被称作"下一代互联网协议"，是由 IETF 设计用来替代现行 IPv4 协议的一种新的 IP 协议。

　　今天的互联网大多数应用的是 IPv4 协议，且已经使用了 20 多年。在这 20 多年的应用发展中，IPv4 获得了巨大的成功；同时随着应用范围的扩大，它所面临的危机也随之凸显出来，如地址匮乏等。IPv6 是也正是为了解决 IPv4 所存在的一些问题和不足而提出的，同时它还在许多方面提出了改进，如路由方面、自动配置等方面。在经过一个较长的 IPv4 和 IPv6 共存时期之后，IPv6 最终会完全取代 IPv4 在互联网传输协议上占据统治地位。

　　和 IPv4 相比 IPv6 有如下特点，同时也是优点。

　　① 简化的报头和灵活的扩展；

　　② 层次化的地址结构；

　　③ 即插即用的连网方式；

　　④ 网络层的认证与加密；

⑤ 服务质量的满足；

⑥ 对移动通信更好地支持。

1. 简化的报头和灵活的扩展

IPv6 协议对数据报头作了简化，以减少处理器开销并节省网络带宽。IPv6 的报头由一个基本报头和多个扩展报头（Extension Header）构成，基本报头具有固定的长度（40 字节），放置所有路由器都需要处理的信息。由于 Internet 上的绝大部分包都只是被路由器简单地转发，因此固定的报头长度有助于加快路由速度。IPv4 的报头有 15 个域，而 IPv6 的只有 8 个域；IPv4 的报头长度是由 IHL 域来指定的，而 IPv6 的是固定 40 个字节。这就使得路由器在处理 IPv6 报头时显得更为轻松；与此同时，IPv6 还定义了多种扩展报头，使得 IPv6 变得极其灵活，能提供对多种应用的强力支持，又为以后支持新的应用提供了可能。这些报头被放置在 IPv6 报头和上层报头之间，每一个可以通过独特的"下一报头"的值来确认。除了逐个路程段选项报头（它携带了在传输路径上每一个节点都必须进行处理的信息）外，扩展报头只有在它到达 IPv6 报头中所指定的目标节点时才会得到处理（当多点播送时，则是所规定的每一个目标节点）。在那里，在 IPv6 的下一报头域中所使用的标准解码方法调用相应的模块去处理第一个扩展报头（如果没有扩展报头，则处理上层报头）。每一个扩展报头的内容和语义决定了是否去处理下一个报头。因此，扩展报头必须按照它们在包中出现的次序依次处理。一个完整的 IPv6 的实现包括下面这些扩展报头的实现：逐个路程段选项报头、目的选项报头、路由报头、分段报头、身份认证报头、有效载荷安全封装报头、最终目的报头。

2. 层次化的地址结构

IPv6 将现有的 IP 地址长度扩大 4 倍，由当前 IPv4 的 32 位扩充到 128 位，以支持大规模数量的网络节点。这样 IPv6 的地址总数就大约有 3.4×10^{38} 个。平均到地球表面上来说，每平方米将获得 6.5×10^{23} 个地址。IPv6 支持更多级别的地址层次，其设计者把 IPv6 的地址空间按照不同的地址前缀来划分，并采用了层次化的地址结构，以利于骨干网路由器对数据包的快速转发。

IPv6 定义了三种不同的地址类型，分别为单点传送地址（Unicast Address）、多点传送地址（Multicast Address）和任意点传送地址（Anycast Address）。所有类型的 IPv6 地址都属于接口（Interface）而不是节点（node）。一个 IPv6 单点传送地址被赋给某一个接口，而一个接口又只能属于某一个特定的节点，因此一个节点任意一个接口的单点传送地址都可以用来标示该节点。

IPv6 中的单点传送地址是连续的，以位为单位的可掩码地址与带有 CIDR 的 IPv4 地址很类似，一个标识符仅标识一个接口的情况。在 IPv6 中有多种单点传送地址形式，包括基于全局提供者的单点传送地址、基于地理位置的单点传送地址、NSAP 地址、IPX 地址、节点本地地址、链路本地地址和兼容 IPv4 的主机地址等。

多点传送地址是一个地址标识符对应多个接口的情况（通常属于不同节点）。IPv6 多点传送地址用于表示一组节点。一个节点可能会属于几个多点传送地址。在 Internet 上进行多播是 1988 年随着 D 类 IPv4 地址的出现而发展起来的。这个功能被多媒体应用程序所广泛使用，需要一个节点到多个节点的传输。RFC-2373 对于多点传送地址进行了更为详细的说明，并给出了一系列预先定义的多点传送地址。

任意点传送地址也是一个标识符对应多个接口的情况。如果一个报文要求被传送到一个任意点传送地址，则它将被传送到由该地址标识的一组接口中的最近一个（根据路由选择协议距离度量方式决定）。任意点传送地址是从单点传送地址空间中划分出来的，因此它可以使用表示单点传送地址的任何形式。从语法上来看，它与单点传送地址间是没有差别的。当一个单点传送地址被指向多于一个接口时，该地址就成为任意点传送地址，并且被明确指明。当用户发送一个数据包到这个任意点传送地址时，离用户最近的一个服务器将响应用户。这对一个经常移动和变更的网络用户大有益处。

3. 即插即用的连网方式

IPv6 把自动将 IP 地址分配给用户的功能作为标准功能。只要机器一连上网便可自动设定地址。它有两个优点：一是最终用户用不着花精力进行地址设定；二是可以大大减轻网络管理者的负担。IPv6 有两种自动设定功能：一种是和 IPv4 自动设定功能一样的名为"全状态自动设定"功能；另一种是"无状态自动设定"功能。

4. 网络层的认证与加密

安全问题始终是与 Internet 相关的一个重要话题。由于在 IP 协议设计之初没有考虑安全性，因而在早期的 Internet 上时常发生诸如企业或机构网络遭到攻击、机密数据被窃取等不幸的事件。为了加强 Internet 的安全性，1995 年 IETF 便着手研究制定了一套用于保护 IP 通信的 IP 安全（IPSec）协议。IPSec 是 IPv4 的一个可选扩展协议，是 IPv6 的一个必需组成部分。

IPSec 的主要功能是在网络层对数据分组提供加密和鉴别等安全服务，提供了两种安全机制：认证和加密。认证机制使 IP 通信的数据接收方能够确认数据发送方的真实身份以及数据在传输过程中是否遭到改动；加密机制通过对数据进行编码来保证数据的机密性，以防数据在传输过程中被他人截获而失密。IPSec 的认证报头（Authentication Header，AH）协议定义了认证的应用方法，安全负载封装（Encapsulating Security Payload，ESP）协议定义了加密和可选认证的应用方法。在实际进行 IP 通信时，可以根据安全需求同时使用这两种协议或选择使用其中的一种。AH 和 ESP 都可以提供认证服务，不过 AH 提供的认证服务要强于 ESP。

IPSec 定义了两种类型的 SA：传输模式 SA 和隧道模式 SA。传输模式 SA 是在 IP 报头（以及任何可选的扩展报头）之后和任何高层协议（如 TCP 或 UDP）报头之前插入 AH 或 ESP 报头；隧道模式 SA 是将整个原始的 IP 数据包放入一个新的 IP 数据包中。在采用隧道模式 SA 时，每一个 IP 数据包都有两个 IP 报头：外部 IP 报头和内部 IP 报头。外部 IP 报头指定将对 IP 数据包进行 IPSec 处理的目的地址；内部 IP 报头指定原始 IP 数据包最终的目的地址。传输模式 SA 只能用于两个主机之间的 IP 通信，而隧道模式 SA 既可以用于两个主机之间的 IP 通信，还可以用于两个安全网关之间或一个主机与一个安全网关之间的 IP 通信。安全网关可以是路由器、防火墙或 VPN 设备。

作为 IPv6 的一个组成部分，IPSec 是一个网络层协议。它只负责其下层的网络安全，并不负责其上层应用的安全，如 Web、电子邮件和文件传输等。也就是说，验证一个 Web 会话依然需要使用 SSL 协议。不过，TCP/IPv6 协议簇中的协议可以从 IPSec 中受益。例如，用于 IPv6 的 OSPFv6 路由协议就去掉了用于 IPv4 的 OSPF 中的认证机制。

作为 IPSec 的一项重要应用，IPv6 集成了虚拟专用网（VPN）的功能，使用 IPv6 可以更容易地实现更为安全可靠的虚拟专用网。

5. 服务质量的满足

基于 IPv4 的 Internet 在设计之初只有一种简单的服务质量，即采用尽最大努力（Best effort）的方式传输，从原理上讲服务质量 QoS 是无保证的。文本传输、静态图像等传输对 QoS 并无要求。随着网上多媒体业务的增加，如 IP 电话、电视会议等实时应用，对传输延时和延时抖动均有非常严格的要求。

IPv6 数据包的格式包含一个 8 位的业务流类别和一个新的 20 位流标签（Flow Label）。最早在 RFC1883 中定义了 4 位优先级字段，可以区分 16 个不同的优先级。后来在 RFC2460 里改为 8 位的类别字段。其数值及如何使用还没有定义，其目的是允许发送业务流的源节点和转发业务流的路由器在数据包上加上标记，并进行除默认处理之外的不同处理。一般来说，在所选择的链路上可以根据开销、带宽、延时或其他特性对数据包进行特殊处理。

一个流是以某种方式相关的一系列信息包，IP 层必须以相关的方式对待它们。决定信息包属于同一流的参数包括：源地址、目的地址、QoS、身份认证及安全性。IPv6 中流概念的引入仍然是在无连接协议的基础上，一个流可以包含几个 TCP 连接，一个流的目的地址可以是单个节点也可以是一组节点。当 IPv6 的中间节点接收到一个信息包时，通过验证它的流标签，就可以判断它属于哪个流，然后就可以知道信息包的 QoS 需求并进行快速转发。

6. 对移动通信更好地支持

未来移动通信与互联网的结合将是网络发展的大趋势之一。移动互联网将成为我们日常生活的一部分，改变我们生活的各个方面。绝大部分移动电话用户同时也是互联网用户。移动互联网不仅仅是移动接入互联网，还提供了一系列以移动性为核心的多种增值业务。

移动 IPv6 的设计汲取了移动 IPv4 的设计经验，并且利用了 IPv6 的许多新特征，所以提供了比移动 IPv4 更多、更好、更适用的特点。移动 IPv6 成为 IPv6 协议不可分割的一部分。

（1）报头结构。新的 IPv6 报头结构比 IPv4 简单得多，IPv6 报头中删除了 IPv4 报头中许多不常用的域，放入了可选项和报头扩展中；IPv6 中的可选项有更严格的定义。IPv4 中有 10 个固定长度的域、2 个地址空间和若干个选项，IPv6 中只有 6 个域和 2 个地址空间。

虽然 IPv6 报头占 40 字节，IPv4 报头是 24 字节，但因其长度固定（IPv4 报头是变长的），故不需要消耗过多的内存容量。

IPv6 与 IPv4 相比，报头长度、服务类型（type of service，TOS）、标识符（identification）、标志（flag）、分段偏移（fragment offset）和报头校验和（header checksum）这 6 个域被删除。报文总长、协议类型（protocol type）和生存时间（time to live，TTL）3 个域的名称或部分功能被改变，其选项（options）功能完全被改变，新增加了 2 个域，即优先级和流标签。

IPv4 与 IPv6 报头的比较如表 11-1 所示。

表 11-1　　　　　　　　　　　　IPv4 与 IPv6 报头格式

表 11-1-a　IPv4 报头格式

4bit 版本号	4bit 报头长度	8bit 服务类型	16bit 数据包长度		
标识符（16bit）			标志（4bit）	分段偏移（12bit）	
生存时间（8bit）		传输协议（8bit）	报头校验和（16bit）		
源 IP 地址（32bit）					
目的 IP 地址（32bit）					
选项（24bit）					填充（8bit）

表 11-1-b　Ipv6 报头格式

4bit 版本号	4bit 优先级	24bit 流标签		
净荷长度（16bit）		下一报头（8bit）		HOP 限制（8bit）
源 IP 地址（128bit）				
目的 IP 地址（128bit）				

（2）地址。有些人也许要问，IPv4 地址不够用，那我可以在 IPv4 上再增加几位地址表示就行了，何必非要是 IPv6 的 128 位呢？这种提问是对芯片设计及 CPU 处理方式的不理解，同时也是对未来网络的扩展没有充分的预见性。芯片设计中数值的表示全用"0"、"1"代表，CPU 处理字长发展到现在分别经历了 4 位、8 位、16 位、32 位、64 位等。在计算机中，当数据能用 2 的指数次幂字长位的二进制数表示时，CPU 对数值的处理效率最高。IPv4 地址对应的是 32 比特字长，就是因为当时互联网上的主机 CPU 字长为 32 位。现在的 64 位机已十分普及，128 位机正在成长中。将地址定为 64 位在网络扩展性上显得不足，定为其他的一个长度在硬件芯片设计、程序编制方面的效率都将下降，因此从处理效率和未来网络扩展性上来考虑，将 IPv6 的地址长度定为 128 位是十分合适的。

IPv6 提供 128 位的地址空间，IPv6 所能提供的巨大地址容量可以从以下几个方面来说明。

共有 2128 个不同的 IPv6 地址，即全球可分配地址数为 340，282，366，920，938，463，463，374，607，431，768，211，456 个。

若按土地面积分配，每平方厘米可获得 2.2×10^{20} 个地址。

IPv6 地址耗尽的机会是很小的。在可预见的很长时期内，IPv6 的 128 位地址长度形成的巨大地址空间能够为所有可以想象出的网络设备提供一个全球唯一的地址。IPv6 充足的地址空间将极大地满足那些伴随着网络智能设备的出现而对地址增长的需求，如个人数据助理（PDA）、移动电话（Mobile Phone）、家庭网络接入设备（HAN）等。

IPv4 地址表示为点分十进制格式，32 位的地址分成 4 个 8 位分组，每个 8 位写成十进制，中间用点号分隔。而 IPv6 的 128 位地址则是以 16 位为一分组，每个 16 位分组写成 4 个十六进制数，中间用冒号分隔，称为冒号分十六进制格式。例如，21DA:00D3:0000:2F3B:02AA:00FF:FE28:9C5A 是一个完整的 IPv6 地址。

IPv6 的地址表示有以下几种特殊情形。

IPv6 地址中每个 16 位分组中的前导零位可以去除做简化表示，但每个分组必须至少保留一位数字。例如上例中的地址，去除前导零位后可写成:21DA:D3:0:2F3B:2AA:FF:FE28:9C5A。

某些地址中可能包含很长的零序列，为进一步简化表示法，还可以将冒号十六进制格式中相邻的连续零位合并，用双冒号"::"表示。"::"符号在一个地址中只能出现一次，也能用来压缩地址中前部和尾部相邻的连续零位。例如地址 1080:0:0:0:8:800:200C:417A，0:0:0:0:0:0:0:1，0:0:0:0:0:0:0:0 分别可表示为压缩格式 1080::8:800:200C:417A，::1，::。

在 IPv4 和 IPv6 混合环境中，有时更适合采用另一种表示形式：x:x:x:x:x:x:d.d.d.d。其中 x 是地址中 6 个高阶 16 位分组的十六进制值，d 是地址中 4 个低阶 8 位分组的十进制值（标准 IPv4 表示）。例如地址 0:0:0:0:0:0:13.1.68.3，0:0:0:0:0:FFFF:129.144.52.38 写成压缩形式为::13.1.68.3，::FFFF.129.144.52.38。

要在一个 URL 中使用文本 IPv6 地址，文本地址应该用符号"["和"]"来封闭。例如文本 IPv6 地址 FEDC:BA98:7654:3210:FEDC:BA98:7654:3210 写作 URL 示例为 http://[FEDC:BA98:7654:3210:FEDC:BA98:7654:3210]:80/index.html。

IPv6 地址是单个或一组接口的 128 位标识符，有三种类型。

1. 单播（Unicast）地址

单一接口的标识符。发往单播地址的包被送给该地址标识的接口。对于有多个接口的节点，它的任何一个单播地址都可以用作该节点的标识符。IPv6 单播地址是用连续的位掩码聚集的地址，类似于 CIDR 的 IPv4 地址。IPv6 中的单播地址分配有多种形式，包括全部可聚集全球单播地址、NSAP 地址、IPX 分级地址、站点本地地址、链路本地地址以及运行 IPv4 的主机地址。单播地址中有下列两种特殊地址。

（1）不确定地址。单播地址 0:0:0:0:0:0:0:0 称为不确定地址，不能分配给任何节点。它的一个应用示例是初始化主机时，在主机未取得自己的地址以前，可在它发送的任何 IPv6 包的源地址字段放上不确定地址。不确定地址不能在 IPv6 包中用作目的地址，也不能用在 IPv6 路由头中。

（2）回环地址。单播地址 0:0:0:0:0:0:0:1 称为回环地址。节点用它来向自身发送 IPv6 包，它不能分配给任何物理接口。

2. 任意播（AnyCast）地址

一组接口（一般属于不同节点）的标识符。发往任意播地址的包被送给该地址标识的接口之一（路由协议度量距离最近的）。如图 11-1 所示为 IPV6 任意播地址。IPv6 任意播地址存在下列限制。

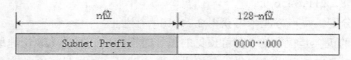

图 11-1　IPv6 任意播地址

- 任意播地址不能用作源地址，而只能用作目的地址。
- 任意播地址不能指定给 IPv6 主机，只能指定给 IPv6 路由器。

3. 组播（MultiCast）地址

一组接口（一般属于不同节点）的标识符。发往多播地址的包被送给该地址标识的所有接口。地址开始的 11111111 标识该地址为组播地址。如图 11-2 所示为 IPV6 组播地址。

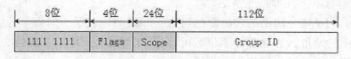

图 11-2　IPv6 组播地址

IPv6 中没有广播地址，其功能正在被组播地址所代替。另外在 IPv6 中，任何全"0"和全"1"的字段都是合法值，除非特殊排除在外的。特别是前缀可以包含"0"值字段或以"0"为终结。一个单接口可以指定任何类型的多个 IPv6 地址（单播、任意播、组播）或范围。

11.1.2　RTP

实时传输协议 RTP（Real-time Transport Protocol）是 Internet 上针对多媒体数据流的一种传输协议工作在一对一的传输模式下，描述了程序管理多媒体数据实时传输的方式。最初在 Internet 工程任务组（IETF）的请求注解（RFC）1869 中对 RTP 协议进行了描述，RTP 由 IETF 的音视频传输工作组设计，它支持多个地域上分布的参与者的视频会议。RTP 普遍应用于 Internet 的电话应用中。RTP 本身并不保证多媒体数据的实时传输（因为这取决于网络特性），但是当数据尽最大努力到达后它将提供必要的方法来管理这些数据。

RTP 与控制协议（RTCP）配合工作，RTCP 使得大的组播网络能够监视数据传输。监视能使接收器侦测到任何的包丢失，还可以补偿任何的延迟抖动。两个协议都独立于下面的传输层和网络层协议。RTP 头中的信息将告诉接收器如何重建数据，并描述了比特流是如何打包的。通常 RTP

工作于用户数据报协议（UDP）之上，但也能使用其他的传输协议。会话发起协议（SIP）和 H.232 都使用 RTP。

RTP 的组成包括：序列号，用来侦测丢失的包；净负荷标识，描述了媒体的编码，可以被更改以适应带宽的改变；帧指示，标记每一帧的开始与结束；源标识，标识帧的源；媒体内部同步，使用时间戳来侦测一个码流中不同的时延抖动，并对抖动进行补偿。

RTCP 的组成包括：服务质量（QoS）反馈，包括丢失包的数目、往返时间、抖动，这样源就可以根据这些信息来调整它们的数据率了；会话控制，使用 RTCP 的 BYE 分组来告知参与者会话的结束；标识，包括参与者的名字、E-mail 地址及电话号码；媒体间同步，同步独立传输的音频和视频流。

RFC2509 中定义了压缩 RTP（CRTP），减小了 IP，UDP，RTP 的报头大小。但是，它只能工作于可靠快速的点到点连接。在欠佳的环境下会存在长时延、丢失包及错序包等问题，这使得 CRTP 不能很好地作用于 VoIP 应用。另一种选择是增强型 CRTP（ECRTP），后来的 Internet Draft 文档中定义了这个协议以克服上述问题。

11.1.3　RTSP

实时流协议 RTSP（RealTime Streaming Protocol）是由 RealNetworks 和 Netscape 共同提出的，定义了一对多应用程序如何有效地通过 IP 网络传送多媒体数据。RTSP 是一个应用级协议，在体系结构上位于 RTP 和 RTCP 之上，使用 TCP 或 RTP 完成数据传输。RTSP 提供了一个可扩展框架，可控制实时数据的发送，使实时数据（A/V）的受控、点播成为可能。

实时流协议（RTSP）建立并控制一个或几个时间同步的连续流媒体。尽管连续媒体流与控制流交叉是可能的，但通常它本身并不发送连续流。换言之，RTSP 充当多媒体服务器的网络远程控制。RTSP 连接没有绑定到传输层连接，如 TCP。在 RTSP 连接期间，RTSP 用户可打开或关闭多个对服务器的可传输连接以发出 RTSP 请求。此外，可使用无连接传输协议，如 UDP。RTSP 流控制的流可能用到 RTP，但 RTSP 操作并不依赖用于携带连续媒体的传输机制。实时流协议在语法和操作上与 HTTP/1.1 类似，因此 HTTP 的扩展机制大都可加入 RTSP。

HTTP 与 RTSP 相比，HTTP 传送 HTML，而 RTP 传送多媒体数据。HTTP 请求由客户机发出，服务器做出响应；使用 RTSP 时，客户机和服务器都可以发出请求，即 RTSP 可以是双向的。

类似的应用层传输协议还有 Microsoft 的 MMS。

11.1.4　RSVP

RSVP 是一种支持多媒体通信的传输协议，在无连接协议上提供端到端的实时传输服务，为特定的多媒体流提供端到端的 QoS 协商和控制功能，以减弱网络传输延迟，从而满足传输高质量的音频、视频信息对多媒体网络的要求。资源预留的过程从应用程序流的源节点发送 Path 消息开始。该消息会沿着流所经路径传到流的目的节点，并沿途建立路径状态；目的节点收到该 Path 消息后，会向源节点回送 Resv 消息，沿途建立预留状态。如果源节点成功收到预期的 Resv 消息，则认为在整条路径上资源预留成功。

RSVP 运行在传输层，在 IP 上层。与 ICMP 和 IGMP 相比，它是一个控制协议。RSVP 的组成元素有发送者、接收者和主机或路由器。发送者负责让接收者知道数据将要发送，以及需要什么样的 QoS；接收者负责发送一个通知到主机或路由器，这样它们就可以准备接收即将到来的数据；主机或路由器负责留出所有合适的资源。

RSVP 协议的两个重要概念是流与预定。流是从发送者到一个或多个接收者的连接特征，通过 IP 包中"流标记"来认证。发送一个流前，发送者传输一个路径信息到目的接收方，这个信息包括源 IP 地址、目的 IP 地址和一个流规格。这个流规格是由流的速率和延迟组成的，这是流的 QoS 需要的。接收者实现预定后，基于接收者的模式能够实现一种分布式解决方案。

RSVP 领域的发展非常迅速，但目前并没有在任何一种网络上得到证实，其应用只是局限在测试的小 Intranet 网络上。因为 RSVP 的预定必须建立在完全流方式的基础上，其可扩展性问题备受关注。另外，RSVP 还存在诸如当一个服务请求被申请控制否决时网络应该怎样通知用户以及用户怎样应答这样的通知等问题。

11.2　多媒体通信

多媒体通信是一个伴随着应用要求的不断增长而迅速发展的领域，这些应用涉及计算机、通信、娱乐、有线电视、教育等行业。它所涉及的部门众多、种类繁杂，而技术的发展又是如此迅猛，使多媒体通信成为近年来最流行但又十分混乱的一个新领域。

多媒体对通信的影响：

1. 多媒体数据量

其特点是多媒体的数据量大（尤其是视频），存储容量大，传输带宽要求高。虽然可以压缩，但通常是以牺牲图像质量为代价的。

2. 多媒体实时性

多媒体中的声音、动画、视频等时基媒体对多媒体传输设备的要求很高。即使带宽充足，如果通信协议不合适，也会影响到多媒体数据实时性。电路交换方式虽然时延短，但占用专门信道，不易共享；而分组交换方式时延偏长，且不适于数据量变化较大的业务使用。

3. 多媒体时空约束

多媒体中各媒体彼此既相互关联也相互约束，这种约束即存在于空间中和时间上；而通信系统的传输又具有串行性，所以就必须采取延迟同步的方法进行再合成。这种合成方法包括时间合成、空间合成以及时空合成。

4. 多媒体交互性

多媒体系统的关键特点是交互性。这种特性要求多媒体通信网络提供双向的数据传输能力，这种双向传输通道从功能和带宽来讲应该是不对称的。

多媒体通信的基本目的是实现多种类型媒体信息（包括文本、图形、音频、视频和动画等）的异地传输。多媒体通信网络是实现多媒体通信的技术手段。

多媒体网络通信主要是解决分布式多媒体应用的信息传输问题。因为多媒体信息一般数据量比较大，如连续的实时信息，所以一般都要经过编码压缩才能进行网络上的传输。因此多媒体数据流具有与普通数据流不同的特性，这对于多媒体通信网络也提出了更高的性能要求（高带宽、低延迟、支持 QoS 以及资源动态分配等）。所以多媒体网络的设计必须满足多媒体数据流的传输需要，从而具有支持综合多媒体业务的能力。

1. 多媒体通信的实现途径

① 声音、视频、动画等的传输技术；

② 数据压缩和解压缩技术；

③ 解决多媒体时间同步问题；

④ 解决协议和标准化问题；

⑤ 多媒体信息传输对网络性能的要求。

2. 吞吐量

吞吐量是指网络传输二进制信息的速率，又称"比特率"或"带宽"。支持不同应用的网络应该满足不同吞吐量需求。连续、持续大量数据的传输是多媒体信息传输的一个特点，吞吐量较大。

3. 传输延时

通常包括网络传输延时、端到端延时。

（1）网络的传输延时（Transmission Delay）为从信源发出第 1 个比特到信宿接收到第 1 个比特之间的时间差，包含信号在物理介质中的传播延时和数据在网络中的处理延时。

（2）端到端的延时（End-to-End Delay）通常指一组数据在信源终端上准备好数据发送的时刻到信宿终端接收到这组数据的时刻之间的时间差。端到端的延时包括在发送端数据准备好而等待网络接收这组数据的时间、传输这组数据（从第 1 个比特到最后 1 个比特）的时间和网络的传输延时这三个部分。

4. 延时抖动

网络传输延时的变化称为网络的延时抖动（delay jitter）。

度量延时抖动的方法之一是用一段时间内最长和最短的传输延时之差。

5. 错误率

误码率 BER（bit error rate），从一点到另一点的传输过程中所残留的错误比特的频数。

包错误率 PER（packet error rate），指同一个包两次接收、包丢失或包的次序颠倒而引起的包错误。

包丢失率 PLR（packet loss rate），指包丢失而引起的包错误。

11.2.1　多媒体数据流的基本特征

1. 比特率可变性

多媒体传输按其特点可以分为恒定比特率（Constants Bit Rate，CBR）和可变比特率（Variable Bit Rate，VBR）两种类型。

在恒定比特率传输中，多媒体信息源以恒定的速率产生输出，网络按恒定比特率来传输数据流。除了数据量较大之外，与一般的网络传输并没有本质上的区别。

而在可变比特率传输中，多媒体信息源以可变的速率产生输出，在不同的时间周期内产生的数据数目不定，同时网络传输的速率也随着时间变化而变化，这种可变传输常以跳变的形式出现。可变比特率传输对多媒体通信产生了新的更高的要求。

2. 时间依赖性

一般的数据传输并不要求实时性，如电子邮件的发送，即传输的数据流并不受接收方的时间限制。而像声音视频等连续媒体的传输必须是实时的，端到端的等待时间应当控制在一个很短的时间段内。如在视频会议中，为了保证会议进行的视频效果，延迟应控制在 250ms 以内。

3. 信道对称性

在端到端的传输系统中，传输信道是双向的，分为上行信道和下行信道。根据多媒体应用类型的不同，上行信道和下行信道的通信量可能是对称的，也可能是不对称的。例如视频点播应用中，下行信道用来传输视频流，而上行信道用来传输少量的控制信息，下行信道的通信量远大于上行信道的通信量。而在对等式视频会议中，由于每个与会者都参与会议讨论，因此所产生的数据流通常是对称的。很显然，对称性信道对通信网络的要求更高。

11.2.2　多媒体网络通信的性能需求

多媒体通信对网络环境要求较高，这种要求通过一些参数如传输速率、吞吐量、差错率及传输延迟等。在这些性能参数中，传输速率对多媒体信息传输产生重要影响，其他参数对网络当前运行情况的评价和多媒体通信质量也非常重要。

1.　吞吐量需求

网络吞吐量是指有效的网络带宽，通常定义成物理链路的传输速率减去各种传输开销以及网络冲突、瓶颈、拥塞和差错等开销，反映了网络的最大极限容量。

在网络层，吞吐量可以表示为单位时间内接收、处理和通过网络的分组数或比特数，是一个反映了网络负载情况的静态参数。一般人们喜欢把额外开销忽略不计，直接把网络传输速率作为吞吐量；而实际上，吞吐量是要小于传输速率的。

无论是广域网还是局域网，网络的吞吐能力一般都是随时间的变化而变化的。有时会因为网络故障或者拥堵的数据流而造成网络拥塞，从而使网络的吞吐能力急剧变化。

影响网络吞吐量的因素主要有：网络故障、网络拥塞、瓶颈、缓冲区容量和流量控制等。

多媒体通信的吞吐量需求与网络传输速率、接收端缓冲容量和数据流量有关。支持不同多媒体应用的网络应该满足它们在吞吐量上的不同要求。

图 11-3 所示为不同媒体对网络吞吐量的要求，其中高分辨率图像是指分辨率在 4096 像素×4096 像素以上的图像；图中的 CD 和各种电视信号都是经过压缩之后的数据传输率。由图可知，文本浏览对传输速率要求最低；高分辨率文档对传输速率要求最高。

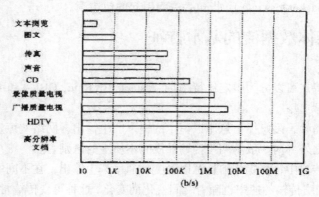

图 11-3　不同媒体对网络吞吐量的要求

2.　可靠性需求

差错率（Error Rate）是多媒体网络通信中一种重要的性能指标，反映了网络传输的可靠性。有三种方法可以定义差错率：

位差错率（BER）：也称"误码率"，是衡量数据在规定时间内数据传输精确性的指标。位差错率=传输中的出错的位数/所传输的总码数*100%。如果有位差错，就有位差错率。

帧差错率（FER）：帧差错率=传输中的出错的帧数/所传输的总帧数*100%。如果有帧差错，就有帧差错率。

分组差错率（PER）：分组差错率=传输中的出错的分组数/所传输的总分组数*100%。如果有分组差错，就有分组差错率。

当然它们是在不同的网络协议层次上计算差错率。比如物理传输网（如 SONET）是以位为传输单位的，因此使用 BER 计算差错率；ATM 网络上的传输单位是信元（Cell），所以可以使用 FER 计算差错率；在分组交换网中，是以分组位传输单位，所以通常使用 PER 计算差错率。而网络差错一般主要由位出错、分组丢失以及乱序等原因引起。

在多媒体应用中，直接播放收到的声像信号时，由于显示的是不断活动改变更新的图像和声音，网络传输引起的差错很快会被覆盖，因此用户在一定程度上可以容忍差错的发生。另外，以压缩的数据中存在差错对播放质量的破坏影响显然要比未压缩的数据中的差错要更大更致命，特别是发生在关键地方（如运动矢量）的差错要影响到前、后一段范围内数据的正确性。此外，差错对人的主观接收质量的影响程度还与压缩算法和压缩倍数有关。

部分媒体的可接受差错率指标如表 11-2 所示。

表 11-2　　　　　　　　　　　　　　部分媒体可接受差错率

媒体差错率	图像	音频	视频	压缩视频	数据
BER	$<10^{-4}$	$<10^{-1}$	$<10^{-2}$	10^{-6}	0
PER	$<10^{-9}$	$<10^{-1}$	$<10^{-3}$	10^{-9}	0

需要特别指出的是，数据传输与其他媒体信息不同，对差错率的要求很高。比如银行转账、股市行情、科学数据和精密控制命令等的传输都不允许有任何一点差错。虽然物理传输系统不可能绝对不出差错，但是可以通过检错、纠错机制，利用自动重发请求（Automatic Repeat Request，ARQ）协议在检测到差错、包次序颠倒或超过规定的时间限制仍未收到数据时，向发送端请求进行数据的重传等，使误传率降为零。自动重发请求也称为"后向纠错技术"。

3. 延迟与抖动控制需求

延迟（Delay）是衡量网络性能的重要参数之一，通常被称为"网络延迟"或"端到端延迟"。它是指从发送端发送一个数据分组到接收端正确地接收到该分组所经历的时间。网络延迟可分成固有延迟和随机延迟。固有延迟与传播延迟和链路比特率高低有关，而随机延迟则由网络故障、传输错误以及网络拥塞等引起，一般是不可预测的。

网络延迟等于传播延迟、传输延迟以及接口延迟之和。

传播延迟指端到端传输一个二进制位所需要的时间，是一个常数。每 200m 延迟 10^{-9}s。一个网络中的传播延迟仅与所经过的传输距离有关。

传输延迟指端到端之间传输一个数据块（比如分组）所需要的时间，该参数与网络传输速率和中间节点处理延迟有关。含信源处、信宿处的采样、编码、解码、打包、拆包；传输延迟；端点系统的排队和播放延迟。对于端—端延迟，一般要求小于 150ms。

接口延迟指发送端从开始准备发送数据块到实际利用网络发送所需要的时间。

与延迟有关的另一个性能参数是延迟抖动。在以分组方式传输一个很大文件或数据流时，各个分组到达接收端的延迟时间是不同的，产生了一定的延迟抖动。

延迟抖动是在一条连接上分组延迟的最大变化量。简单地说，就是端到端最大延迟与最小延迟之差。一般在理想状态下，端到端的延迟是不变的，即延迟抖动为零；而事实上，延迟抖动是不断变化的，这就需要使抖动延迟在一定范围内，这样才能保证音频、视频传输的质量。如果接收端设置了足够大的缓冲区，可以缓和延迟和延迟抖动的问题。

在多媒体会议等多媒体应用中，多媒体信息流包括了视频流和音频流。这就需要让音频流和视频流在时间上保持同步，平时我们也经常会遇到视频和音频不一致的问题，这是一个对于用户来说很重要的问题。当然在理想状态下，音频流和视频流的延迟最小并且能够同时到达，这样就保证了用户能够收到音频视频同步的服务。而要接近达到这种目标网络必须将延迟和延迟抖动限制在一个很小的范围内，不然将会在接收端产生同步失调现象，从而影响到用户的播放质量。所以在这种情况下，必须采取同步控制技术，实施强制同步来维持多媒体流内和流间的同步关系。

4. 多点通信需求

多媒体通信涉及音频和视频数据，在分布式多媒体应用中有广播（Broadcast）和多播（Multicast）信息。因此除常规的点对点通信外，多媒体通信需要支持广播和多播通信方式。

5. 同步需求

多媒体通信同步有两种类型：流内同步和流间同步。

流间同步是不同媒体间的同步，和具体应用有关，是一种端到端的服务。流内同步是保持单个媒体流内部的时间关系，即按照一定的延迟和延迟抖动约束传送媒体分组流，以满足用户的需要。流间同步不是媒体间的同步，当音频和视频及其他数据流经过不同的路径或从不同的信息源传送过来时，为了达到媒体表现的同步，需要在目的地对这些媒体流进行同步。

流内同步是保持单个媒体流内部的时间关系，即按照一定的延迟和抖动约束来传送媒体分组流，以满足感官上的需要。流内同步与传输延迟抖动等的服务质量有关，如果不能满足流内同步音频就会出现断续现象，视频也会变得不连续。

11.2.3　多媒体通信网络

多媒体通信网络是实现多媒体网络通信的基本环境，是在现有通信网络的基础上发展而成的。目前的通信网络可以分为四大类：一是由电信运营商投资建设的电信网络，如公用电话网（PSTN）、分组交换网（PSPDN）、数字数据网（DDN）、窄带和宽带综合业务数字网（N-ISDN 和 B-ISDN）等；二是由相关机构建立的计算机网络，如局域网（LAN）、城域网（MAN）、广域网（WAN），如光纤分布式数据接口（FDDI）、分布队列双总线（DQDB）等；三是广播电视部门建设的电视传播网络，如有线电视网（CATV）、混合光纤同轴网（HFC）、卫星电视网等；四是由移动通信公司建设的 PLMN（Public Land Mobile Network）网，如 GSM网、3G 等。

1. 多媒体通信网络的组成

图 11-4 所示为一个简单的多媒体通信网络模型。根据网络各部分的功能，可将通信网络分为主干传输网、交换网、接入网以及终端设备四个部分。主干传输网用来解决信息的长距离传输问题；支持各种业务条件下的交换，实现网络中任意两个用户或者多个用户之间以及用户与服务提供者之间的相互连接；接入网提供最终用户接入通信网的手段，完成用户终端同通信网络系统的连接。

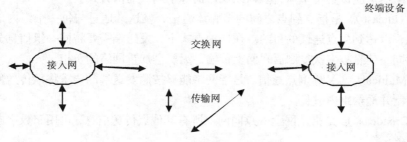

图 11-4 多媒体通信网络模型

在以上通信网络中，包含了多种协议、管理程序以及多媒体综合服务。正是这些部分构成了一个完整的多媒体通信网络系统，如图 11-5 所示。

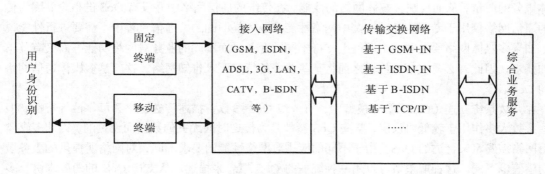

图 11-5 多媒体通信网络系统

现在的多媒体通信网是按照多媒体通信的要求对现有网络进行改造和重组而形成的，并不是新建的通信网络。

2. 主干传输网

多媒体网络中的主干传输网可以采用各种类型的传输介质和传输体系结构，如同轴电缆、微波、卫星以及光纤等。随着技术的发展，因为光纤有以下优点特性：频带宽、损耗低、重量轻、抗干扰能力强、保真度高、工作性能可靠以及成本不断下降等，所以光纤早已成为主干传输网的主要物理介质。光纤成为现在网络传输介质最好的选择。

3. 交换网

交换网实际上是在主干传输网中实现信息交换的技术集合。根据所传输信号的物理介质，交换网可分为电交换和光交换技术两类。电交换技术实现对电信号的交换传输，又可分为电路交换、分组交换以及报文交换等。

4. 接入网

接入网的核心是数字化和宽带化，四大主干网络都提供了相关的接入传输技术。例如，电信网的 ISDN，B-ISDN，ADSL 等，广播电视网的 CATV 等，计算机网络的 LAN 接入等，移动网的 GSM 网、3G 等。其中为了解决 CATV 的双向传输问题，近年来推出了混合光纤电缆（Hybrid Fiber Coax，HFC）技术。这种技术不仅能提供双向传输，还能使用现有的连接个人用户的电缆。

5. 多媒体通信方式

从信息传输的方向来看，网络通常有两种：一种是单项网格，另一种是双向网格。由于多媒体应用的交互性特性，决定了多媒体通信网格必须是双向的。为了提供灵活、综合的多媒体服务能力，多媒体网络通信应该具备单播、多播以及广播等不同的通信方式。

（1）单播（Unicast）。是指点到点之间的多媒体通信，发送端通过与每一个组内成员分别建立点对点的联系，以达到多点通信的目的。在这种方式下，发送端需要将同一组信息分别送到多个信道上。因为同一信息被多次复制后在网上传输，无疑会加重网络的负担。

（2）多播（Multicast）。又称多点通信。是指网络能够按照发送端的要求将欲传送的信息在适当的节点进行复制并送给组内成员。

（3）广播（Broadcast）。是指从网上一点向网上所有其他点传送信息，可用于数字电视广播等分配型多媒体业务。

11.2.4 多媒体通信网络的服务质量

服务质量（Quality of Service，QoS）是多媒体网络中的一个重要概念，主要用于描述网络多媒体服务的质量，从而反映多媒体网络的性能。在传统的通信网络中并没有 QoS 的概念，因为传统的通信网络仅用于专项业务。这其中网络性能和业务是匹配的，通信过程中不需要进行性能说明。如果多媒体网络要在同一个网络上支持不同的业务，而不同的业务对网络功能方面又有其不同的要求，因此有必要在信息传输之前将某些业务的特定要求告知网络，这就是多媒体通信网络中的 QoS。

在开放系统互连（OSI）参考模型中，有一组 QoS 参数，描述传送速率和可靠性等特性。但这些参数大多作用于较低协议层，某些 QoS 参数是为传送时间无关的数据而设置的，因此多媒体通信网络需要定义合适的 QoS。由于不同的应用对网络性能的要求不同，对网络所提供的服务质量期望值也不同。这种期望值可以用一种统一的 QoS 概念来描述。从支持 QoS 的角度来讲，多媒体网络系统必须提供 QoS 参数定义和相应的管理机制。

1. QoS 参数

QoS 是分布式多媒体信息系统为了达到应用要求的能力所需要的一组定量的和定性的特性。它用一组参数表示，典型的有吞吐量、延迟、延迟抖动和可靠性等。

QoS 参数由参数本身和参数值组成，参数作为类型变量可以在一个给定的范围内取值。例如，可以使用上述网络性能参数来定义 QoS，即：

QoS={吞吐量，差错率，端到端延迟，延迟抖动}

由于不同的应用对网络性能的要求不同，因此对网络所提供的服务质量期望值也不同。用户的这种期望值可以用一种统一的 QoS 概念来描述。在不同的多媒体应用系统中，QoS 参数集的定义方法可能是不同的，某些参数之间可能又有关系。如表 11-3 所示为五种类型的 QoS 参数。

表 11-3　　　　　　　　　　　　QoS 参数的五种分类方法

分类方法	举例参数
按性能分	端到端延迟、比特率等
按格式分	视频分辨率、帧率、存储格式、压缩方法等
按同步分	音频和视频序列起始点之间的时滞
从费用角度分	连接和数据传输的费用及版权费
从用户可接受性分	主观视觉和听觉质量

对于连续媒体传输来说，端到端延迟和延迟抖动是两个关键的参数。多媒体应用特别是交互式多媒体应用对延迟有严格限制，不能超过人所能容忍的限度；否则，将会严重影响服务质量。

同样，延迟抖动也必须维持在严格的界限内，否则将会严重地影响人对语音和图像信息的识别。如表 11-4 所示为几种多媒体对象所需的 QoS。

表 11-4　　　　　　　　　　　　　几种媒体对象所需的 QoS 参数表

媒体对象	平均吞吐量（Mbps）	最大延迟（ms）	最大延迟抖动	可接受的比特差错率
语音	0.064	250	10	$<10-1$
视频（TV 质量）	100	250	10	$<10-2$
压缩视频	2-10	250	1	$<10-6$
文件数据	1-100	1000	-	0
实时数据	<10	<1000	-	0
图像	2-10	1000	-	$<10-9$

从支持 QoS 的角度来讲，多媒体网络系统必须提供 QoS 参数定义方法和相应的 QoS 管理机制。用户根据应用需要使用 QoS 参数定义其 QoS 需求，系统要根据可用资源（如 CPU、缓冲区、I/O 带宽以及网络带宽等）容量来确定能否满足应用的 QoS 需求。经过双方协商最终达成一致的 QoS 参数值应该在数据传输过程中得到基本保证，或者在不能履行所承诺 QoS 时应能提供必要的指示信息。因此 QoS 参数与其他系统参数的区别就在于它需要在分布系统各部件之间协商，以达成一致的 QoS 级别。而一般的系统参数不需这样做。

2. QoS 参数体系结构

在一个分布式多媒体信息系统中，通常采用层次化的 QoS 参数体系结构来定义 QoS 参数。在 QoS 参数体系结构中，通信双方的对等层之间表现为一种对等协商关系，双方按所承诺的 QoS 参数提供相应的服务。同一端的不同层之间表现为一种映射关系，应用的 QoS 需求应当自顶向下地映射到各层相对应的 QoS 参数集，各层协议按其 QoS 参数提供相对应的服务，共同完成对应用的 QoS 承诺。

在不同的应用系统中，QoS 参数集的定义方法是不同的，经常使用吞吐量、差错率、端到端延迟、延迟抖动等网络性能参数来定义 QoS。对于连续媒体传输来说，端到端延迟和延迟抖动是两个关键的性能参数。在一个分布式多媒体信息系统中，QoS 参数通常是一个层次化的体系结构，如表 11-5 所示。

表 11-5　　　　　　　　　　　　　QoS 层次化体系结构

应用层	QoS
运输层	
网络层	
数据链路层	

（1）应用层。应用层 QoS 参数是面向端用户的，应当采用直观、形象的表达方式来描述不同的 QoS，以供端用户选择。例如，通过播放不同演示质量的音频或视频片段作为可选择的 QoS 参数，或者将音频或视频的传输速率分成若干等级，每个等级代表不同的 QoS 参数，并通过可视化方式提供给用户选择。

（2）传输层。传输层协议主要提供端到端的、面向连接的数据传输服务。通常这种面向连接的服务能够保证数据传输的正确性和顺序性，但以较大的网络带宽和延迟开销为代价。传输层 QoS

必须由支持 QoS 的传输层协议提供可选择和定义的 QoS 参数。传输层 QoS 参数主要有:吞吐量、端到端延迟、端到端延迟抖动、分组差错率和传输优先级等。

（3）网络层。网络层协议主要提供路由选择和数据报转发服务。通常这种服务是无连接的，通过中间点〔路由器）的"存储-转发"机制来实现。在数据报转发过程中，路由器将会产生延迟（如排队等待转发）、延迟抖动（选择不同的路由）、分组丢失及差错。网络层 QoS 同样也要由支持 QoS 的网络层协议提供可选择和定义的 QoS 参数，如吞吐量、延迟、延迟抖动、分组丢失率和差错率等。

网络层协议是 IP 协议，其中 IPv6 可以通过报头中优先级和流标识字段支持 QoS。一些连接型网络层协议如 RSVP 和 ST II 等可以较好地支持 QoS，其 Qo5 参数通过保证服务（GS）和被控负载服务（CLS）两个 QoS 类来定义。它们都要求路由器也必须有相应的支持能力，为所承诺的 QoS 保留资源（如带宽、缓冲区等）。

（4）数据链路层。数据链路层协议主要实现对物理介质的访问控制功能，与网络类型密切相关，并不是所有网络都支持 QoS，即使支持 QoS 的网络支持程度也不尽相同。各种以太网都不支持，QoS，Token-Ring，FDDI 和 100VG-AnyLAN 等是通过介质访问优先级定义 QoS 参数的。ATM 网络能够较充分地支持 QoS，是一种面向连接的网络，在建立虚连接时可以使用一组 QoS 参数来定义 QoS。主要的 QoS 参数有峰值信元速率、最小信元速率、信元丢失率、信元传输延迟、信元延迟变化范围等。

3. 压缩编码对 QoS 参数的影响

多媒体数据压缩编码的方法影响 QoS 参数，尤其是视频编码。对于视频编码，如果是顺序编码，可分为帧内编码和帧间编码。只采用帧内压缩的编码如运动 JPEG，每帧都独立压缩和编码，采用减低帧率（丢帧）来允许 QoS 变化。当吞吐量减小、数据率降低时，可以利用各种显示抖动算法，通过降低视频显示质量而保持原帧率不变；同时采用帧内和帧间压缩的编码，如 MPEG 和 H.261 编码，可以通过建立不同的优先级来发送 MPEG 视频的 I、P 和 B 帧，以达到 QoS 的调节。I 帧包含帧内编码，应具有最高的优先级，高优先级的数据流可以获得良好保障的 QoS 服务，而对较低优先级的数据流将用最大努力获得尽量高的 QoS。

如果是分层压缩，这种压缩方法按不同层次来编码，最低层包含基本信息，如亮度信息；而较高层包含其他信息，如色差信息或用于增加分辨率的信息位，当采用这种编码方法时，就可以根据端点的通信能力来优化数据传送的质量。例如接收工作站的显示器是黑白的，就仅需向它传送基本层的编码。

视频传送允许一定的差错率。但对于压缩的媒体来说，由于出错和信道拥塞，可能会丢失用于解压的关键信息如运动矢量等，将对解码后的图像质量产生极大的影响。解决的办法是用分层编码将重要信息如运动矢量、DCT 的低频分量或基本信息，用高质量的信道传输并标以高优先级，当信道拥塞时，只扔掉低优先级的分组。这样，接收端仍能够从接收的主要信息中恢复出一定质量的图像。

4. QoS 服务分类

在多媒体网络系统中，端用户和网络之间必须经过协商最终达成一致的 QoS。在数据传输过程中，网络应当按所承诺 QoS 提供相应的服务。由于网络负载是动态变化的，可能会引起 QoS 的波动。网络能否履行所承诺 QoS 主要取决于 QoS 类型。QoS 服务总体上可分成三类。

（1）确定型（Deterministic）QoS。在数据传输过程中，网络提供固定的 QoS 保证，即对所承诺的 QoS 必须严格保证，否则可能会造成严重的后果。这类服务一般用于硬实时应用中。

（2）统计型（Statistical）QoS。在数据传输过程中，网络提供可变的 QoS 保证，即对所承诺的 QoS 允许一定范围的波动，并且不会造成不良的后果。这类服务一般用于软实时应用中。

（3）尽力型（Best-Effort）QoS。尽力型 QoS 也称"最佳效果传输"，网络不提供任何 QoS 保证，网络性能将随着负载的增加而明显下降。由于受到带宽的限制，现有 Internet 上的分布式多媒体应用大多提供这类服务。

为了保证端到端的 QoS，在媒体流传输路径上的各个中间点（路由器）都必须支持和保证所承诺的 QoS，并且按确定型、统计型及尽力型 QoS 的优先级次序为相应的媒体流分配和保留资源。目前，主要采用为特定媒体流保留资源（如带宽、缓存及排队时间等）的资源分配策略来保证其 QoS。

11.3　流　媒　体

11.3.1　流媒体的发展

通俗地理解，流媒体技术就是多媒体技术和网络传输技术相结合的产物，并且伴随着宽带网络应用技术的普及而发展。

早期，流媒体技术常用于在 Internet 上传输一些质量比现在较低的多媒体信息；直到几年前，随着网络技术的不断发展，很多流媒体网络电视以及视频网站开始雨后春笋般出现，且都利用流媒体技术向用户传输高质量的数字电视内容，流媒体技术得到了极大发展；现在国家大力发展第三代移动通信技术（The 3rd Generation），移动通信技术的换代以及形式和类型越来越多的移动终端的出现，使得移动流媒体技术变得越来越重要，成为现在流媒体研究开发的热门方向，以满足人们需要通过移动流媒体技术来随时随地获取丰富信息的需求。

所以流媒体技术的发展有着非常广阔的空间，流媒体的载体、标准、编码技术以及功能上都会跟随用户的需要和时代的发展不断创新、改进和完善。

11.3.2　流媒体技术相关概念

用户在网络上传输音频视频等多媒体信息，目前主要有下载和流式传输两种方式。对于下载方式，现在文件一般都较大，尤其是视频文件需要的存储容量也较大；由于网络带宽的限制，下载常常要花数分钟乃至数小时，所以这种处理方法延迟很大。流式传输时，声音、图像或动画等由音视频服务器向用户计算机进行连续、实时传送，用户不必等整个文件下载完毕，而只需几秒或十数秒的启动延时即可进行观看。当声音等在客户机上播放时，文件的剩余部分将在后台从服务器内继续下载。流式不仅使启动延时成十倍、百倍地缩短，而且不需要太大的缓存容量。流式传输克服了用户必须等待整个文件从 Internet 上下载完成才能观看的缺点，当然也支持播放前的完全下载。

流媒体是指采用流式传输的方式在 Internet 播放的媒体格式，如音频、视频或多媒体文件。流式媒体在播放前并不下载整个文件，只将开始部分内容存入内存，数据流随时传送随时播放，只是在开始有一些延迟。

流式媒体的数据流具有三个特点：连续性、实时性和时序性，即数据流具有严格的前后时序关系。

11.3.3　流式传输基础

流式传输是实现流媒体的关键技术，具体的方法有顺序流式传输和实时流式传输两种。

1. 顺序流式传输

顺序流式传输（Progressive streaming）是顺序下载，在下载文件的同时用户可观看在线媒体。在给定时刻，用户只能观看已下载的那部分，而不能跳到还未下载的部分。顺序流式传输不像实时流式传输在传输期间可以根据用户连接的速度做调整。由于标准的 HTTP 服务器可发送这种形式的文件，也不需要其他特殊协议，所以它经常被称作 HTTP 流式传输。顺序流式传输比较适合高质量的短片段，如片头、片尾和广告。由于该文件在播放前观看的部分是无损下载的，因此可保证电影播放的最终质量。这意味着用户在观看前必须经历延迟，对较慢的连接更加明显。

顺序流式文件通常是放在标准 HTTP 或 FTP 服务器上，易于管理，基本上与防火墙无关。顺序流式传输不适合长片段和有随机访问要求的视频，如讲座、演说与演示。它也不支持现场广播，所以严格来说是一种点播技术。

2. 实时流式传输

实时流式传输（Realtime streaming）指保证媒体信号带宽与网络连接匹配，使媒体可被实时观看到。实时流与 HTTP 流式传输不同，它需要专用的流媒体服务器与传输协议。

实时流式传输总是实时传送，所以特别适合现场事件；同时也支持随机访问，用户可以快进或后退来观看前面或后面的内容。理论上，实时流一经播放就可不停止；但实际上，可能会发生周期暂停。

实时流式传输必须匹配连接带宽，这意味着在以调制解调器速度连接时图像质量较差；而且由于出错丢失的信息被忽略掉，当网络拥挤或出现问题时，视频质量很差。如欲保证视频质量，顺序流式传输也许会更好。实时流式传输需要特定服务器，如 QuickTime Streaming Server，RealServer 与 Windows Media Server。这些服务器允许你对媒体发送进行更多级别的控制，因而系统设置、管理比标准 HTTP 服务器更复杂。实时流式传输还需要特殊网络协议，如 RTSP（Realtime Streaming Protocol）或 MMS（Microsoft Media Server）。这些协议在有防火墙时可能会出现问题，导致用户无法看到一些地点的实时内容。

11.3.4　流式传输技术原理

由于带宽的限制，多媒体数据一般要经过预处理才适合流式传输。预处理一般有两种：一是降低质量；二是采用先进的压缩算法。

实现流式传输需要缓存与合适的传输协议。

首先，互联网以包传输为基础来进行断续的异步传输，对于一个实时多媒体文件或存储的多媒体文件需要分解成许多个包来传输。因为网络是动态不断变化的，所以每个包选择的路由可能不相同，到达客户端的延迟也就不同，甚至先发的包可能比后发的包晚到。所以这时就要用缓存系统来弥补延迟和抖动，保证数据顺序的正确，从而使多媒体数据能顺序输出，而不会因为网络的暂时拥塞让播放停顿，即平常所说的卡。一般高速缓存所需的容量并不大，因为高速缓存是使用环形链表结构来存储数据的，即丢弃已经播放的内容来缓存后续尚未播放的内容。

其次，传输协议方面因为 TCP 协议需要太多的开销，所以不太适合传输实时数据。在流式传输中，一般采用 HTTP/TCP 来传输控制信息，用 RTP/UDP 等来传输实时音视频数据。

如图 11-6 所示为流式传输的基本原理。流式传输的过程是：用户选择某一流媒体服务后，Web 浏览器与 Web 服务器之间使用 HTTP/TCP 交换控制信息，以便把需要传输的实时数据从原始信息中检索出来；然后客户机上的 Web 浏览器启动 A/V 播放器，使用 HTTP 从 Web 服务器上检索相关参数初始化播放程序。这些参数可能包括了目录信息、A/V 数据的编码类型或与 A/V 检索相关的服务器地址等。

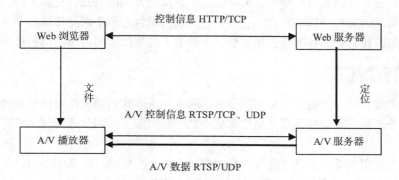

图 11-6　流式传输的基本原理

A/V 播放器及 A/V 服务器运行实时流控制协议（RTSP），以交换 A/V 传输所需的控制信息。RTSP 提供了操纵播放、快进、快倒、暂停及录制等命令的方法。A/V 服务器使用 RTP/UDP 协议将 A/V 数据传输给 A/V 播放器，一旦 A/V 数据抵达客户端，A/V 播放器就可以输出播放。

需要说明的是，在流式传输中使用 RTP/UDP 和 RTSP/TCP 两种不同的通信协议与 A/V 服务器建立联系，是为了能够把服务器的输出重定向到一个不同于运行 A/V 播放程序所在客户机的目的地址。

11.3.5　流媒体播放方式

流媒体基于多媒体网络中的一对一、一对多及多对多等通信能力，有单播、组播和广播等多种方式。

1．单播

在客户端与媒体服务器之间需要建立一个单独的数据通道，从一台服务器送出的每个数据包只能传送给一个客户机，这种传送方式称为单播。每个用户必须分别对媒体服务器发送单独的查询，而媒体服务器必须向每个用户发送所申请的数据包复制。这种巨大冗余首先造成服务器沉重的负担，响应需要很长时间，甚至停止播放；管理人员也被迫购买硬件和带宽来保证一定的服务质量。

2．组播

IP 组播技术构建一种具有组播能力的网络，允许路由器一次将数据包复制到多个通道上。采用组播方式，单台服务器能够对几十万台客户机同时发送连续数据流而无延时。媒体服务器只需发送一个信息包，而不是多个；所有发出请求的客户端共享同一信息包。信息可以发送到任意地址的客户机，减少网络上传输的信息包的总量。这样网络利用效率大大提高，成本大为降低。

3．点播与广播

点播连接是客户端与服务器之间主动的连接。在点播连接中，用户通过选择内容项目来初始化客户端连接。用户可以开始、停止、后退、快进或暂停流。点播连接提供了对流的最大控制，但这种方式由于每个客户端各自连接服务器，却会迅速用完网络带宽。

广播指的是用户被动接收流。在广播过程中，客户端接收流但不能控制流。例如，用户不能暂停、快进或后退该流。广播方式中数据包的单独一个复制将发送给网络上的所有用户。使用单播发送时，需要将数据包复制多个拷贝，以多个点对点的方式分别发送到需要它的那些用户。而使用广播方式发送，数据包的单独一个拷贝将发送给网络上的所有用户，且不管用户是否需要。上述两种传输方式会非常浪费网络带宽。组播吸收了其发送方式的长处，克服了弱点，将数据包的单独一个拷贝发送给需要的那些客户。组播不会复制数据包的多个拷贝传输到网络上，也不会将数据包发送给不需要它的那些客户，从而保证了网络上多媒体应用占用网络的最小带宽。

11.3.6　智能流技术

随着网络技术的发展，出现了许多不同带宽的网络接入方式。如果流媒体服务器对所有带宽均采用相同的服务速率，就会使低带宽用户无法得到流畅的服务，同时高带宽用户得不到高质量的服务。

一种解决方法是服务器减少发送给客户端的数据而阻止再缓冲。在 Real System 5.0 中，这种方法称为"视频流瘦化"。这种方法的限制是 RealVideo 文件为一种数据速率设计，结果可通过抽取内部帧扩展到更低速率，导致质量较低。离原始数据速率越远，质量越差。另一种解决方法是根据不同连接速率创建多个文件，根据用户连接，服务器发送相应文件，这种方法带来制作和管理上的困难；而且用户连接是动态变化的，服务器也无法实时协调。智能流技术通过两种途径克服带宽协调和流瘦化。首先，确立一个编码框架，允许不同速率的多个流同时编码，合并到同一个文件中；其次，采用一种复杂客户/服务器机制探测带宽变化。

针对软件、设备和数据传输速度上的差别，用户以不同带宽浏览音视频内容。为满足客户要求，Progressive networks 公司编码、记录不同速率下媒体数据，并保存在单一文件中，此文件称为智能流文件，即创建可扩展流式文件。当客户端发出请求，它将其带宽容量传给服务器，媒体服务器根据客户带宽将智能流文件相应部分传送给用户。采用此方式，用户将看到最可能的优质传输，制作人员只需压缩一次，管理员也只需维护单一文件，而媒体服务器根据所得带宽自动切换。智能流通过描述 I 现实世界 Internet 上变化的带宽特点来发送高质量媒体并保证可靠性，并为混合连接环境的内容授权提供了解决方法。流媒体实现方式如下。

① 对所有连接速率环境创建一个文件；

② 在混合环境下以不同速率传送媒体；

③ 根据网络变化，无缝切换到其他速率；

④ 关键帧优先，音频比部分帧数据重要；

⑤ 向后兼容老版本 RealPlayer。

智能流在 Real System G2 中是对所谓自适应流管理（ASM）API 的实现，ASM 描述流式数据的类型，辅助智能决策，确定发送哪种类型数据包。文件格式和广播插件定义了 ASM 规则。用最简单的形式分配预定义属性和平均带宽给数据包组。对高级形式，ASM 规则允许插件根据网络条件变化改变数据包发送。每个 ASM 规则可有一定义条件的演示式，如演示式定义客户带宽是 5000~15000Kbps，包损失小于 2.5%。如此条件描述了客户当前网络连接，客户就订阅此规则。定义在规则中的属性有助于 RealServer 有效传送数据包，如网络条件变化，客户就订阅一个不同规则。

11.3.7　流媒体格式

将多媒体文件编码成流媒体文件必须加入一些附加信息，如计时、压缩和版权信息等，经过特殊编码使其适合在网络上边下载边播放。

流式文件编码过程如图 11-7 所示。

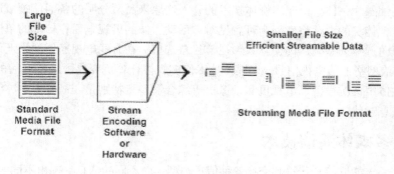

图 11-7　流式文件编码过程

1. 微软高级流格式 ASF 格式

Microsoft 公司的 Windows Media 的核心是 ASF（Advanced Stream Format）。微软将 ASF 定义为同步媒体的统一容器文件格式。ASF 是一种数据格式，音频、视频、图像以及控制命令脚本等多媒体信息通过这种格式以网络数据包的形式传输，实现流式多媒体内容发布。

ASF 最大的优点就是体积小，因此适合网络传输。使用微软公司的最新媒体播放器（Microsoft Windows Media Player）可以直接播放该格式的文件。用户可以将图形、声音和动画数据组合成一个 ASF 格式的文件，当然也可以将其他格式的视频和音频转换为 ASF 格式；而且用户还可以通过声卡和视频捕获卡将诸如麦克风、录像机等外设的数据保存为 ASF 格式。另外，ASF 格式的视频中可以带有命令代码，用户指定在到达视频或音频的某个时间后触发某个事件或操作。

2. RealSystem 的 RealMedia 文件格式

RealNetworks 公司的 RealMedia 包括 RealAudio，RealVideo 和 RealFlash 三类文件。其中 RealAudio 用来传输接近 CD 音质的音频数据，RealVideo 用来传输不间断的视频数据，RealFlash 则是 RealNetworks 公司与 Macromedia 公司新近联合推出的一种高压缩比的动画格式。RealMedia 文件格式的引入，使得 RealSystem 可以通过各种网络传送高质量的多媒体内容。第三方开发者可以通过 RealNetworks 公司提供的 SDK 将它们的媒体格式转换成 RealMedia 文件格式。

3. QuickTime 电影（Movie）文件格式

Apple 公司的 QuickTime 电影文件现已成为数字媒体领域的工业标准。QuickTime 电影文件格式定义了存储数字媒体内容的标准方法，使用这种文件格式不仅可以存储单个的媒体内容（如视频帧或音频采样），而且能保存对该媒体作品的完整描述；QuickTime 文件格式被设计用来适应与数字化媒体一同工作需要存储的各种数据。因为这种文件格式能用来描述几乎所有的媒体结构，所以它是应用程序间（不管运行平台如何）交换数据的理想格式。QuickTime 文件格式中媒体描述和媒体数据是分开存储的，媒体描述或元数据（meta-data）叫作电影（movie），包含轨道数目、视频压缩格式和时间信息；同时 movie 包含媒体数据存储区域的索引。媒体数据是所有的采样数据，如视频帧和音频采样。媒体数据可以与 QuickTime movie 存储在同一个文件中，也可以存储在一个单独的文件或者在几个文件中。

11.4　多媒体网络与通信技术

多媒体通信是多媒体技术和通信技术结合的产物，它将计算机的交互性、通信的分布性和广播、电视的真实性融为一体。由于多媒体技术的介入使原来泾渭分明的各通信领域逐渐变得互相介入、互相融合，传统的电话将发展为可看见对方活动影像的可视电话；传统的单向广播型电视通信将发展成双向选择型系统，即交互式影视节目自选型；在有线电视通信网络上传输计算机信息，在计算机通信网络上传电视信号。多媒体技术使多媒体计算机变成了录音电话机、可视电话、图文传真机、立体声音响设备、电视机和录像机等综合设备。特别是 Internet 的广泛应用，使人们真正进入了信息时代。

11.4.1　多媒体通信技术

多媒体通信要求能够综合传输和交换各种信息类型。而不同的信息呈现出不同的特征。比如，语音和视频有较强的适应性要求，它容许出现某些传输的错误，但不能容忍过长的延迟。而对于数据来说，则可容忍延迟，却不能有传输错误。因为，即便是一个字节的错误都会改变数据的意义。

多媒体技术包含语音压缩、图像压缩及多媒体的混合传输技术。为了用模拟电话线同时传输语音、图像、文件等信号，必须要用复杂的多路混合传输技术，而且要采用特殊的协议来完成。

真正的多媒体通信要靠数字通信网来完成，而现有的通信网大都不太适应多媒体数据的传输。人们期望未来能够将多种网络进行统一，包括用于语音通信的电话网、用于计算机通信的计算机网和用于大众传播的广播、电视网。对于实时性要求不高且数据量不是很大的应用来说，矛盾尚不突出。但一涉及大量的数据，许多网络中的特性就难以满足要求。而宽带综合业务数字网（B—ISDN）则较好地解决了这个问题，其中 ATM（异步传送模式）是近年来在研究和开发上的一个重要成果。

实现多媒体通信，对不同的应用其技术支持要求有所不同。例如在信息点播服务中，用户和信息中心为点对点的关系，信息的传输要采用双向通路。电视中心把信息发往各用户则要实现一点对多点的关系，而在协同工作环境 CSCW 应用中，各用户的关系就成为多点对多点的。归纳起来，多媒体通信具有如下特点。

1. 多种媒体的集成性

多媒体通信系统应能传输两种以上的媒体信息，如文本、图形、图像、声音、动画、数据等，而且可以对这些媒体进行处理、存取和传输。因此，多媒体通信要求信道传输速率一般较高，且具有处理不变、可变和突发信息的传输速率能力。

2. 工作方式的交互性

多媒体通信系统必须能以交互方式工作，而不是简单地单向、双向传输和广播。因此它能真正实现多点之间、多媒体信息之间的自由传输和交换；而且这些信息的交换要做到实时进行，多媒体终端用户对通信的全过程有完整的交换控制能力。

3. 媒体之间的同步性

在网络功能方面，多种媒体交互通过网络传输实现，而不是通过软盘、光盘等存储媒体进行机械传递。因此，网络传输的各种媒体信息必须保持其时间和事件之间的同步一致性。

20 世纪 90 年代以来，人们慢慢从使用传统的电话线路传输向高速的数字交换网络方向发展。而近年来视频/音频压缩、多点通信、提供 QoS 的高速网、无线多媒体应用等领域中已经开发出一些新的技术，可用来构造新一代多媒体应用系统，且这些技术的集成和发展仍在继续。随着网络技术的突破，传输的数据内容也在变化。从最早的文本到黑白的静止图形和图像发展到彩色图像、声音和动态影像，现在还可以支持高清晰度电视。将来高速的多媒体通信网络将紧密集成传统传媒、娱乐、家庭办公和公共信息服务，实现任何人在任何地点、任何时间都能以方便的方式使用信息。目前，多媒体通信内容中最重要的就是视频影像的通信。

11.4.2　多媒体计算机网络

计算机网络通常指为达到通信和共享信息的目的，通过通信线路将多台地理上分散的、独立工作的计算机连接起来。计算机网络是计算机技术和通信技术两者结合的产物，可将信息加工和信息传输紧密联系起来。

目前，人们用得最普遍的通信网络仍是电话网，不少国家和地区的电话网基本上还是模拟网或者数模网，仍采用电路交换方式。在这种电话网中，用户线路仍是模拟的，传送数字信息时必须加上调制解调器。目前常用的 MODEM 速率已达 56kb/s，但实际应用上速率仍然太低。然而由于电话网是现成的网络线路，连接范围广、成本低，所以还是人们尽量利用的对象。

计算机局域网采用分组交换技术，使用总线或环形拓扑结构。最有名的常规总线技术称为以太网。两个比较有名的环技术称为令牌环网和光纤分配数据接口（FDDI）。很适合数据传输，但是分组交换会对音频和视频信号带来较大的延时而影响传输质量。

综合业务数字网即窄带 ISDN，是多媒体通信的基本传输手段，是电话网络的高端版本。其基本速率（2B+D）接口可以传输视频和音频信号。可是，它对于高清晰度电视等高速业务仍然不能满足需求。

宽带综合业务数字网（B-ISDN）以 ATM 为技术支持，采用包交换技术，不仅带宽，而且综合了电路交换和分组交换的优点。因而，B-ISDN 是多媒体通信一种很好的传输手段。

有线电视（CATV）系统也是一种很好的宽带传输系统，利用它可以实现计算机联网信息检索、交互式电视、公共游戏、闭路电视。一般用户可利用家中的电视机作为监视器，用家中的电话、传真机、录像及音响设备以及计算机等作为信息终端，这样就能够实现多媒体通信功能。

在多媒体通信系统中，网络上运行的不再是单一媒体，而是多种媒体综合而成的复杂的数据流。它不仅要求网络对信息具有高速传输能力，而且要求网络对各种信息具有高效综合能力。这些要求归结为以下三点。

1.　宽带

从总体上说，数据速率在 100Mb/s 以上的网络才可能充分地满足各类媒体通信应用的需要。

2.　实时性和可靠性

在多媒体通信中，为了获得真实的临场感，一般对实时性和可靠性的要求特别高。语音和图像可以接受的时延都要小于 0.25s，静止图像要求小于 1s。压缩的活动图像可接受的误码率应小于 10～6，误分组率应小于 10～9。对于数据的误码则要求为 0。

3.　时空约束

在多媒体通信系统中，同一对象的各种媒体之间在时间和空间上是相互约束、相互关联的，多媒体通信系统必须正确地反映它们之间的这种约束关系。

实际上，随着社会发展及技术的进步，各种技术之间的相互渗透、相互利用，特别是计算机技术、通信技术、电视广播技术的相互融合，必将使多媒体通信技术走向成熟。

11.5　习　　题

1. 简述网络传输协议有哪些。
2. 简述 IPV6 协议的优点。

3. 简述多媒体通信的特点。
4. 简述多媒体通信网络的特点。
5. 简述流媒体传输技术的原理。
6. 了解流媒体的格式。
7. 简述多媒体技术的特点。

第 12 章

多媒体信息的存储

本章将主要介绍多媒体信息的存储，其中会涉及几种主要的存储介质和存储标准。

12.1 概 述

多媒体信息除了传统的数据信息之外，还包含图像、声音、视像、动画和文字等多种不同类型的信息，而不同的信息特点对信息的存储、检索和管理也提出了新的要求。

多媒体信号中的视像和声音信号具有特别大的数据量。例如，中等质量的视像信号播放 1 小时所需的存储容量已经达到 10GB 的级别，即使经过压缩，也需要 GB 级的存储容量要求。一个视像服务器可能需要存储能够播放数百小时的多路视像信息，因此有可能要求上 T 级的存储容量。除了视像信号以外，由国际互联网 Internet 联系的全球性信息库，正在试图把人类数千年来积累的知识，包括大量图书、照片、资料文献、报刊杂志等有用信息存入这个大信息库中。这个信息库对网络存储容量的要求几乎是无限的，其信息类型不仅包括大量的文字信息，而且越来越多地引入各种图像、图形及声音、视像等多媒体信息。另外，人类为了探索宇宙世界和微观原子世界的奥秘，正在利用各种先进信息技术大量采集和制造各种数据，其数据量也几乎是天文数字。要对这些海量的多媒体信息进行分析、处理和利用，当然首先要解决大容量的信息存储和管理问题。

近年来，大容量数据存储技术与设备已经有了飞速发展。一张携带方便的 5 寸光盘可以达到 1Gb 以上的容量，容量达到 T 级以上的大规模可读写海量光盘存储设备已经形成产品，传统的磁盘、磁带存储设备也在向提高存储密度的大容量方向发展。但集中式的存储设备不仅要受到物理体积的局限，而且要受到访问速度的局限。所以，如同处理器要进一步提高速度，势必向分布、并行处理方向发展一样，多媒体信息存储对存储设备的大容量要求也必定推动存储系统向分布存储、并行访问的方向发展。分布数据存储技术与多媒体存储技术将在计算机通信网络中融合起来。

12.1.1 多媒体数据的特性

传统的数据类型主要是整型、实型、布尔型和字符型。而在多媒体数据处理中，除了上述常规数据类型外，还有处理图形、图像、声频、视频及动画等复杂的数据类型。多媒体数据有以下特性。

1. 数据量大

图像、声频和视频对象一般需要大的存储容量。例如，常见格式（GIF、TIFF）的 500 幅典型的彩色图像大约需要 1.6GB 的存储空间，而 5 分钟标准质量的 PAL 视频节目需要 6.6GB 的存储空间。

2. 数据长度不定

多媒体数据的数据量大小可变，且无法预先估计。例如，CAD 中所使用的图纸可简单到一个零件图，也可复杂到一部机器的设计图。这种数据不可能用定长格式来存储，因此在组织数据存储时就比较麻烦，其结构和检索处理都与常规数据不一样。

3. 多数据流

多媒体表现（Presentation）包含多种静态和连续媒体数据类型的集成及显示。在输入时，每一种数据类型都有一个独立的数据流，而在检索或播放时又必须加以合成。当然，各种类型的媒体数据可以存储在一起，也可以单独存储。单独存储时，必须保证多媒体信息的同步。

4. 数据流的连续记录和检索

多媒体数据无论是声音媒体还是视频媒体，都要求连续记录（存储）和播放（检索），否则将导致严重失真，大大影响效果，使用户无法接受。

12.1.2　多媒体存储介质

多媒体数据存储要从存储介质的容量、速度和价格等多方面考虑。目前，信息存储方式占主导地位的仍然是磁记录方式。但随着光存储技术的发展，光存储在增大存储容量、缩短存取时间和提高数据传输率等方面正在不断获得突破。

另外，便携和廉价是光存储介质的优势。光盘已经成为多媒体出版物最重要的载体。可以说，当前的电影工业至少有一半是建立在"光盘传播"这个基础上的。

12.1.3　存储管理

目前，许多应用程序使用文件来存储多媒体数据。应用程序和操作系统直接管理多媒体数据和相关的数据模型，多媒体数据存放在本地系统驱动器的一个或多个文件中。这种方法的优点是简单、易于实现和不存在严重的传送问题。然而，由于应用程序直接维护数据模型，随着新的存储格式和数据模型的出现，必须对应用程序进行修改，以访问多媒体数据。不可能使用像视图这样的技术把内部结构映射到旧程序能够理解的格式上。由于不能共享数据存储位置，则必将导致大量重复数据的出现，而且难以更新。如果把文件放在网络文件服务器上，就可以缓解上述问题。然而，随之而来的是管理数据传送的同时性这一严重问题。由于高带宽的要求，传统的网络文件系统不能支持多个应用程序同时请求多媒体数据。在网络环境下，需要一个专门的媒体服务器和多媒体数据库来管理多媒体数据。

12.2　CD 光盘的发展

本节将介绍 CD 光盘技术和 CD 光盘的发展历程。

12.2.1　CD 光盘技术概览

1. CD 的诞生

CD 代表小型镭射盘，是一个用于所有 CD 媒体格式的一般术语。现在市场上有的 CD 格式包括音频 CD，CD-ROM，CD-ROM XA，照片 CD，CD-I 和视频 CD 等。在这多样的 CD 格式中，最为人们熟悉的一个或许是音频 CD，它是一个用于存储声音信号（比如音乐和歌曲）的标准 CD 格式。CD 数字音频信号（CDDA）是由 Sony 和 Philip 在 1980 年作为音乐传播的一个形式来介绍的。因为音频 CD 的巨大成功，今天这种媒体的用途已经扩大到进行数据储存，目的是数据备份和传播。和各种传统数据储存的媒体如软盘和录音带相比，CD 适于储存大量的数据。这些数据可以是任何形式或组合的计算机文件、音频信号数据、图片文件、软件应用程序和视频数据。CD 具有耐用、方便、廉价等优点。

2. 可记录光盘

1989 年，日本 Taiyo Yuden 公司开发出一种表面包上一层薄金的有机纯基 CD 媒体。这种新媒体不仅提供和银质压缩 CD 同样的物理特性和容量，而且具有比商用复制 CD 较好的反射特性。这种媒体能通过一个可在光盘上写入信息的专门设备进行记录，并且所写的光盘能被任何 CD-ROM 驱动器读取。记录信息到媒体上的设备称为光盘记录器（CD-记录器），而存储信息的媒体称为可记录光盘 CD-R（CD Recordable）。CD-R 技术的发明带来了许多好处。

① 可以用很少的花费在一台个人计算机上制造自己的 CD-ROM 光盘；

② 可以选择任何合适的 CD 格式记录信息；

③ 避免使用昂贵的光盘复制设施。

通常 CD-R 媒体有 70～100 年的寿命，它对数据长期保存是很理想的。相对于寿命短得多的磁性媒体，这是一个显著的提高。

3. CD 的标准

ISO9660 是一个国际认可的 CD 媒体逻辑级标准，它定义了 CD-ROM 上文件和目录的格式。这个标准使安装有不同操作系统的不同计算机可以访问同样的数据格式。CD-ROM 当前的成功不仅应归功于光存储技术本身的优势，还应归功于通过 ISO9660 之类的标准完成了媒体的全世界认同和彼此协作性。所有计算机平台将数据按照统一的文件系统放在光盘，这个文件系统为 UNIX，WINDOWS，Mac，还有其他的操作系统所公认。

ISO9660 标准有以下几条限制。

① 目录树不可超过 8 级。

② 没有长文件名：文件名（包括扩展名）必须少于 30 个字符。但是，如果在 MS-DOS 下使用，它有更多限制：文件名最多 8 个字符，而扩展名最多 3 个字符。

③ 在目录名里没有扩展名。

④ 只可是大写字母。

⑤ 不允许一些特殊字符，如%或@。

4. 扩展 ISO9660——Joliet 和 Romeo 文件系统

在 ISO9660 中有一些限制，如字符设置限制、文件名长度限制和目录树深度限制。这些规定可能阻碍了用户把数据复制到 CD-ROM。因此，一些操作系统公司试图通过几种方式扩展 ISO9660。

Joliet 文件系统就是一种扩展的 CD 文件系统，由 Microsoft 提出和实现。它以 ISO9660（1988）标准为基础。如果一个 CD 是用 Joliet 文件系统创建的，它只能在 Windows 9x 和 Windows NT4.0 或更新的版本下读取，并且不能在任何其他平台上读取。在 Joliet 文件系统下，长文件名允许的字符数最多为 64，长目录名允许的字符数最多也为 64。但是，文件名加它的完全路径总字符数不能超过 120。

Romeo 只定义了 Window9x 长文件名，最多为 128 字符。

12.2.2　光盘的发展历程

纸的发明极大地促进了人类文明的进步，记载了人类文明的发展史，造就了一批新兴的工业。

从信息存储的角度来看，CD-ROM完全可以看成一种新型的纸。一张小小的塑料圆盘，其直径不过12厘米（5英寸），重量不过20克，而存储容量却高达600多兆字节。如果单纯存放文字，一张CD-ROM相当于15万张16开的纸，足以容纳数百部大部头的著作。但是CD-ROM在记录信息原理上却与纸大相径庭，CD-ROM盘上信息的写入和读出都是通过激光来实现的。激光通过聚焦后，可获得直径约1微米（μm）的光束。据此，荷兰飞利浦（Philips）公司的研究人员开始使用激光光束来进行记录和重放信息的研究。1972年他们的研究获得了成功，1978年投放市场。最初的产品就是大家所熟知的激光视盘（LD，Laser Vision Disc）系统。

从LD诞生至今，光盘有了很大的发展，经历了三个阶段：①LD-激光视盘；②CD-DA激光唱盘；③CD-ROM。下面简单介绍这三个阶段性的产品特点。

1. LD-激光视盘

它就是通常所说的LCD，直径较大，为12英寸，两面都可以记录信息，但记录的信号是模拟信号。模拟信号的处理机制是指模拟的电视图像信号和模拟的声音信号都要经过FM（Frequency Modulation）频率调制、线性叠加，然后进行限幅放大。限幅后的信号以0.5微米宽的凹坑长短来表示。CD-DA激光唱盘LD虽然赢得了成功，但由于事先没有制定统一的标准，致使它的开发和制作一开始就陷入昂贵的资金投入中。

2. CD-DA激光唱盘

1982年，由飞利浦公司和索尼公司制定了CD-DA激光唱盘的红皮书（Red Book）标准。由此，一种新型的激光唱盘诞生了。CD-DA激光唱盘记录音响的方法与LD系统不同，CD-DA激光唱盘系统首先把模拟的音响信号进行PCM（脉冲编码调制）数字化处理，再经过EFM（8~14位调制）编码之后记录到盘上。数字记录代替模拟记录的好处是：对干扰和噪声不敏感；由于盘本身的缺陷、划伤或沾污而引起的错误可以校正。

3. CD-ROM

CD-DA系统取得成功以后，就使飞利浦公司和索尼公司很自然地想到利用CD-DA作为计算机大容量只读存储器。但要把CD-DA作为计算机的存储器，还必须解决两个重要问题：①建立适合计算机读写的盘的数据结构；②CD-DA误码率必须从现有的10^{-9}降低到10^{-12}以下。由此就产生了CD-ROM的黄皮书（Yellow Book）标准。这个标准的核心思想是：盘上的数据以数据块的形式来组织，每块都要有地址。这样，盘上的数据就能从几百兆字节的存储空间中迅速找到。为了降低误码率，采用增加一种错误检测和错误校正的方案。错误检测采用了循环冗余检测码，即所谓的CRC；错误校正采用了里德·索洛蒙（Reed Solomon）码。

黄皮书确立了CD-ROM的物理结构。而为了使其能在计算机上完全兼容，后来又制定了CD-ROM的文件系统标准，即ISO9660。有了这两个标准，CD-ROM在全世界范围内得到了迅速推广和越来越广泛的应用。80年代中期，光盘的发展非常快，先后推出了WORM光盘、CD-ROM光盘、磁光盘（MOD）、相变光盘（PCD，Phase Change Disk）等新品种。这些光盘的出现，给信息革命带来了很大的推动。

12.2.3 CD-ROM光盘的物理结构及数据结构

1. CD-ROM盘片

标准的CD-ROM盘片直径为120毫米（4.72英寸），中心装卡孔为15毫米，厚度为1.2毫米，重量为14~18克。CD-ROM盘片的径向截面共有三层：①聚碳酸酯（Polycarbonate）做的透明衬底；②铝反射层；③漆保护层。CD-ROM盘是单面盘，不做成双面盘的原因不是技术上做不到而是做一张双面盘的成本比做两张单面盘的成本之和还要高。因此，CD-ROM 盘有一面专门用来印制商标，而另一面用来存储数据。激光束必须穿过透明衬底才能到达凹坑，进而读出数据。因此，盘片中存放数据的那一面表面上的任何污损都会影响数据的读出性能。

2. 编码

为了在物理介质上存储数据，必须把数据转换成适于在介质上存储的物理表达形式。习惯上把数据转换后得到的各种代码称为通道码，这是因为这些代码要经过通信通道。通道码并不是什么新概念，磁带、磁盘、网络都使用它。可以说，所有高密度数字存储器都使用 0 和 1 表示的通道码。例如，软磁盘就使用了改进的调频制（MFM, Modified Frequency Modulation）编码，通过MFM 编码把数据变成通道码。CD-ROM 和 CD-DA 一样，把一个 8 位数据转换成 14 位的通道码，称为 8～14 调制编码，记为 EFM（Eight-to-Fourteen Modulation）。根据通道码可以确定光盘凹坑和非凹坑的长度。

3. 数据结构

由于 CD-ROM 产生的技术背景是 CD-DA，加上其螺旋形线型光道结构、以恒定线速度（CLV）转动、容量大等诸多因素，导致 CD-ROM 的数据结构比硬磁盘和软磁盘的数据结构复杂得多。CD-ROM 盘区划分为三个区，即导入区（Lead-in Area）、用户数据区（User Data Area）和导出区（Lead-out Area）。这三个区都含有物理光道。所谓物理光道是指 360° 一圈的连续螺旋形光道。这三个区中的所有物理光道组成的区称为信息区（Information Area）。在信息区，有些光道含有信息，有些光道不含信息。含有信息的光道称为信息光道（Information Track）。每条信息光道可以是物理光道的一部分，或是一条完整的物理光道，也可以由许多物理光道组成。信息光道可以存放数字数据、音频信息、图像信息等。含有用户数字数据的信息光道称为数字光道，记为 DDT（Digital Date Track）；含有音频信息的光道称为音频光道，记为 ADT（Audio Track）。一张 CD-ROM 盘既可以只有数字数据光道，也可以既有数字数据光道又有音频光道。

在导入区、用户数据区和导出区这三个区中，都有信息光道。不过导入区只有一条信息光道，称为导入光道（Lead-in Track）；导出区也只有一条信息光道，称为导出光道（Lead-out Track）。用户数据记录在用户数据区中的信息光道上。一切含有数字数据的信息光道都要用扇区来构造，而一些物理光道则可以用来把信息区中的信息光道连接起来。

4. 错误检测与纠正

激光盘同磁盘、磁带一类的数据记录媒体一样，受到盘制作材料的性能、生产技术水平、驱动器以及使用人员水平等的限制，从盘上读出的数据很难完全正确。据有关研究机构测试和统计，一张未使用过的只读光盘，其原始误码率约为 3×10^{-4}；有伤痕的盘约为 5×10^{-3}。针对这种情况，激光盘存储采用了功能强大的错误码检测和纠正措施。具体对策归纳起来有三种：

（1）错误检测码 EDC（Error Detection Code）。采用 CRC 码（cyclic Redundancy Code）检测读出数据是否有错。CRC 码有很强的检错功能，但没有开发它的纠错功能，因此只用它来检错。

（2）错误校正码或称为纠错码 ECC（Error Correction Code）。采用里德·索洛蒙码，简称为RS 码，进行纠错。RS 码被认为是性能很好的纠错码。

（3）交叉里德·索洛蒙码 CIRC（Cross Interleaved Reed-Solomon Code）。这个编码可以理解为在用 RS 编译码前后，对数据进行插值和交叉处理。

12.2.4　光盘的规格和标准

在光盘上存储信息前，必须使用某种特定的方法来压缩数据。为了统一压缩方式，各厂商制定了许多标准，让刻录出来的光盘可以在不同机器上使用。这些标准是在不同的年代制定出来的，以各种颜色的封装来表示。常见规格如下：

1. 红皮书（Red Book）

它由 Philips 和 Sony 公司于 1980 年制定，是用于存储音频声音轨道的 CD-DA 光盘标准，此规格仅包含音频扇区的轨道。由于 CD-ROM 来源于音频 CD，光盘上储存的大量信息可根据分钟、秒、帧测定。其中：

1 分=60 秒

1 秒=75 帧

1 帧=2048 字节（2 千字节）

注意：由于扇区边界的额外消耗，光盘上文件占用的实际空间通常大于其原大小。光盘的容量是用单倍速（150KB/秒）计算的，一张光盘可以存储 74 分钟音乐或 650 MB 数据，换算方法为 74（分）* 60（秒）* 150（KB）= 666000KB = 650MB，双速刻录音乐 CD 的时间为 74/2 = 37 分钟，即 37 分钟可以刻 650MB 数据。

2. 黄皮书（Yellow Book）

它是由 Philips 和 Sony 公司于 1983 年制定的 CD-ROM 数据光盘标准，CD-ROM 简称为只读式光盘。此规格仅包含数据扇区。黄皮书是以红皮书为基础，在黄皮书中定义一个 2352 字节的单位称为块（Block）。存在 CD 片上的数据可分为两种：Mode-1 与 Mode-2，Mode-2 为正确性要求较低的音乐或图形数据，可容许一些 Byte 的错误；Mode-1 是正确性要求非常严格的计算机数字或文字数据，是不允许有错误的位数据。在 CD-ROM 扇区（Sector）的表头区（Header field）内，含有指示本区内数据为 Mode-1 或 Mode-2 的 Byte。

模式 1：

在 CD-ROM 中加入了 288Bytes 的 ECC（Error Checking and Correction，错误检查修正）校验，每个扇区可存储 2048 Byte 数据，适合存储常规资料。

模式 2：

撤除 ECC 校验，将那些空间省下来，增加文件存储空间，每个扇区可存储 2336 Byte，适合存储图形和音乐资料。

可以指定在 CD 上的每一个数据轨为 Mode-1 or Mode-2，但是其内的扇区只能有一种格式来存放数据。大部分 CD-ROM 计算机用光盘片，包括程序、计算机游戏、百科全书或共享软件等，都是采用 Mode-1 方式存放数据。其他的光盘片如 Photo CD，CD-I 及 Video CD 等，则是采用 Mode-2 方式来存放。

3. 绿皮书（Green Book）

于 1986 年制定。绿皮书定义 CD-I（Compact Disc Interactive）的规格，简称为交互式光盘，是所有规格书中唯一包括硬件规格的标准，其中包括 CPU、操作系统、内存、Video 与 Audio 的控制器及影音数据的压缩方式等。

CD-I 是被定义成一个消费性的电子产品，即类似电视、录放机等功能的产品。它可以直接接上电视，并且采用遥控器控制；它没有软式磁盘驱动器（Floppy）与硬盘机（Hard Disk），完全采用光驱作为数据的输入装置，并且采用实时性的操作系统（Real-time operating system）。

4. 黄皮书+（Yellow Book Advanced）

于 1989 年制定，补充了 CD-ROM/XA（CD-ROM eXtended Architecture）光盘的标准。其增加了 Mode 2 的规格：

form 1：加入 ECC（Error Checking and Correction，错误检查修正）校验，每个扇区可存储 2048 Byte，并能作为 Mode 1 格式。

form 2：撤除 ECC 校验，增加了文件存储空间，每个扇区可存储 2328 Byte，和 Mode 2 一样适合存储图形和音乐资料。

黄皮书增强版的最大用处是可以交错地存放数据或音像，避免音像同传时产生的断续现象。

5. 橘皮书（Orange Book）

橘皮书定义了 CD-R（CD-Recordable）的标准格式，简称为可记录式光盘。可分为 CD-MO（part Ⅰ），CD-R（part Ⅱ）、CD-RW（part Ⅲ）三类，CD-MO 在无法普及化即已退出市场需求。因此，现以 CD-R 及 CD-RW 为使用最广泛的储存媒体。

CD-R 可记录式光盘：

可单次写入数据于光盘上，必须搭配 CD-R 光盘刻录器及刻录软件才可执行写入的动作，可写入计算机数据或者音乐，但写入后的数据不能更改及删除，对于数据的保存有较高的安全性。世界上第一张 CD-R 片由日本太阳诱电设计，后有日本三井化学及日本三菱化学相继投入发展新的染料，衍出各类型 CD-R 的染料材质，针对读写差异能力及加强抗光、耐潮、耐用年限提出改进，创造出了更完美的记录媒体。

CD-RW 可复写式光盘：

可重复写入及抹除光盘的数据，必须使用 CD-RW 光盘刻录器及专门刻录软件才可执行写入和擦除动作，使得光盘片上数据可自由更改及删除，使用寿命可达一千次，使用方式比 CD-R 更灵活，可用于存储经常更改的数据。

6. 白皮书（White Book）

白皮书定义了 VIDEO-CD 的标准格式，简称为激光视盘。影片画质相当于 S-VHS 品质，播放音效可达立体声的采样频率（44.1KHz，16bits）；可全屏幕动态播放；播放时间约 74 分钟；增加交互式选择菜单功能，可随意选择播放片段；利用 MPEG-1 的技术将影音数字化，将电影存放在 CD 上。

播放 VIDEO-CD 必须配备 MPC3 等级以上计算机、CD-I 播放器或者激光视盘机。

市面上有的 VCD 强调其 2.0 的功能，即包含有交互式选择菜单 PBC（Play Back Control）功能，并且包含了数字音乐音轨。

7. 蓝皮书（Blue Book）

蓝皮书定义了 Enhanced-CD 的标准格式，简称为增强型光盘。这种光盘参照了红皮书及黄皮书两种规格的特性，是为了使音乐轨能够和数据轨共存而产生的技术。一般 CD 音乐播放机无法读取受到保护数据轨，而计算机的光驱则可以读取到数据轨和音乐轨。这一技术常用于计算机游戏光盘，使立体音乐能够配合游戏程序的执行而流畅播放。

12.2.5 CD-R 与 CD-RW

CD-R 和 CD-RW 光盘按表面涂层的不同，可以分为以下几种。

1. 绿盘

由 Taiyo Yuden 公司研发，原材料为 Cyanine（青色素），保存年限为 75 年，这是最早开发的标准，兼容性最为出色，制造商有 Taiyo Yuden，TDK，Ricoh（理光），Mitsubishi（三菱）。

2. 蓝盘

由 Verbatim 公司研发，原材料为 Azo（偶氮），在银质反射层的反光下，会看见水蓝色的盘面，存储时间为 100 年，制造商有 Verbatim 和 Mitsubishi。

3. 金盘

由 Mitsui Toatsu 公司研发，原材料为 Phthalocyanine（酞菁），抗光性强，存储时间长达 100 年，制造商有 Mitsui Toatsu 和 Kodak（柯达）。

4. 紫盘（CD-RW）

它采用特殊材料制成，只有类似紫玻璃的一种颜色。CD-RW 以相变式技术来生产结晶和非结晶状态，分别表示 0 和 1，并可以多次写入，也称为"可复写光盘"。

CD-ROM，CD-R，CD-RW 的不同之处：

虽然 CD-ROM，CD-R，CD-RW 都是光盘，但它们的实质大不相同。CD-ROM 是最常见的，表面是白色的，也叫银盘。它由光盘加工线大批量生产出来，一生产出来就已经有内容了，刻录机是无法做出 CD-ROM 的。

CD-R 的表面涂有反射层（绿、蓝或金色），刚生产出来时无内容，可以发现在刻录之后，盘片的颜色会改变，此时资料已经存储进去了。

CD-RW（Compact Disc-Rewritable，可重复刻录光盘）也有反射层（紫色），并可以多次使用，极限为 1 千次左右，虽然不能与硬盘相比，但用于资料和数据备份也是不错的。

12.3　DVD 基础知识

DVD 可谓近年来颇受注目的一项产品，继 VHS，VCD，LD 之后成为最新一代影音储存媒介，优异的影像画质与声音表现都受到相当重视。虽然在影音方面有不错且优异的表现，但它超大的储存容量才是未来一展鸿图的地方，DVD-ROM 成为新一代计算机的标准规格应毋庸置疑。

储存设备在近几年来研发的速度蓬勃发展，现在软件所需要的发展空间相对越来越大，在储存设备方面也相对提升容量来因应此一需求，DVD 规格的推出正好可以解决这些问题。并且其容量大得足以容纳整部超高画质的影片，免去换盘的困扰。这些优点使得 DVD 在多媒体存储上的应用更加多元化。

12.3.1　DVD 光盘的种类

1. DVD-ROM

就是俗称的 DVD 只读光驱，目前已经研发到第三代。用来读取数字资料的 DVD 规格，目前共分为四种容量，分别为 4.7GB（DVD-5），8.5GB（DVD-9），9.4GB（DVD-10），17GB（DVD-18）。

DVD 光盘的规格：

名称	格式	容量
DVD-5	单面单层	4.7GB
DVD-9	单面双层	8.5GB
DVD-10	双面单层	9.4GB
DVD-18	双面双层	17GB

2. DVD-Video

DVD-Video 是用来储存数字影音资料的 DVD 规格，DVD-Video 与 Video CD 都采用了"视频压缩"的技术。不同的是 Video CD 是用 MPEG-1 技术的应用，所使用的是固定式的位速率压缩；而 DVD-Video 是采用 MPEG-2 的视频压缩技术，所使用的是可变位速率技术。MPEG-2 提高了画质并降低了失真率，所以在整体画质上有很大的提高。

3. DVD-Audio

DVD-Audio 是用来存储数字音乐资料的 DVD 光盘，着重于超高音质的表现。DVD-Audio 主要应用在消费性电子领域，其硬件产品称为 DVD 音乐光驱（DVD-Audio 光驱）。DVD-Audio 可以说是 CD-Audio 的延伸产品，采用 96KHz 的采样频率，采样精度为 24bits，每秒数据量约为 384Kbps。另外，还可以选择音乐的储存格式，如 AC-3，DTS 等。

4. DVD-R

DVD-R 是可以一次性写入数字资料的 DVD 规格，其硬件产品称之为单次写入式数字多功能光驱（DVD-R 光驱），第一代 DVD-R 的容量是 3.95GB，无法配合容量 4.7GB（DVD-5）的 DVD-ROM 在软件制作方面的应用，因此才会有第二代 4.7GB DVD-R 的诞生。DVD-R 是用有机染料当作记录，其原理与 CD-R 的刻录方式类似，是利用激光在染料层上形成反光率的改变来记录资料。记录好数据或视频的 DVD-R 盘片可以当作 DVD-ROM 读取，也可以在 DVD-Video 播放机里播放。

5. DVD-RAM

DVD-RAM 在目前用到的范围很广，可以重复读写数字资料的 DVD 规格，有点类似于计算机上的 MO 光盘。主要分为计算机专用与家电专用两种。在家电方面，目前只有 Panasonic（松下）在研发（DRM-E10），储存容量为 4.7GB。另外在计算机方面，硬件产品称为可覆写式数字多功能光驱（DVD-RAM 光驱）。第一代 DVD-RAM 的 2.6GB 容量与 DVD-ROM 容量相差太大，因此有后续第二代 4.7GB DVD-RAM 的诞生。DVD-RAM 光盘片有 TYPE Ⅰ 和 TYPE Ⅱ 两种规格的片子。其中 TYPE Ⅱ 的片子可以从卡夹式保护外壳中拿出来，以方便一般的 DVD 机器播放。

6. DVD±RW

这是继 DVD-RAM 之后，DVD 联盟（DVD Forum）所提出的第二种可以重复读写数字资料的 DVD 规格，其硬件产品称为可覆写式数字多功能光驱（DVD-RW 光驱）。主导的厂商有先锋（Pioneer），参与制造的厂商有三星（Sumsung）、夏普（Sharp）、索尼（Sony）……DVD+RW 是 DVD 系统里面的"可多次写入的光盘"，它的定位有点类似于 CD-RW，这是由三菱（Mitsubisih）、理光（RICHO）、飞利浦（Philips）、惠普（HP）、Yamaha 等公司所力推的产品。由于 DVD-ROM 无法读取第一代 DVD±RW 所刻录的盘片，DVD±RW 也无法刻录 DVD-R 的盘片，所以在 2001 年第二代 DVD±RW 产品问世。第二代的 DVD±RW 的光盘容量是符合标准的 4.7GB，而且除了可以刻录 DVD±RW 的盘片外，还可以支持刻录 DVD-R，DVD-RW，CD-R，CD-RW 这些光盘。

12.3.2　DVD 影片的特点

DVD 光盘最初是为了提供高质量影音而发展起来的。所以在对影音的支持方面，DVD 具有以前的光盘所不具备的优点，包括高分辨率、大储存容量、多语发音及多国字幕、多视角和杜比 AC-3 立体环绕音效。

1. 高分辨率

将 VCD，LD 和 DVD 放在一起比较：在"水平分辨率"方面，VCD，LD，DVD 分别为 240 条、430 条及 500 条；而就"画面分辨率"来讲，VCD，LD，DVD 分别为 352×240、567×480 及 720×480。通过这样的比较，我们可以对 DVD 的高分辨率有个概括性的认识。高分辨率使得 DVD 可以存储高质量的影片，在播放时可以产生优秀的视觉观赏效果。

2. 大储存容量

DVD 不但能单层单面储存，还具有单面双层、双面单层及双面双层等储存模式。按照容量区分，DVD 可分为 DVD-5（4.7GB）、DVD-9（8.5GB）、DVD-10（9.4GB）、DVD-18（17GB）四种。和 CD-ROM 的 650MB 比较，单层单面的 DVD-5 的 4.7GB 容量是 CD-ROM 的 7 倍，双面双层的 DVD-18 的容量是 CD-ROM 的 27 倍。大储存容量是 DVD 可以存储高质量影音的根本，也使 DVD 具有了能存储和备份大容量数据资料的优势。

3. 多语发音及多国字幕

在 DVD 规格的定义中，DVD Video 里最多可以包含 32 种字幕，在播放的时候可以依照个人需求来选择不同的字幕；同时，DVD Video 里还可以储存多至 8 国的语言发音。这对使用者来说是一项很便利的功能，如果观看的是外语影片，也可以选用中文配音。

4. 多视角

多视角功能是可以让观赏者自己去挑选观看的角度。在 DVD 规格的定义中，最多可以在同一段剧情中放置 9 种不同拍摄角度的画面，由观赏者在观赏的过程中自由切换。这样的 DVD 影片在播放时，可以从多视角的功能中产生很多不同的观赏组合，让观赏者有多种不同的感受。不过多视角影片的拍摄过程非常烦琐，如果要在影片中呈现四个角度，就必须在拍摄现场的四个不同角度架设录像机来同步拍摄。

5. 杜比 AC-3 立体环绕音效

杜比公司所制定出的数字环绕音场技术 AC-3（Audio code number 3），也称 Dolby Digital，共有 5.1 个声道的声音信号，分别由 6 个扬声器输出。其中 5 个为其主要信号，分别为左、右、中央声道与左、右环绕声道。由于普通扬声器的低音效果不理想，AC-3 将低音信号输出到专门的低音扬声器，以弥补低音的不足部分。低音的频率范围其实只有 3～120Hz，所以归类于 1 个声道。全频声道加上 1 个低频声道，这就是 AC-3 "5.1" 的由来。

左、右声道为前方喇叭，摆放在使用者前方两侧，重点在于摆放的高度与整体距离。中央声道为中置喇叭，摆放在使用者的正前方，好让使用者感觉声音是从前方传来，顺应一般人在听觉上的习惯，有助于声音定位与立体感。左、右环绕声道为环绕喇叭，摆放在使用者的后方两侧，与前方的喇叭有一样的声音输出功能，同样也可以制造出声音定位与立体感。重低音喇叭使用混合滤波的技术 LFE（Low Frequency Effect），将主声道中 120Hz 以下的低音滤出，以补足音场低音的不足部分。正确的布置好这 5.1 声道，就可以身临其境地体验数字环绕音效了。

12.3.3 DVD 内容的保护

目前 DVD 的应用最成熟也最普及的该算影片的储存了。为了防止版权影片的随意复制，美国八大影业公司特别针对 DVD-Video（即储存电影的 DVD）制定了一套保护机制，意在防止盗版。这套保护机制可以分成三个环节，分别是区码保护、CSS 保护和模拟信号保护。

1. 区码保护

所谓区码保护就是将全世界按照地域分成六区，在各地销售的家用 DVD 播放机或计算机 DVD-ROM 只能播放对应区码的 DVD 影片。例如，在我国购买的机器只能播放六区的 DVD 影片。区码保护有人认为矫枉过正，甚至对消费者造成相当大的不便。不过站在电影公司的立场则有不同的解释，由于同一部影片在各地上映或发行 DVD 的时间并不一样，为了避免已上映的影片冲击其他地区的市场，所以设计了区码保护。也有所谓的"全区"DVD 影片，这种 DVD 影片不受各地区码的限制，可以在所有的机器上播放；另外还有所谓的"区码破解"，就是绕过 DVD 播放器的区码保护功能，让它可以播放所有区域的片子，不过这种行为是违法的。

区码区分：

区码　　区码范围

第一区　加拿大、美国

第二区　日本、欧洲、中东、埃及、南非

第三区　东南亚、东亚（中国香港、中国台湾、南韩、泰国、印尼……）

第四区　澳洲、纽西兰、南太平洋岛屿、中美洲、墨西哥、南美洲

第五区　非洲、印度、中亚、蒙古、苏联、北韩

第六区　中国大陆

2. CSS 保护

CSS（Content Scrambling System）翻译成中文就是"内容扰乱系统"。CSS 保护从本质上来说是一种加密技术，主要用来防止 DVD 影片被非法复制。对于有 CSS 保护的 DVD 光盘，在 Windows 的资源管理器中虽然可以查看 DVD 光盘的目录结构和文件，却不能把它们复制到硬盘，尤其是影片文件（*.vob），因为影片文件资料流的合法接收端并不是硬盘，而是 Mpeg 解压缩引擎（软件或硬件）。即使用某些办法勉强复制过去，由于影片内容经过加密干扰，在播放时也无法还原。由于 CSS 系统的保护，家用 DVD 播放机或 PC 上的播放软件在播放 DVD 影片时都必须针对 CSS 系统作"解码"，然后才能顺利播放。

3. 模拟信号保护

"模拟信号保护"是为了防止 DVD 影片在播放时通过模拟信号被翻录到录像带或其他存储介质上。因为翻录时的模拟信号已经受到干扰，所以不只是不能录到录像带上，连利用显示卡的 TV-Out 端口来输出到电视上都不可以。除非显示卡设计时取得了 Microvision 的认证并且内置了 Microvision 芯片，这样的显示卡在播放 DVD 影片时才可以同步以 TV-Out 输出到电视上来观赏。

另外，DVD 光驱的发明和 DVD 影片的保护没有任何关系，所以在早期的 DVD 光驱里面没有区码保护功能。也就是说，早期的 DVD 光驱可以完全播放全部 6 个区的 DVD 影片。不过在 1999 年以后，所有的 DVD 都加上了区码限制。在 2000 年以后生产的 DVD 光驱都必须接受 CSS 规范认证，要加上区码保护的功能，而每一台 DVD 光驱最多只能更改五次区码，之后这台 DVD 光驱就只能播放最后一次设定区码的影片了。

DVD 的内容保护只是为了保护 DVD-Video 的影片，对 DVD-ROM 存储的数据没有任何影响。

12.4　下一代 DVD 标准

接下来，让我们看看未来的 DVD 会是什么样的。

12.4.1　DVD 标准之争

在下一代 DVD 标准之争中，索尼领导的蓝光阵营和东芝领导的 HD-DVD 阵营针锋相对，每一方都获得了多家电子设备厂商以及电影制片公司的支持。分析人士担心，下一代 DVD 标准之争将成为 20 世纪 80 年代 Beta 和 VHS 录像带标准大战的翻版。蓝光 DVD 光盘的优势在于存储容量巨大，可以存储 50GB 的数据，远远超过 HD-DVD 的 30GB。HD-DVD 光盘的优势则在于成本较低，因为它的生产工艺和当前的 DVD 类似。索尼和东芝都对己方的标准充满信心，且都在努

力赢得好莱坞电影制片公司的支持，同时计划在未来的产品中采用自己的标准。

目前在除中国之外的国际市场，东芝已经放弃 HD-DVD 标准。蓝光光盘成为继 DVD 之后的下一代存储媒体。

12.4.2　蓝光 DVD

Blu-ray Disc，中文译为蓝光光盘，是 DVD 光盘的下一代光盘格式。在人类对多媒体的品质要求日益严格的情况下，用以储存高画质的影音以及高容量的资料。它目前的竞争对手是 HD DVD，两者各有不同的公司支持，都希望成为标准规格。Blu-ray 的命名来自于其采用的激光波长405 纳米（nm），刚好是光谱之中的蓝光。

当前流行的 DVD 技术采用波长为 650nm 的红色激光和数字光圈为 0.6 的聚焦镜头（CD 则是采用 780nm 波长），盘片厚度为 0.6mm。而蓝光 DVD 技术采用波长为 450nm 的蓝紫色激光，通过广角镜头上比率为 0.85 的数字光圈，成功地将聚焦的光点尺寸缩到极小程度。此外，蓝光 DVD 的盘片结构中采用了 0.1mm 厚的光学透明保护层，以减少盘片在转动过程中由于倾斜而造成的读写失常。这使得盘片数据的读取更加容易，并为极大地提高存储密度提供了可能。

蓝光 DVD 盘片的轨道间距减小至 0.32mm，仅仅是当前红光 DVD 盘片的一半；而其记录单元——凹槽（或化学物质相变单元）的最小直径是 0.14mm，也远比红光 DVD 盘片的 0.4mm 凹槽小得多。蓝光 DVD 单面单层盘片的存储容量被定义为 23.3GB，25GB 和 27GB，其中最高容量（27GB）是当前红光 DVD 单面单层盘片容量（4.7GB）的近 6 倍，这足以存储超过 2 小时播放时间的高清晰度数字视频内容，或超过 13 小时播放时间的标准电视节目（VHS 制式图像质量，3.8MB/s）。这仅仅是单面单层实现的容量，就像传统的红光 DVD 盘片一样，蓝光 DVD 同样还可以做成单面双层、双面双层。双层蓝光 DVD 可以达到 46 或 54GB 容量，足够刻录一部长达 8 小时的高清晰电影。而容量为 100 或 200GB 的，分别是 4 层及 8 层。

蓝光碟创始人组织（Blu-ray Disc Founders group）由 13 个成员组成：即戴尔、惠普、日立、LG 电子、松下电子、三菱、先锋、飞利浦、三星电子、夏普电子、Sony、TDK 和 Thomson。

12.4.3　HD DVD

与蓝光相对的是 HD DVD 阵营，原本东芝已经加入蓝光阵营，然而利益的分配以及相关技术特性诱使其断然退出该组织，转而联合 NEC 开发 AOD（Advanced Optical Disk），并且得到DVD-Forum 的鼎力支持，改名为 HD DVD。由于蓝光 DVD 和当前的 DVD 格式不兼容，直接加大了厂商过渡到蓝光 DVD 生产环境的成本投入，因此大大延迟了蓝光成为下一代 DVD 标准的进程。由东芝和 NEC 联合推出的 AOD 技术相比于蓝色激光最大的优势就在于能够兼容当前的 DVD，并且在生产难度方面也要比蓝光 DVD 低得多。

HD DVD 英文全称 High Definition DVD，即高分辨率 DVD，是改编自目前标准 DVD 规格而设计的。HD-DVD 完全继承标准 DVD 数据层相同厚度，却是不折不扣采用蓝光激光技术，却拥有较短的光波长度，能储存较密集的数据到盘片上。若与目前标准 DVD 单层容量 4.7GB 相比较，HD DVD 单层容量 15GB，算是高容量光储技术了。

HD DVD 规格的主要优点是 HD DVD 与标准 DVD 共享部分构造设计，DVD 制造商并不要为规格升级，再投入庞大资金，更新生产设备。（相比之下，Blu-ray 制造商就一定要为新规格的生产添购全新的生产设备。）HD-DVD 规格也延续标准 DVD 的数据结构，新的 HD 播放器可以播放现行的 DVD 影片，而且能够用逐行扫描技术让画面看起来更好。但是新的 HD-DVD 碟片不能在现行的 DVD 播放机上播出。

12.4.4　中国版的 HD DVD

HD DVD 中国版技术其实已在 2006 年 11 月初就通过了 DVD 论坛审查，和 2007 年 2 月 27 日 DVD 论坛批准的 HD DVD 中国版技术标准是完全一样的。C-HD DVD-ROM（中国高清只读光盘）物理规范获得最终通过，版本号为 10.0，该规范仅针对中国大陆地区。此番中国版 HD DVD 技术标准正式通过 DVD 论坛认可，标志着中国版 HD DVD 技术标准的审批程序已全部走完。下一步的重点将是实现产业化，早日批量生产出中国版 HD DVD 播放机。

HD DVD 光盘物理规格为直径 12cm，厚 1.2mm（包括两个 0.6mm 厚的基片），单层容量 15GB。中国版本的区别在于调制解码方面有所不同，为 FSM 编解码技术，全球通用版则是 ETM 技术。生产中国版 HD DVD 播放机的一个目标就是价格要比国外的产品便宜。

12.4.5　EVD 技术

EVD 系统是 DVD 的升级换代产品，EVD（Enhanced Versatile Disk）全称为"强化高密度数字激光视盘系统"。从公布的 EVD 技术专利上看，主要是音频/视频的滤波变换、编码/解码的优化方法，作用是改善声音和画面的质量以及增加数据压缩率。另外有承袭自 SVCD 的"数字视频上动态叠加字幕"方法，可令字幕以 256 色显示。其包括 5 个软件，分别是"DVD-EVD 转换软件"、"AC3-EAC 转换软件"、"OGT 制作系统"、"EVD 数字视盘制作系统"及"VCD/DVD/EVD 播放器"。"EVD"是中国人拥有自主知识产权的数字光盘系统，也是中国数字光盘领域的国家标准。EVD 系统的技术规范已经提交国际电工组织和国际标准化组织，有望成为国际标准。为用户提供了更清晰的节目，EVD 系统在原有 DVD 技术的基础上使码流提速近一倍，图像分辨率达到 DVD 的 5 倍，实现更震撼的声音、更漂亮的字幕和更灵活的选择。其技术特点主要有：

在视频方面，系统不仅实现了标准清晰度，还实现了自 VCD 质量到高清晰度 8 种不同的视频质量，全面支持包括高清晰度数字电视在内的各种使用需求和使用环境，可以直接作为高清晰度数字电视生产中的测试设备和家庭娱乐设备使用。

在音频方面，系统采用拥有自主知识产权的 EAC 音频压缩技术，不仅全面支持单声道、双声道和5.1声道，在音频质量上也优于目前的DVD机中通常被采用并收取高额许可费的Dolby AC-3。

在字幕方面，系统继承和发展了超级 VCD 的研究成果，实现了 256 色可浮动字幕，并支持透明色，字幕的显示质量和灵活性远远优于 DVD 字幕。

而且更为重要的是，EVD 已取得 22 项专利，开发了 5 套软件，并经第三方测试，与超级 VCD 和 DVD 系统相比技术优势明显，填补了国内高清晰度节目光盘存储播放方面的空白，在国内属于开创性成果。其中，采用具有自主知识产权的音频压缩算法（EAC）在相同码率下生成优于杜比 AC-3 质量的音频，达到了目前国际上音频压缩领域的先进水平。

12.5　习　　题

1. 简述多媒体数据的特性。
2. 了解光盘的发展历史。
3. 了解光盘的物理结构和数据结构。

4. 了解光盘的规格和标准。
5. 了解 DVD 光盘的种类。
6. 了解 DVD 影片的特点。
7. 了解 DVD 影片的保护机制。
8. 简述下一代 DVD 的标准。

第13章
信息安全与多媒体

随着网络和多媒体的发展，多媒体信息已经成为很重要的信息载体。本章将介绍信息安全以及多媒体安全的相关内容，主要包括信息安全概述、主要的信息安全技术和有关数字图像的数字水印及信息隐藏技术。

13.1　信息安全概述

信息安全是近几十年来才兴起的一门学科，其地位也随着信息、网络等的飞速发展逐渐成为研究热点。它是一门涉及计算机科学、网络技术、通信技术、密码技术、信息安全技术、应用数学、数论、信息论等多种学科的综合性学科。这一领域本身包括的范围很广，从国家军事政治等机密安全到商业企业机密、个人信息的保密等，都属于这一范畴。在网络环境下，信息安全体系显得尤为重要，计算机安全操作系统、各种安全协议、安全机制（数字签名、信息认证、数据加密等），直至安全系统，其中任何一个安全漏洞都会威胁到全局安全。

信息安全是指信息网络的硬件、软件及其系统中的数据受到保护，不受偶然的或者恶意的原因而遭到破坏、更改、泄露，系统连续可靠正常地运行，信息服务不中断。

信息作为一种资源，其普遍性、共享性、增值性、可处理性和多效用性使其对人类具有特别重要的意义。信息安全的实质就是要保护信息系统或信息网络中的信息资源免受各种类型的威胁、干扰和破坏，即保证信息的安全性。根据国际标准化组织的定义，信息安全性的含义主要是指信息的完整性、可用性、保密性和可靠性。

传输信息和储存信息的方式很多，前者有局域计算机网、互联网和分布式数据库，有蜂窝式无线、分组交换式无线、卫星电视会议、电子邮件及其他各种传输技术；后者有本地存储、移动存储、网络存储等。信息在存储、处理和交换过程中，都存在泄密或被截收、窃听、窜改和伪造的可能性。所以，信息安全已经不再是单一的保密措施保证通信和信息的安全，综合应用各种保密措施如技术、管理、行政等手段实现信息的保护，才能最大程度地保证信息的安全。

13.1.1　安全威胁

常见的安全威胁主要有以下方面。

（1）信息泄露。信息被泄露或透露给某个非授权的实体。

（2）破坏信息的完整性。数据被非授权地进行增删、修改或破坏而受到损失。

（3）拒绝服务。对信息或其他资源的合法访问被无条件地阻止。

（4）非法使用（非授权访问）。某—资源被某个非授权的人或以非授权的方式使用。

（5）窃听。用各种可能的合法或非法手段窃取系统中的信息资源和敏感信息。例如，对通信线路中传输的信号搭线监听，或者利用通信设备在工作过程中产生的电磁泄露截取有用信息等。

（6）业务流分析。通过对系统进行长期监听，利用统计分析方法对诸如通信频度、通信的信息流向、通信总量的变化等参数进行研究，从中发现有价值的信息和规律。

（7）假冒。通过欺骗通信系统（或用户）达到非法用户冒充成为合法用户，或者特权小的用户冒充特权大的用户的目的。黑客大多是采用假冒攻击。

（8）旁路控制。攻击者利用系统的安全缺陷或安全性上的脆弱之处获得非授权的权利或特权。例如，攻击者通过各种攻击手段发现原本应保密，却又暴露出来的一些系统"特性"，利用这些"特性"，攻击者可以绕过防线守卫者而侵入系统的内部。

（9）授权侵犯。被授权以某一目的使用某一系统或资源的某个人，却将此权限用于其他非授权的目的，也称作"内部攻击"。

（10）特洛伊木马。软件中含有一个觉察不出的有害的程序段，当它被执行时，会破坏用户的安全。这种应用程序称为特洛伊木马（Trojan Horse）。

（11）陷阱门。在某个系统或某个部件中设置的"机关"，使得在特定的数据输入时允许违反安全策略。

（12）抵赖。这是一种来自用户的攻击，如否认自己曾经发布过的某条消息、伪造一份对方来信等。

（13）重放。出于非法目的，将所截获的某次合法的通信数据进行复制，再重新发送。

（14）计算机病毒。一种在计算机系统运行过程中能够实现传染和侵害功能的程序。

（15）人员不慎。一个授权的人为了某种利益，或由于粗心，将信息泄露给一个非授权的人。

（16）媒体废弃。信息被从废弃的磁的或打印过的存储介质中获得。

（17）物理侵入。侵入者绕过物理控制而获得对系统的访问。

（18）窃取。重要的安全物品，如令牌或身份卡被盗。

（19）业务欺骗。某一伪系统或系统部件欺骗合法的用户或系统自愿地放弃敏感信息等。

13.1.2　安全技术

这里介绍几种常见的安全技术，分别是信息加密技术、防火墙技术、入侵检测技术以及系统容灾技术、安全管理策略。

13.1.3　信息加密技术

信息加密的目的是保护网内的数据、文件、口令和控制信息，保护网上传输的数据。它是利用数学或物理手段，对电子信息在传输过程中和存储体内进行保护，以防止泄露技术。数据加密技术主要分为数据传输加密和数据存储加密。数据传输加密技术是对传输中的数据流进行加密，主要在数字通信中可利用计算机采用加密法，改变负载信息的数码结构。计算机信息保护则以软件加密为主。目前世界上最流行的几种加密体制和加密算法有：RSA 算法和 CCEP 算法等。在保障信息安全各种功能特性的诸多技术中，密码技术是信息安全的核心和关键技术，通过数据加密技术，可以在一定程度上提高数据传输的安全性，保证传输数据的完整性。一个数据加密系统包括加密算法、明文、密文以及密钥。密钥控制加密和解密过程，一个加密系统的全部安全性是基于密钥，而不是基于算法，所以加密系统的密钥管理是一个非常重要的问题。数据加密过程就是通过加密系统把原始的数字信息（明文）按照加密算法变换成与明文完全不同的数字信息（密文）的过程。

数据加密算法有很多种，按照发展进程来分，经历了古典密码、对称密钥密码和公开密钥密码阶段。古典密码算法有替代加密、置换加密；对称加密算法包括 DES 和 AES；非对称加密算法包括 RSA、背包密码、McEliece 密码、Rabin、椭圆曲线、EIGamal 算法等。目前，在数据通信中使用最普遍的算法有 DES 算法、RSA 算法和 PGP 算法。

根据收发双方密钥是否相同来分类，加密算法可以分为常规密码算法和公钥密码算法。在常规密码中，收信方和发信方使用相同的密钥，即加密密钥和解密密钥是相同或等价的。常规密码的优点是有很强的保密强度，且能经受住时间的检验和攻击，但其密钥必须通过安全的途径传送。在公钥密码中，收信方和发信方使用的密钥互不相同，而且几乎不可能从加密密钥推导出解密密钥。最有影响的公钥密码算法是 RSA，它能抵抗到目前为止已知的所有密码攻击。在实际应用中通常将常规密码和公钥密码结合在一起使用，利用 DES 或者 IDEA 来加密信息，而采用 RSA 来传递会话密钥。

13.1.4　防火墙技术

防火墙技术最初是针对 Internet 网络不安全因素所采取的一种保护措施。顾名思义，防火墙就是用来阻挡外部不安全因素影响的内部网络屏障，其目的就是防止外部网络用户未经授权的访问。目前，防火墙采取的技术主要是包过滤、应用网关、子网屏蔽等。

防火墙原是指人们房屋之间修建的可以防止火灾发生到别的房屋的墙。防火墙技术是指隔离在本地网络与外界网络之间的一道防御系统的总称。在互联网中防火墙是一种非常有效的网络安全模型，通过它可以隔离风险区域与安全区域的连接，同时不会妨碍人们对风险区域的访问。防火墙可以监控进出网络的通信量，仅让安全、核准了的信息进入，同时又抵制会构成威胁的数据。目前的防火墙在计算机网络得到了广泛的应用。

防火墙可以达到以下目的：一是可以限制他人进入内部网络，过滤掉不安全服务和非法用户；二是防止入侵者接近你的防御设施；三是限定用户访问特殊站点；四是为监视 Internet 安全提供方便。

13.1.5　入侵检测技术

随着网络安全风险系数不断提高，作为对防火墙及其有益的补充，IDS（入侵检测系统）能够帮助网络系统快速发现攻击的发生。它扩展了系统管理员的安全管理能力（包括安全审计、监视、进攻识别和响应），提高了信息安全基础结构的完整性。

入侵检测系统是一种对网络活动进行实时监测的专用系统。该系统处于防火墙之后，可以和防火墙及路由器配合工作，用来检查一个 LAN 网段上的所有通信，记录和禁止网络活动，可以通过重新配置来禁止从防火墙外部进入的恶意流量。入侵检测系统能够对网络上的信息进行快速分析或在主机上对用户进行审计分析，通过集中控制台来管理、检测。

理想的入侵检测系统的功能主要有：

① 用户和系统活动的监视与分析；

② 系统配置及其脆弱性分析和审计；

③ 异常行为模式的统计分析；

④ 重要系统和数据文件的完整性监测和评估；

⑤ 操作系统的安全审计和管理；

⑥ 入侵模式的识别与响应，包括切断网络连接、记录事件和报警等。

本质上，入侵检测系统是一种典型的"窥探设备"。它不跨接多个物理网段（通常只有一个监听端口），无须转发任何流量，而只需在网络上被动地、无声息地收集它所关心的报文即可。

13.1.6　系统容灾技术

一个完整的网络安全体系，只有"防范"和"检测"措施是不够的，还必须具有灾难容忍和系统恢复能力。因为任何一种网络安全设施都不可能做到万无一失，一旦发生漏防漏检事件，其后果将是灾难性的。此外，天灾人祸、不可抗力等所导致的事故也会对信息系统造成毁灭性的破坏。这就要求即使发生系统灾难，也能快速地恢复系统和数据，才能完整地保护网络信息系统的安全。其主要有基于数据备份和基于系统容错的系统容灾技术。

13.1.7　网络安全管理策略

除了使用上述技术措施之外，在网络安全中通过制定相关的规章制度来加强网络的安全管理，对于确保网络的安全、可靠地运行将起到十分有效的作用。网络的安全管理策略包括：首先要制定有关人员出入机房管理制度和网络操作使用规程；其次确定安全管理等级和安全管理范围；最后是制定网络系统的维护制度和应急措施等。

13.1.8　信息安全的目标

所有的信息安全技术都是为了达到一定的安全目标，其核心包括保密性、完整性、可用性、可控性和不可否认性五个安全目标。

（1）保密性（Confidentiality）是指阻止非授权的主体阅读信息。它是信息安全一诞生就具有的特性，也是信息安全主要的研究内容之一。更通俗地讲，即未授权的用户不能够获取敏感信息。对纸质文档信息，我们只需保护好文件，不被非授权者接触即可。而对计算机及网络环境中的信息，不仅要制止非授权者对信息的阅读，也要阻止授权者将其访问的信息传递给非授权者，以致信息被泄露。

（2）完整性（Integrity）是指防止信息被未经授权的篡改。它是保护信息保持原始的状态，使信息保持其真实性。如果这些信息被蓄意地修改、插入、删除等，形成的虚假信息将带来严重的后果。

（3）可用性（Usability）是指授权主体在需要信息时能及时得到服务的能力。它是在信息安全保护阶段对信息安全提出的新要求，也是在网络化空间中必须满足的一项信息安全要求。

（4）可控性（Controlability）是指对信息和信息系统实施安全监控管理，防止非法利用信息和信息系统。

（5）不可否认性（Non-repudiation）是指在网络环境中，信息交换的双方不能否认其在交换过程中发送信息或接收信息的行为。

信息安全的保密性、完整性和可用性主要强调对非授权主体的控制。而对授权主体的不正当行为如何控制呢？信息安全的可控性和不可否认性恰恰是通过对授权主体的控制，实现对保密性、完整性和可用性的有效补充，主要强调授权用户只能在授权范围内进行合法的访问，并对其行为进行监督和审查。

除了上述的信息安全五性外，还有信息安全的可审计性（Audiability）、可鉴别性（Authenticity）

等。信息安全的可审计性是指信息系统的行为人不能否认自己的信息处理行为。与不可否认性的信息交换过程中行为可认定性相比，可审计性的含义更宽泛一些。信息安全的可鉴别性是指信息的接收者能对信息发送者的身份进行判定。它也是一个与不可否认性相关的概念。

13.2　加　密　技　术

在密码学中，加密是将明文信息隐匿起来，使之在缺少特殊信息时不可读。20 世纪 70 年代中期，强加密的使用开始从政府保密机构延伸至公共领域，并且目前已经成为保护许多广泛使用系统的方法。比如互联网电子商务、手机网络和银行自动取款机等。

加密技术是最常用的安全保密手段，把重要的数据变为乱码（加密）传送，到达目的地后再用相同或不同的手段解密。加密技术包括两个元素：算法和密钥。算法是将普通文本与密钥相结合，产生不可理解的密文的步骤；密钥是用来对数据进行编码和解码的一种算法。在安全保密中，可通过适当的密钥加密技术和管理机制来保证网络的信息通信安全。密钥加密技术的密码体制分为对称密钥体制和非对称密钥体制两种。对称加密以数据加密标准算法为典型代表，非对称加密通常以 RSA 算法为代表。对称加密的加密密钥和解密密钥相同，而非对称加密的加密密钥和解密密钥不同，加密密钥可以公开而解密密钥需要保密。

对称加密又称为"常规密钥加密"，有时又叫"单密钥加密算法"，即加密密钥与解密密钥相同，或加密密钥可以从解密密钥中推算出来，同时解密密钥也可以从加密密钥中推算出来。它要求发送方和接收方在安全通信之前商定一个密钥。对称加密算法的安全性依赖于密钥，泄露密钥就意味着任何人都可以对他们发送或接收的消息解密，所以密钥的保密性对通信至关重要。

公开密钥加密也称为"非对称密钥加密"，是以 Diffie 与 Hellmann 两位学者所提出的单向函数与单向暗门函数为基础，为发信与收信的两方建立加密密钥。该加密算法使用两个不同的密钥：加密密钥和解密密钥。前者公开，又称"公开密钥"，简称"公钥"；后者保密，又称"私有密钥"，简称"私钥"。这两个密钥是数学相关的，用某用户加密密钥加密后所得的信息只能用该用户的解密密钥才能解密。RSA 算法是著名的公开密钥加密算法，相关公钥密码系统还有：El Gamma、RSA、椭圆曲线密码学等。公钥加密的另一用途是身份验证：用私钥加密的信息，可以用公钥复制对其解密，接收者由此可知这条信息确实来自于拥有私钥的某人。公钥的形式就是数字证书。

加密技术的应用是多方面的，但最为广泛的还是在电子商务和 VPN 上的应用，下面就分别简叙。

电子商务要求顾客可以在网上进行各种商务活动，不必担心自己的信用卡会被人盗用。过去用户为了防止信用卡的号码被窃取到，一般是通过电话订货，然后使用用户的信用卡进行付款。现在人们开始用 RSA（一种公开/私有密钥）的加密技术，提高信用卡交易的安全性，从而使电子商务走向实用成为可能。

许多人都知道 NETSCAPE 公司是 Internet 商业中领先技术的提供者。该公司提供了一种基于 RSA 和保密密钥的应用于互联网的技术，被称为"安全插座层（Secure Sockets Layer，SSL）"。

也许很多人知道 Socket，它是一个编程界面，并不提供任何安全措施。而 SSL 不但提供编程界面，还向上提供一种安全的服务，SSL3.0 现在已经应用到了服务器和浏览器上，SSL2.0 则只能应用于服务器端。

SSL3.0 用一种电子证书（electric certificate）来实行身份进行验证后，双方就可以用保密密钥进行安全的会话了。它同时使用"对称"和"非对称"加密方法，在客户与电子商务的服务器进行沟通的过程中，客户会产生一个 Session Key，然后客户用服务器端的公钥将 Session Key 进行加密，再传给服务器端；在双方都知道 Session Key 后，传输的数据都是以 Session Key 进行加密与解密的，但服务器端发给用户的公钥必须先向有关发证机关申请，以得到公证。

基于 SSL3.0 提供的安全保障，用户就可以自由订购商品并且给出信用卡号，也可以在网上与合作伙伴交流商业信息并且让供应商把订单和收货单从网上发过来，这样可以节省大量的纸张，为公司节省大量的电话、传真费用。过去电子信息交换（Electric Data Interchange，EDI）、信息交易（information transaction）和金融交易（financial transaction）都是在专用网络上完成的，而使用专用网的费用大大高于互联网。正是这样巨大的诱惑，才使人们开始发展互联网上的电子商务，但不要忘记数据加密。

现在越来越多的公司走向国际化，一个公司可能在多个国家都有办事机构或销售中心，每一个机构都有自己的局域网 LAN（Local Area Network）。但在当今的网络社会人们的要求不仅如此，而是希望将这些 LAN 连接在一起组成一个公司的广域网，这已不是什么难事了。

事实上，很多公司都已经这样做了，但他们一般使用租用专用线路来连接这些局域网，他们考虑的就是网络的安全问题。现在具有加密/解密功能的路由器已到处都是，这就使人们通过互联网连接这些局域网成为可能，即我们通常所说的虚拟专用网（Virtual Private Network，VPN）。当数据离开发送者所在的局域网时，该数据首先被用户端连接到互联网上的路由器进行硬件加密，数据在互联网上是以加密的形式传送的，当达到目的 LAN 的路由器时，该路由器就会对数据进行解密，这样目的 LAN 中的用户就可以看到真正的信息了。

13.3　信息隐藏技术

本节将介绍信息隐藏的两大技术——数字水印和信息隐藏。

13.3.1　数字水印

数字水印是指将特定的信息嵌入音频、图片或者视频等载体中。若要复制有数字水印的载体信息，嵌入的信息也会一并被复制。数字水印可分为浮现式和隐藏式两种，前者是可被看见的水印，其所包含的信息可在观看图片或影片时同时被看见。一般来说，浮现式水印通常包含版权拥有者的名称或标志；隐藏式水印是以数字数据的方式加入音频、图片或影片中，但在一般状况下无法被看见。隐藏式水印的重要应用之一是保护版权，期望能借此避免或阻止数字媒体未经授权的复制。数字照片中的注释数据能记录照片拍摄的时间、使用的光圈和快门，甚至相机的厂牌等信息，这也是数字水印的应用之一。

数字水印技术具有以下特点。

1. 安全性

数字水印的信息应是安全的，数字水印本身应该很难被篡改或伪造。另外，水印应当有较低的误检测率，当原内容发生变化时，数字水印应当发生变化，从而可以检测原始数据的变更；当然数字水印同样对重复添加有很强的抵抗性。

2. 隐蔽性

数字水印应是隐蔽的，即不可知觉的，而且应不影响被保护数据的正常使用。

3. 鲁棒性

鲁棒性是指在多种信号处理过程中，数字水印仍能保持部分完整性并能被准确鉴别的能力。可能的信号处理过程包括信道噪声、滤波、数/模和模/数转换、重采样、剪切、位移、尺度变化以及有损压缩编码等。主要用于版权保护的数字水印易损水印，主要用于完整性保护，这种水印同样是在内容数据中嵌入不可见的信息。当内容发生改变时，这些水印信息会发生相应的改变，从而可以鉴定原始数据是否被篡改。

水印容量：是指载体在不发生形变的前提下可嵌入的水印信息量。嵌入的水印信息必须足以表示多媒体内容的创建者或所有者的标志信息或购买者的序列号。这样有利于解决版权纠纷，保护数字产权合法拥有者的利益。尤其是隐蔽通信领域的特殊性，对水印的容量需求很大。

一般而言，图像水印技术是通过更改图像中的数据来嵌入水印，其做法上有两个主要领域。

1. 空间域（时间域）法

早期的图像水印研究主要是发展在空间域中，就灰阶图像而言，每个取样点（pixel）一般是以八个位来表示，且由最高有效位（MSB）开始向右排列至最低有效位（LSB），表示数据位的重要性次序。因此可通过更改每个取样点中敏感度最低的 LSB 来嵌入水印信息，使得水印具有较高的隐密性，这是信息隐藏技术中最常被用来藏入信息的一个既简单又容易实现的方法。但其缺点是容易被不法人士恶意破坏，且难以抵抗噪声、压缩处理、图像处理以及剪切处理等各种攻击。

2. 变换域法

在频域中的水印主要是原始图像转换到频域里，再加入水印数据，将水印嵌入至不同频率成分信号可满足不同需求。当嵌入至高频信号，较不容易被人眼视觉系统所察觉；当嵌入至低频成分信号，由于能量较高因而不容易被破坏。

离散余弦转换域：

离散余弦转换是静态图像压缩技术（如 JPEG）以及动态视频压缩技术（如 MPEG）中的主要内核，而从图像以 8*8 的像素区块为单位来做离散余弦转换，转换后仍然以 8*8 的区块大小来表示频率信息。其目的主要是将区块中各个像素的关系性打散，使得大部分能量可以集中在少数几个基底函数上。

以离散余弦转换为工具，根据水印所嵌入的频带位置不同又分为：

1. 嵌入 DC 系数的水印技术
2. 嵌入低频系数的水印技术

小波域：

离散小波转换也是一种可将图像的空间域信息转换为频率域信息的技术。其优点除了可以有效地将图像中各个像素的关系性打散之外，还提供了多重分辨率与多频率的特性，使得在处理声音、图像以及视频等信息时的弹性较大。因此，近年来被广泛地应用在图像处理、数据压缩以及信息隐藏等研究领域。而离散小波转换可通过相对应的滤波器分别作用在图像信息中的列与行来实现。

以离散小波转换为工具，根据水印所嵌入的频带位置不同又分为：

1. 嵌入频带 HL1 的水印技术
2. 嵌入频带 LH2 的水印技术

数字水印应用领域：

随着数字水印技术的发展，数字水印的应用领域也得到了扩展。数字水印的基本应用领域是版权保护、隐藏标识、认证和安全不可见通信。

当数字水印应用于版权保护时，潜在的应用市场在于电子商务、在线或离线地分发多媒体内容以及大规模的广播服务。数字水印用于隐藏标识时，可在医学、制图、数字成像、数字图像监控、多媒体索引和基于内容的检索等领域得到应用。ID 卡、信用卡、ATM 卡等上面数字水印的安全不可见通信将在国防和情报部门得到广泛的应用。多媒体技术的飞速发展和 Internet 的普及带来了一系列政治、经济、军事和文化问题，产生了许多新的研究热点。以下几个引起普遍关注的问题构成了数字水印的研究背景。

1. 数字作品的知识产权保护

数字作品（如电脑美术、扫描图像、数字音乐、视频、三维动画）的版权保护是当前的热点问题。由于数字作品的复制、修改非常容易，而且可以做到与原作完全相同。所以原创者不得不采用一些严重损坏作品质量的办法来加上版权标志，而这种明显可见的标志很容易被篡改。

"数字水印"利用数据隐藏原理使版权标志不可见或不可听，既不损坏原作品，又达到了版权保护的目的。目前，用于版权保护的数字水印技术已经进入了初步实用化阶段。IBM 公司在其"数字图书馆"软件中就提供了数字水印功能，Adobe 公司也在其著名的 Photoshop 软件中集成了 Digimarc 公司的数字水印插件。然而实事求是地说，目前市场上的数字水印产品在技术上还不成熟，很容易被破坏或破解，距离真正的实用还有很长的路要走。

2. 商务交易中的票据防伪

随着高质量图像输入输出设备的发展，特别是精度超过 1200dpi 的彩色喷墨、激光打印机和高精度彩色复印机的出现，使得货币、支票以及其他票据的伪造变得更加容易。

另外，在从传统商务向电子商务转化的过程中，会出现大量过渡性的电子文件，如各种纸质票据的扫描图像等。即使在网络安全技术成熟以后，各种电子票据也还需要一些非密码的认证方式。数字水印技术可以为各种票据提供不可见的认证标志，从而大大增加伪造的难度。

3. 证件真伪鉴别

信息隐藏技术可以应用的范围很广。关于证件，每个人需要不止一个，证明个人身份的有：身份证、护照、驾驶证、出入证等；证明某种能力的有：学历证书、资格证书等。

国内目前在证件防伪领域面临巨大的商机，由于缺少有效的措施，使得"造假"、"买假"、"用假"成风，已经严重地干扰了正常的经济秩序，对国家的形象也有不良影响。而通过水印技术可以确认该证件的真伪，使得该证件无法仿制和复制。

4. 声像数据的隐藏标识和篡改提示

数据的标识信息往往比数据本身更具有保密价值，如遥感图像的拍摄日期、经/纬度等。没有标识信息的数据有时甚至无法使用，但直接将这些重要信息标记在原始文件上又很危险。数字水印技术提供了一种隐藏标识的方法，即标识信息在原始文件上是看不到的，只有通过特殊的阅读程序才可以读取。这种方法已经被国外一些公开的遥感图像数据库所采用。

此外，数据的篡改提示也是一项很重要的工作。现有的信号拼接和镶嵌技术可以做到"移花接木"而不为人知。因此，如何防范对图像、录音、录像数据的篡改攻击是重要的研究课题。基于数字水印的篡改提示是解决这一问题的理想技术途径，通过隐藏水印的状态可以判断声像信号是否被篡改。

13.3.2 信息隐藏

信息隐藏是把机密信息隐藏在大量信息中不让对手发觉的一种方法。信息隐藏的方法主要有隐写术、数字水印技术、可视密码、潜信道、隐匿协议等。

隐写术就是将秘密信息隐藏到看上去普通的信息（如数字图像）中进行传送。现有的隐写术方法主要有利用高空间频率的图像数据隐藏信息、采用最低有效位方法将信息隐藏到宿主信号中、使用信号的色度隐藏信息的方法、在数字图像像素亮度的统计模型上隐藏信息的方法、Patchwork方法等。

可视密码技术的主要特点是恢复秘密图像时不需要任何复杂的密码学计算，而是以人的视觉即可将秘密图像辨别出来。其做法是产生 n 张不具有任何意义的胶片，任取其中 t 张胶片叠合在一起即可还原出隐藏在其中的秘密信息。其后，人们又对该方案进行了改进和发展。主要的改进办法有：使产生的 n 张胶片都有一定的意义，这样做更具有迷惑性；改进了相关集合的方法；将针对黑白图像的可视秘密共享扩展到基于灰度和彩色图像的可视秘密共享。

载体文件相对隐秘文件的大小越大，信息的隐藏就越容易。正是因为这个原因，数字图像在互联网和其他传媒上才被广泛用于隐藏消息。例如，一个 24 位图中的每个像素的三个颜色分量（红、绿和蓝）各使用 8 个比特来表示。如果我们只考虑蓝色，即有两种不同的数值来表示深浅不同的蓝色。而像 11111111 和 11111110 这两个值所表示的蓝色，人眼几乎无法区分。因此，这个最低有效位就可以用来存储颜色之外的信息，而且在某种程度上几乎是检测不到的。如果对红色和绿色进行同样的操作，就可以在差不多三个像素中存储一个字节的信息。

隐写术也可以用作数字水印，这里一条消息（往往只是一个标识符）被隐藏到一幅图像中，使得其来源能够被跟踪或校验。

在讨论隐写术的时候不得不提到电子水印，它用于识别物品的真伪或者作为著作权声明的标志，或者加入作品属性信息。电子水印与隐写术的相同点是都将一个文件隐写至另一个文件当中区别在于使用目的与处理算法的不同。电子隐写侧重于将秘密文件隐藏，而电子水印则较重视著作权的声明与维护，以防止多媒体作品被非法复制等。电子隐写术一旦被识破，则秘密文件十分容易被读取；相反，电子水印并不隐藏及隐写文件的隐蔽性，而在乎加强除去算法的攻击。

13.4　习　　题

1. 简述保护信息安全的技术。
2. 了解常见的安全威胁。
3. 了解信息安全的目标。
4. 了解加密技术的原理。
5. 简述数字水印的特点。
6. 了解信息隐蔽的方法。

提高篇

本篇主要介绍一些原则性的内容，期望读者能够对多媒体技术有更感性的理解。

第14章
多媒体设计原则

本章将具体介绍多媒体产品的一些设计原则，它们对我们未来开发多媒体技术产品有着重要的指导意义。

14.1 基本设计原则

基本设计原则包括基本界面设计原则和基本创意设计原则。下面分别进行介绍。

14.1.1 基本界面设计原则

（1）合理性原则，即保证在设计基础上的合理与明确。任何设计都既要有定性也要有定量的分析，且理性与感性思维相结合。努力减少非理性因素，而以定量优化、提高为基础。设计不应人云亦云，一定要在正确、系统的事实和数据的基础上，进行严密的理论分析，能以理服人、以情感人。

（2）动态性原则，即要有四维空间或五维空间的运作观念。一件作品不仅是二维的平面或三维的立体，也要有时间与空间的变换、情感与思维认识的演变等多维因素。

（3）多样化原则，即设计因素多样化考虑。当前越来越多的专业调查人员与公司出现，为设计带来丰富的资料和依据。但是，如何获取有效信息、如何分析设计信息，实际上是一个要有创造性思维与方法的过程体系。

（4）交互性原则，即界面设计强调交互过程。一方面是物的信息传达，另一方面是人的接受与反馈，对任何物的信息都要能动地认识与把握。

（5）共通性原则，即把握三类界面的协调统一，功能、情感、环境不能孤立存在。

14.1.2 基本创意设计原则

设计不仅是实用物的设计，也是一种图形艺术设计。它与其他图形艺术表现手段既有相同之处，又有自己的艺术规律。它必须体现前述特点，才能更好地发挥其功能。

（1）设计应在详尽明了设计对象的使用目的、适用范畴及相关法规等有关情况和深刻领会其功能性要求的前提下进行。

（2）设计须充分考虑其实现的可行性，针对其应用形式、材料和制作条件采取相应的设计手段；同时还要顾及应用于其他视觉传播方式（如印刷、广告、映像等）或放大、缩小时的视觉效果。

（3）要符合作用对象的直观接受能力、审美意识、社会心理和禁忌。

（4）构思须慎重，力求深刻、巧妙、新颖、独特，表意准确，能经受住时间的考验。

（5）构图要凝练、美观、适形（适应其应用物的形态）。

（6）图形、符号既要简练、概括，又要讲究艺术性。

（7）色彩要单纯、强烈、醒目。

（8）遵循标志艺术规律，创造性地探求恰切的艺术表现形式和手法，锤炼出精当的艺术语言，使设计的标志具有高度整体美感、获得最佳视觉效果，是设计艺术追求的准则。

14.2　多媒体视觉设计原则

多媒体视觉设计主要考虑的是质感、线条、形状、形体明暗、色彩、连贯性、节奏、视点、平衡与对称、对比等。下面一一进行介绍。

14.2.1　质感

质感是指人们由物体的表面特征产生对物体的"感觉"。当光线从一侧落在物体上时，侧光能够突出其质感。

14.2.2　线条

国画重写意，了了几笔即能传神，而画面中线条的作用不可小视。图片中的水平线表示宁静安定；垂直线表明权力力量；斜线意味着运动变化；曲线象征着安静或色情。多个线条可以展示深度，在二维平面上展现三维立体的效果。

14.2.3　形状

一些基本形状，如圆形、方形、三角形和六边形都在自然界中以某种形式出现。空间由形状和形体决定。正形即形状和形体，负形是形状和形体周围的空白。有些具有平衡感的图像互为正负形。

14.2.4　形体明暗

形体是指一个由明暗区域形成的有立体感的物体。当单一光源如太阳照到某个物体上，物体的一部分会处于阴影中。一个图像的明暗区域形成对比，这种对比使图像具有体积感。光源的方向、中间色调的强弱等都会影响到我们对图像的感觉。从物体背面照射的光使物体形成全黑的剪影，而背景色调较亮。剪影呈二维形状不能形成形体。比如在黑白摄影中，无色彩更能让我们感受到形体的存在。高位侧光一般用于拍摄人像，通常称为"伦勃朗用光法"，其强调边缘和深度。在风光摄影中，一天当中清晨和黄昏时分的侧光能体现风景的质地，而且通常这时的色调偏暖或偏冷。

14.2.5　色彩

色彩影响我们的情感，不同的色彩会唤起不同的情感。

如红色调给人热情、欢乐之感；蓝色调给人冷静、宽广之感；黄色调给人温暖、轻快之感；

绿色调给人清新、平和之感；橙色调给人兴奋、成熟之感；紫色调给人幽雅、高贵之感；黑色调给人高贵、时尚之感；白色调给人纯洁、高尚之感；下面简单介绍关于色彩的一些概念。

　　色相：指红、绿、蓝三原色。

　　明度：色彩的明暗强度，色彩越接近白色明度越高，越接近黑色暗度越高。

　　彩度：色彩的纯度或饱和度。

　　单一色：只有明度改变的一种色彩。

　　近似色：色轮中彼此相邻的色彩，如黄色和绿色。

　　近似色"相处融洽"即是和谐的。近似色常常见于视觉设计中，给人一种舒缓的感觉。

　　补充色：色轮上位置直接相对的颜色，如蓝紫色和黄色对立处于色轮两边。将补充色放在一起时，对比更加强烈。例如以蓝色或紫色为背景，黄色显得尤为突出。

　　暖色：包括黄色、红色、橙色，人们通常会联想起鲜血、太阳和火焰。

　　冷色：包括紫色、蓝色和绿色，人们通常会联想起冰雪。

14.2.6　连贯性

　　连贯性即图像中各个部分属性的协调一致性。图像各部分在整体上的颜色、形状和尺寸形成统一感。可通过利用相似色和色调来形成视觉的连贯性，还可通过形状、色彩、尺寸或质地形成视觉的连贯性。

14.2.7　节奏

　　节奏是指场景中有规律重复出现的要素，就像音乐里某些有规律的连续变化的音符。在摄影中，形状相似物体的重复出现产生节奏，这种节奏让人观看更容易也更愉悦。节奏起到舒缓的作用，我们的视线会情不自禁追随着有节奏的图案。要想让人印象深刻，节奏就需要有所变化：太过相似或完整的节奏会显得单调。因此，在对图像进行构图时，要寻找那些带有变化的重复出现的物体。例如拍摄栅栏时，完整无缺的栅栏不会长时间吸引观众，而桩柱弯曲、断裂、大小不一的栅栏更能吸引观众的注意力。如图 14-1 所示为节奏示例图。

图 14-1　节奏示例图

14.2.8　视点

　　视点也叫"灭点"，即吸引观者注意力的中心，周围物体的延伸线都要向这个点集中。如果一个画面中出现了多个视点，作者虽然心知肚明，可观者就要绞尽脑汁甚至仍然猜不出作者所要表达的思想。

　　那么，什么情况下会出现多个视点呢？一是把高大的物件放在画面中央，由于透视的关系，延伸线向着相反的方向延伸，造成了画面的分割；二是想在一个画面上表现多种活动，形成了多个中心；三是在选择前景时没有留意物体延伸线的方向，不是相呼应，而是背道而驰，在视觉上也会形成画面的分割感。

　　如何才能突出视点或者说是主体呢？

　　可通过改变尺寸和颜色使某一要素占据主体地位。尺寸大的物体要比较小的物体突出，而暖色调的物体要较冷色调的淡色物体显眼。取得支配地位的另一种方法是在画面中布局不同的要素。处于中心位置的物体要比处于边缘的要素更吸引人的注意力。然而，中心并不是布置主体的最佳位置。通常情况下，只需将主体放在中心的一侧就能使其更加有力。使要素占据主体地位还可通过会聚线和放射线，人们的目光一直追随着这些线条直到会聚点。同时，使要素之间不一致获得主体地位，如一种要素与其他要素有差异或成为例外。如果图像中所有要素都是相似的，只有一个颜色、色调或形状不同，那么这个要素就会显得突出占据主导地位。

14.2.9　均衡与对称

其主要作用是使画面具有稳定性。稳定感是人类在长期观察自然中形成的一种视觉习惯和审美观念。因此，凡符合这种审美观念的造型艺术才能产生美感，而违背这个原则的看起来就不舒服。均衡与对称都不是平均，它是一种合乎逻辑的比例关系。平均虽是稳定的，但缺少变化，没有变化就没有美感，所以构图最忌讳的就是平均分配画面。比例是指视觉要素之间及其与整个图片的尺寸关系，能使得观者产生情绪上的反应。不管是科学领域还是艺术领域，比例的研究已经有好几百年。设计中经常使用的一种比例是黄金分割（也称为"黄金比率"，其值约 0.618）。对称的稳定感特别强，能使画面有庄严、肃穆、和谐的感觉。比如，我国古代的建筑就是对称的典范。但对称与均衡相比较，均衡的变化比对称要大得多。因此，对称虽是构图的重要原则，但在实际运用中机会比较少，运用多了反而会让人有千篇一律的感觉。

在构图中最讲究的是"品"字形和三七律。

"品"字形构图就是在画面上同时出现三个物体的时候，使其呈现三角形状，像个品字。

"三七律"构图就是画面的比例分配三七开。

人们习惯于把一幅画面看成一个艺术整体，布局在这个框架中的物体应给人以稳定、和谐的感受。画面上不出现死角，视线能流畅地游走于画面的各个部分，这就是均衡。

14.2.10　对比

视觉艺术一般都格外强调视觉的冲击力。若对比运用巧妙，就会产生巨大的视觉冲击力和强列的震撼力。

包括色的对比（黑白、亮暗……），形的对比（大小、长短、横竖……）等。

14.3　多媒体音频设计原则

本节将通过讲解人类听觉系统特性，介绍多媒体音频的设计原则。

14.3.1　听觉系统的特性

人耳对声音的方位、响度、音调及音色的敏感程度是不同且存在较大差异。

1．方位感

方位感指的是无论声音来自哪个方向，人耳都能很轻松地辨别出声源的方位。

2．响度感

人耳的可听声频率在 20Hz～20KHz，只有频率在这个范围内的声音才能被人分辨出来。同时人耳对不同频率的声音，听觉响度也不相同。例如我们播放一个从 20Hz 逐步递增到 20kHz 增益相同的正弦交流信号，就会发现虽然各频段增益一样，但我们听觉所感受到的声音响度是不同的。

将人耳可听范围分为三份。

（1）低音频段 20～160Hz。人耳对低音频段在 80Hz 以下响度急剧减弱，低音频段的急剧减弱称为低频"迟钝"现象。

（2）中音频段 160～2500Hz。人耳对中音频段感受到的声音响度较大。

（3）高音频段 2500～20000Hz。人耳对高音频段感受到的声音响度随频率的升高逐渐减弱。

3. 聚焦效应

人耳的听觉可以从众多的声音中聚焦到某一点上。例如电视商场里同时播放几台不同节目的电视，把精力与听力集中到其中音乐台的声音上，其他电视的声音就会被大脑皮层抑制，使听觉感受到的是一单纯优美的音乐声。我们把人耳的这种听觉特性称为"聚焦效应"。多做这方面的锻炼，可以提高人耳听觉对某一频谱的音色、品质、解析力及层次的鉴别能力。

4. 音调感

音调也称"音高"，表示人耳对声音调子高低的主观感受。客观上，音调大小主要取决于声波基频的高低。人耳在声音响度较小的情况下，对音调的变化不敏感，高、低音小范围的提升或衰减很难感觉到。随着声音响度的增大，人耳对音调的变化才有较大的增强。我们把人耳对音调的这种听觉特性称为"指数式"特性。通常在低响度情况下加入低音提升电路（等响度电路），可以减弱人耳对低音频段的迟钝现象。

5. 音色感

人耳对音色的听觉反应非常灵敏，并具有很强的记忆与辨别能力。

（1）灵敏的音色感。音色感是人耳特有的一种复杂的听觉上的综合性感受，是无法模拟的。人耳对音色所具有的一种特殊的听觉上的综合性感受，是由声场（无论是自由声场还是混响声场）内的纵深感，方向、距离、定位、反射、衍射、扩散、指向性与质感等多种因素综合构成。即使选用世界上最先进的电子合成器模拟出各种乐器，如小号、钢琴或其他乐器，虽然频谱、音色可以做到完全一样，但对于音乐师或资深的发烧友来讲，仍可清晰地分辨出。这说明频谱、音色虽然一样，复杂的音色感却不相同，以致人耳听到的音乐效果不同。

（2）强大的记忆力。生活中很多细节可以告诉人耳对经常听到的音色具有很强的记忆力，如我们接电话的时候一听到熟悉的声音立马就可以知道对方是谁。

（3）准确的分辨力。每种乐器都有其独特的音色，人耳对各种音色的分辨能力非常强。熟知乐器者，只要听到音乐声就能迅速指出是何种乐器演奏的。即使几种乐器在同一频段内演奏，仍能分辨出是哪一种弦乐器演奏的。

通过对人耳特性的学习可以看出，只要努力学习和锻炼就可以增强人耳对音乐的鉴赏能力。

14.3.2 声音插入原则

音频是听觉艺术，画面是视觉艺术，两者都是通过一定的时间延续来展示各自的艺术魅力，因此势必会以不同的形式结合在一起。

1. 音画同步

音画同步表现为音响与画面紧密结合，音频气氛与画面情绪基本一致，音频节奏与画面节奏完全吻合。音频的目的是更好地烘托和渲染画面。音画不同步就会影响两者之间合一的效果，有时还可能会破坏画面的气氛。例如在一部电影中看到男主角在向女主角倾诉爱情的缠绵时，发现声音总是比口型慢半拍，这时候大多数观众会都会感觉很厌恶，这样音乐就起不到烘托和渲染的作用，反而会破坏画面。

2．音画协调

音画协调包括音响同画面协调和音乐同画面协调。

音响包括影片中的动作音响、自然音响、背景音响、特殊音响等。在影片中具有增加生活气息、烘托环境气氛的艺术效果，同时还可以推动情节、创造节奏、产生寓意。

音乐既不是具体地、简单地、机械地追随或解释画面的内容，也不是与画面处于对立状态，而是以自身独特的方式从整体上揭示影片的思想和人物的情绪状态，在听觉上为观众提供更多的联想和潜台词，从而扩大影片单位时间的内容含量。音乐的作用就在于能够通过由音调和旋律创造出的"情感的形象"直接打动人心，唤起观众思想、感情和心理情绪的反应和共鸣。例如在一部电影到了离别的镜头，加入悲伤调的音乐可以增加画面对观众的渲染力，让观众听到音乐后有种亲身经历离别场景的感觉，这就是音乐的魅力，也是音画协调后的作用。

音乐所体现的意义与影片中的影像内容所体现的意义相比，前者似乎更抽象、更具有象征性，且似乎更接近于作者所要表现的主题。换句话说，前者似乎比后者具有更高的层次。有些电影中画面几乎完全成为音乐的解说与陪衬，在声音和画面的完美结合中，观众可以强烈地体会到音乐的情绪以及人物的内心世界。

14.4　界面设计原则

本节将介绍人机界面的主要设计原则、规范和类型。

14.4.1　设计原则

人机界面的设计原则主要有四点。

1．用户原则

人机界面设计首先要确立用户类型。划分类型可以从不同的角度，视实际情况而定。确定类型后要针对其特点预测他们对不同界面的反应。这些都要从多方面设计分析。

2．信息最小量原则

人机界面设计要尽量减少用户记忆负担，采用有助于记忆的设计方案。

3．帮助和提示原则

要对用户的操作命令做出反应，帮助用户处理问题。系统要设计有恢复出错现场的能力，在系统内部处理工作要有提示，尽量把主动权让给用户。

4．媒体最佳组合原则

多媒体界面的成功并不在于仅向用户提供丰富的媒体，而应在相关理论的指导下，注意处理好各种媒体间的关系，恰当选用。（详见媒体的选择。）

14.4.2　界面分析与规范

在人机界面设计中，首先应进行界面设计分析，进行用户特性分析、用户任务分析，记录用户有关系统的概念、术语。这项工作可与多媒体应用系统分析结合进行，囊括于用户分析报告里。

14.4.3　人机界面的类型

设计任务之后，要决定界面类型。目前有多种人机界面设计类型，各有不同的品质和性能。

评价是人机界面设计的重要组成，应该在系统设计初期就进行，或在原型期就进行，以便及早发现设计缺陷，避免人力、物力浪费。

对界面设计的质量评价通常可用四项基本要求来衡量。

① 界面设计是否有利于用户目标的完成；

② 界面学习和使用是否容易；

③ 界面使用效率如何；

④ 设计的潜在问题有哪些。

对界面的总体设计和具体功能块设计，可用上面提到的各类界面设计准则就其应用对象进行综合测试。具体要求的界面品质，仅提出如下几项以供参考。

（1）实用性。衡量界面在帮助用户完成任务时的满意程度，这点只能从用户调查表中获取数据。

（2）有效性。度量指标有错误率、任务完成时间、系统各设备使用率等。

（3）易学习性。从系统开始使用一段时间后，错误率下降情况、完成任务时间减少情况、正确调用设备及命令情况以及用户知识增加状况来衡量。

（4）系统设备及功能使用面。若有些设备或功能任何用户都未用过，则可能设计有误。

（5）用户满意程度。以用户满意程度、发现问题多少及使用兴趣来衡量。

（6）界面评估采用的方法已由传统的直觉经验的方法，逐渐转为科学的系统的方法进行。传统经验方法有如下几种。

① 实验方法。在确定了实验总目标及所要验证的假设条件后，设计最可靠的实验方法是随机和重复测试，最后对实验结果进行分析总结。

② 监测方法。即观察用户行为。观察方法有多种，如直接监测、录像监测、系统监测等。执行时一般多种方法同时进行。

③ 调查方法。这种方法可为评价提供重要数据，在界面设计的任何阶段均可使用。调查方式可采用调查表（问卷）或面谈方式。但应该指出，这种方法获得数据的可靠性和有效性不如实验法和监测法。

另外，还有一种不同于经验方法的是形式化方法。这种方法建立在用户与界面的交互作用模型上。它与经验方法的区别在于不需要直接测试或观察用户实际操作，优点是可在界面详细设计实现前就进行评价。但无法完全预知用户所反映的情况，所以目前多用比较简单可靠的经验方法。

14.5　色　彩　设　计

色彩设计主要考虑的是色彩对观赏者心理的影响，以及如何进行色彩搭配。

14.5.1　色彩心理

1. 色彩的表情

色彩本是没有灵魂的，只是一种物理现象。但是人们能感受到色彩的情感，这是因为人们长期生活在一个色彩的世界中，积累着许多视觉经验，一旦知觉经验与外来色彩刺激产生一定的呼应，就会在人的心理上引出某种情绪。

红色　热情、活泼、热闹、革命、温暖、幸福、吉祥、危险……
橙色　光明、华丽、兴奋、甜蜜、快乐……
黄色　明朗、愉快、高贵、希望、发展、注意……
绿色　新鲜、平静、安逸、和平、柔和、青春、安全、理想……
蓝色　深远、永恒、沉静、理智、诚实、寒冷……
紫色　优雅、高贵、魅力、自傲、轻率……
白色　纯洁、纯真、朴素、神圣、明快、柔弱、虚无……
灰色　谦虚、平凡、沉默、中庸、寂寞、忧郁、消极……
黑色　崇高、严肃、刚健、坚实、粗莽、沉默、黑暗、罪恶、恐怖、绝望、死亡……

2. 色彩的联想

看到某种色彩，大脑中会浮现出相关的意象就是联想。这种联想有人与人共通的，也有个性化的。色彩可以给想象以很大的力量，且本身就跟想象直接相关。

红色　火、血、太阳、花朵、红旗活跃、热情、紧张、兴奋
橙色　橘子、枯草喜悦、活泼、热闹、有精神
黄色　柠檬、月亮、花朵快乐、高兴、开朗、有精神
绿色　草地、植物、森林生气勃勃、休息、希望、平静、新鲜
蓝色　天空、大海沉静、凉爽、寂寞、忠实、深远
紫色　紫罗兰哀伤、忧郁、高贵、神秘、女性化
白色　雪、纸、纯洁、光明、天真无邪、清洁
灰色　灰尘、暧昧、沉着、忧郁、哀伤、暗淡
黑色　夜、墨、碳严肃、中立、迟钝、阴郁、灭亡、不安定

3. 色彩搭配

将两种以上的颜色搭配起来，并使之产生新的效果的方法叫作配色。

一般来说，我们看颜色时绝非只看单色，单色会和四周的颜色一起进入我们的视线中。这时，只要看它与周围的颜色是否调和，即可感觉到美或丑。有时某种单色非常漂亮，但是和其他颜色搭配时却缺乏调和感，这时就不能再视它为好颜色了，见图 14-2.

图 14-2　示例图片

14.5.2　配色原则

配色的基本原则有平衡、醒目、对比、层次等。下面一一进行介绍。

1. 平衡

平衡是设计的基本原则。色彩的平衡是以明度为基准，只能凭感觉来衡量。黄和蓝相比，蓝色的重量会比黄色的重几倍。但这只是凭感觉估计出来的，并不是精密测算的结果。

平衡所呈现的和谐、条件、秩序，能给人以称心和愉悦的审美体验。我们要根据整体的情况来决定局部色彩的分量，要注意局部与整体的平衡关系。无论是视觉平衡还是物理平衡，都是指其中包含的每一件事物均达到了停顿时构成的一种分布状态。

为了寻求这种稳定感，在配色中我们首要遵循的就是平衡这一基本原则，见图 14-3。

2. 醒目

所谓醒目，就是和周围的东西比较时具有特异性。醒目的颜色可以使整个配色效果具有紧张感，承担着整体配色效果的功能。醒目的配色，是要使整个平凡而单调的配色产生较大的变化，或者强调某一部分，从而获得引人注目的效果，见图 14-4。

辨别度高的配色

12345678910

底色　黑　黄　黑　紫　紫　青　绿　白　黄　黄

图形颜色　黄　黑　白　黄　白　白　白　黑　绿　青

辨识度低的配色

12345678910

底色黄　白　红　红　黑　紫　灰　红　绿　黑

图形颜色白　黄　绿　青　紫　黑　绿　紫　红　青

图 14-3　示例图片

图 14-4　示例图片

3. 对比

对比是设计时共用的基本原则之一。在进行配色时，必须时常放在心上的就是对比。让相邻两个颜色产生对比，就可以使画面更有生气。

如果对比强烈，刺激性会很强；如果对比弱，会产生涟漪般的效果；如果没有对比，画面会变得混沌，其结果就是令人乏味。所以，对比是色彩设计的必要环节，见图 14-5。

4. 层次

所谓层次，就是要将许多色彩有秩序地排列起来，加以整理。即在色相、明度、纯度、色调的各要素中，进行连续而有规律的变化，使之产生节奏感、空间感。若想获得有统一感的配色，层次是个很重要的因素，见图 14-6。

图 14-5　示例图片

图 14-6　示例图片

14.5.3　配色中的五角色

配色讲究画面颜色之间的配合，要有主有次，即主角和配角、主体色和辅助色。颜色的角色被摆正时，整体画面才会呈现出稳定的感觉。一般配色中会产生的角色有五种，掌握它们有助于搭配出完美的色彩效果。

1. 主角色

主角色是画面的中心。位置可以在画面的中央，也可以在角上。不一定是画面中面积最大的，但必须是最醒目的。如果主角色色彩鲜艳，令人印象深刻，那么面积越小就越能达到好的效果。特别是给主角色施以纯度高的色彩，会令画面整体稳定下来。

2. 配角色

配角色是主角色的衬托色。配角色的面积不能过大，颜色纯度不能太强，否则就会弱化关键的主角色。配角色只有相对的暗淡、适当的面积才会起到良好的衬托作用。配角色一般采用与主角色色相相反的颜色，使主角色更加突出。

3. 支配色

支配色是画面的背景色，支配着整个画面的效果。即使是同一个主体物，如果使用不同的背景，画面带给人的感觉也会截然不同。背景色面积不一定是最大的，但只要维护着主体，就能成为成功的支配色。由于背景色左右着主角色效果，所以背景色的选择对配色至关重要。

4. 融合色

融合色是配色中的润滑剂，在画面中起着调和的作用。强色间过于激烈的对立，或者其中一种颜色过于突出时，融合色会起到缓和的作用，使画面趋于平稳。

5. 强调色

强调色是配色中的调味剂，可以使死气沉沉的画面顿时活力四射。一般采用鲜艳的颜色，但使用时注意控制它的面积，不能抢夺主角色的地位。

14.6　动　画　设　计

动画是我们喜闻乐见的一种艺术表现形式，通过不断的实践总结，动画设计领域也形成了一些设计原则。

14.6.1　动画角色设计

1．动画角色的结构

（1）比例关系。人物身体的比例关系是用数字来表示的，用同一人体的某一部位作为基准，来判定它与人体的比例关系。美术中常用头来做基准，如画人体有坐五、立七，意思就是人物的高度，处于坐立时为头高的五倍，处于站立时为头高的 7 倍或 7.5 倍。

但是，很多时候为了使动画中的人物造型更加美观，对其比例可以有一些夸张的表现，如把腿格外加长以显示人体的修长等。有时为了创造娇小可爱的角色造型，会将其头部进行夸张的表现，即头与身体的比例小一些。

（2）动态线。要保证动画中角色的动态美感，首先需要在动态线上下功夫。动态线是指角色动作的延伸想象线。设计角色动作时要先勾画出动态线，然后完成细部刻画。注意，动态线一定要表现出角色的动势。

设计角色造型的步骤：

① 绘制一条动态线确定角色总的姿势；

② 绘制头部和身体的圆球线；

③ 按照透视关系找到头部身体的结构位置，这取决于身体头部的正面和侧面以及倾斜度等；

④ 按照透视关系，在应有的位置加上手臂、腿和眼睛；

⑤ 加上它的细部；

⑥ 最后勾线，完成造型。

设计角色形象的一些规律：

① 夸张与变形；

② 通过联想塑造角色；

③ 单纯化；

④ 体面、动态、个性；

⑤ 符号化；

⑥ 角色组合的造型关系；

⑦ 幽默感；

⑧ 写实的感染力。

14.6.2　动画的运动规律

动画所表现物体的运动是建立在客观物体的运动规律基础上的。要在动画中准确、形象地表现角色的运动，首先要弄清楚时间、空间、张数、速度彼此之间的相互关系，从而更好地处理动画中动作的节奏。

从一个动作的角度来说（不是一组动作），时间是指甲原画动态逐步运动到乙原画动态所需的秒数；距离是指两张原画之间中间画数量的多少；速度是指甲原画动态到乙原画动态的快慢。

时间越长，距离越远，张数越多，速度就越慢；时间越短，距离越近，张数越少，速度就越快。但事实上，并非所有的动画都是如此。例如有两组动画：甲组有 24 张，每张拍一格，共 24 格=1 秒，距离是乙组的 2 倍；乙组有 12 张，每张拍一格，共 12 格=0.5 秒，距离是甲组的一半。虽然甲组的时间和张数都比乙组多一倍，但由于甲组的距离也比乙组加长了一倍，如果把甲组截去一半，就会发现与乙组的时间、距离和张数是完全相同的，所以运动速度也是相同的。由此可见，当影响速度的三种因素都同时增加或减少相同的倍数时，速度没有变化。只有将这三种因素中一种或两种因素做相反的方向处理时，运动速度才会发生变化。

在日常生活中，一切物体的运动都是充满节奏感的。动作的节奏如果处理不当，就会使人感到别扭。因此，处理好动作的节奏对于加强动作的表现力是很重要的。

造成节奏感的主要因素是速度的变化，即"快速"、"慢速"以及"停顿"的交替使用，不同的速度变化会产生不同的节奏感，例如，停止-慢速-快速或快速-慢速-停止，这种渐快或渐慢的速度变化造成动作的节奏感比较柔和；快速-突然停止或快速-突然停止-快速，这种突然性的速度变化造成动作的节奏感比较强烈；慢速-快速-突然停止，这种由慢渐快而又突然停止的速度变化可以造成一种"突然性"的节奏感。

动作的节奏是为体现剧情和塑造人物服务的，所以在处理动作节奏时，不能脱离每个镜头的剧情和角色在特定情境下的特定动作要求，也不能脱离具体角色的身份和性格，同时还要考虑到动画的风格。

角色的特殊运动状态是角色在某种突变情况下瞬间的动作状态，强调动作的张力，通常采用瞬间夸张的形式来表现。角色的特殊表情动作是角色在经历感情转折或变化时表现出的神态与表情，强调表情的感染力。角色在表现一些极端化的表情时，通常伴随着夸张的动作，这样可以强化表情的感染力。与角色的常规和特殊动作不同，角色的性格动作是针对角色的特有个性而设计的动作，是角色的招牌动作。

动画角色的动作设计具有夸张、幽默与戏剧性的特点。角色的动作设计来源于生活，但并不是生活中原本动作状态的再现，而是经过提炼和升华的动作。动作设计的风格与造型风格具有很大的相关性，如果造型风格是漫画风格，动作设计也应是漫画风格的。漫画风格的动作设计有时为了表达特定的情感或理念，将生活中常见的某种表情简化夸张成一个特别的视觉符号。这种视觉符号给人以新奇的视觉感受和心理反应，一些极度夸张的动作设计甚至给人以荒诞离奇、匪夷所思的感觉，这也正是动画的独特魅力之一。

14.6.3 动画场景设计

场景的造型风格与动画的造型风格是一种对应关系，可以分为夸张与写实两种场景类型。

动画场景往往是对景物的一些模拟、改变和升华，可以对其中的主体景物进行突出表现，而次要的景物则可以忽略不计，这样可以让场景画面在表现上主次分明。另外，还可以在创作时加入自己想象的场景角色造型，使场景和动画角色配合得更加紧密。

1. 景物的归纳与想象造型

对景物进行归纳与取舍，是动画场景造型的基本要求之一，目的是将景或物的特征更突出地表现出来。这样的景物已经非自然景物的简单复制，而应成为与观众交流并能引起共鸣的具有特别艺术感染力的一种艺术语言。要达到这一点，必须注意以下三个方面的问题：形式结构上能传达出普遍的认知概念。例如，一般人对"树"的视感知所形成的概念；对色彩的一般感觉概念，如不同的色彩对人所产生的不同心理与生理反应；对空间的感知和感觉概念，如对画面的空间关系处理所引起的视觉上对纵深感、舒展感、压抑感、沉重感、距离感等的一般感知规律。

2. 色彩的归纳与色调处理

色彩归纳是将光对景物所形成的丰富的明暗、色彩层次进行适当的概括，提取最有效且最简洁的色彩关系，突出景物的色彩特征，对景物进行言简意赅的色彩表现。

进行色彩归纳，首先要确定光源色与景物明暗两大色区的色相与色度的基本倾向。对景物色彩的"简化"处理是动画场景设计的特征之一，目的是为活动的"前景"色彩留下变化的空间。

3. 构图与气氛营造

场景设计的构图任务是将必要的图形元素组合成特定的画面构架，最终营造出动画故事所要求的某一情节中的气氛。因此在进行场景设计时，不仅要能够塑造单个物体，还应将多种元素组合为一个整体，并且能传达出特定意图。场景的构图设计要有"场景"意思，因为场景的功能之一是要清楚交代故事发生的特定地点与环境、道具等，并为角色表演营造出恰当的气氛。

场景的构图要给角色留有表演的空间。场景设计的构图是与分镜头设计同时进行的一项工作，这样便于将每一个镜头的所有形象构成元素都考虑进去。场景的造型构架、形态与空间变化能使人感受到其中蕴含真的节奏感，能调动观众心理与情感的变化。画面的图形无论是抽象还是具象的，都会呈现出某种结构关系。必要时，可以把角色安排进一个三角形引导线范围内，形成视觉注意焦点。

构图就是要从一个空白的画面上搭造出理想的结构关系，即将心理、情感和必须传达的意图视觉化的过程。场景的构图设计成功与否，要从意图是否传达充分、与前景配合是否恰当、总体关系是否连贯统一等多个角度来审视。场景的构图设计无论运用什么样的形式与风格，都要掌握和处理好平面与纵深两个层次的空间关系，两者会因需要而有所侧重。

14.7　习　　题

1. 简述基本界面设计原则。
2. 简述多媒体视觉设计原则。
3. 了解听觉系统的特性。
4. 了解声音插入原则。
5. 简述界面设计原则。
6. 了解人机界面品质的要求。
7. 了解色彩心理、配色原则及配色中的五角色。
8. 简述动画角色设计的步骤及规律。
9. 了解动画的运动规律。
10. 了解动画场景设计的特点。

第15章
富媒体技术

    本章将介绍多媒体的前沿技术——富媒体（Rich Media），主要涉及富媒体的概念、应用和主要技术。这一领域发展迅速，新事物不断加入，并且"技术融合"是其一大特点。因此在介绍中加入了一些前沿和边缘技术，如 Adobe AIR，HTML5，CSS3 等。作为提高篇的一章，期望能使读者对富媒体有较多的了解。

15.1 概　　念

    "富媒体"是由英文 Rich Media 翻译而来。它并不是一种具体的媒体形式，而是指具有动画、声音、视频和交互性操作的信息传播方法。包含下列一种或者几种内容的组合：文本、图片、音视频、动画，并依托脚本语言如 JavaScript，ActionScript 等，实现基于内容或内容组合的互动。

    另外，通常人们也把富互联网应用技术（Rich Internet Application，RIA）简称为"富媒体"。事实上从定义来看，Rich Media 和 Rich Internet Application 两者并无本质区别。只是 RIA 是前 Macromedia 公司（现被 Adobe 公司收购）在一份报告提出的商业化概念。在 Macromedia 和 Adobe 公司的推广下，RIA 的概念更加深入人心。

15.2 主 要 应 用

    富媒体技术可以广泛应用于各种网络服务中，如视频、游戏、动漫、金融交易、即时通信、网络广告等，网络视频服务提供者、游戏提供者、网站设计者、广告制作者等都在研究富媒体技术。

    富媒体技术与传统技术相比具有如下特点。

    （1）表现力丰富。有效支持文字、图片、声音、视频、交互页面等多种表现形式，表现力极其丰富。

    （2）内容互动性。可以通过在媒体内容中使用交互式脚本，用户可以方便地在观看内容的时候进行互动。

    （3）内容可溯源性。允许内容提供商在富媒体内容的制作和传播过程中，在同一富媒体内容中加入内容制作者和传播者的设备、网络信息，以便日后对富媒体内容进行监管。

    下面我们具体来看看富媒体技术的应用，并了解其背后的制作方法。

15.2.1　富媒体广告

富媒体广告是基于富媒体技术上一种新的互联网广告形式。现在，我们在网络上随处可见的 Flash 广告就是富媒体广告的一种。

富媒体广告有如下六个特点。

（1）富媒体广告具有网络互动性强的优势，从而达到一种强曝光、高点击的效果。

（2）富媒体广告可以实现游戏、调查、竞赛等相对复杂的用户交互功能，可以在广告主与受众之间搭建一个沟通的交流平台。

（3）富媒体广告拥有超大容量。传统网络广告只有 30K 左右容量，而富媒体广告容量可达 300K 甚至更多，是普通广告形式的 10 倍以上。有的甚至可以达到 2M。

（4）富媒体广告的表现力极其丰富。超大容量使其表现力丰富，广告的创意空间大得多。它可以最大限度地占据屏幕，并且有效支持文字、图片、声音、Flash、视频、交互页面多种表现形式。

（5）富媒体广告有独特的智能后台下载技术。广告的下载是在用户浏览间隙，即带宽空闲时在后台进行的。富媒体广告独立于网页内容之外，其下载又完全不占用页面请求的带宽，因此广告的下载对浏览者的正常浏览行为没有任何影响。

（6）富媒体广告有流畅的播放速度。富媒体广告现在普遍采用 30 秒、15 秒、8 秒等几个时长，这与电视的视频广告相对应。利用富媒体技术强大的压缩、下载等功能，能够在网民打开网页的瞬间完整播放，并通过强大新颖的创意直接刺激受众的视觉、听觉感官。

接下来我们运用 Flash 工具制作一个横幅广告，并将其嵌入网页中。

1. 新建 Flash 文档

打开 Flash 工具，本文使用 FlashCS5.5。新建一个 Flash ActionScript3.0 文档，将帧频设置为 30，分辨率设置为 1024*300。然后保存文档，建议使用英文名命名如 ad.fla。

2. 制作广告内容

制作的内容可以随意。本文制作了一个简单的动画，如图 15-1 所示。相信有 Flash 技术基础的读者从时间轴就可以看出这个动画大概是什么效果了。

图 15-1　简单动画界面示例

3. 发布广告

按 Ctrl+Enter 组合键，发布 swf 格式的动画。如图 15-2 所示是广告在 Flash Player 播放器中播放的效果。在源文件所在目录下找到 ad.swf 就是我们发布的动画。接下来，将这个动画嵌入网页中。

图 15-2　播放器中的广告效果

4. 嵌入网页

首先采用传统的方法嵌入 swf 动画。打开一个记事本，输入下面的 html 代码，保存为 webad.html。双击打开即可观看。注意：这段代码只是满足了最基本的嵌入要求，如果希望所嵌入的广告被加载至特定地点，还需要另外设计表格、添加对齐属性等。

```html
<html>
<body>
    <embed width=100% height=100% src="ad.swf">
</body>
</html>
```

还有另外一种嵌入 Flash 的方法——div+css 方法。学有余力的读者可以进一步查找相关资料，从中可以学到更多知识。

网页加载本地 Flash 时一般会出现内容被阻止的情况，但是我们发现打开互联网的网页时上面的 Flash 一般都可以正常播放，其实这和浏览器安全级别设定有关。解决办法是将文件放于服务器目录下，将加载地址添加 "127.0.0.1/"，网页文件名设为 index.html，打开浏览器在地址栏中输入 127.0.0.1 即可正常观看。

有兴趣的读者还可以亲自从网上查找更简便的解决方法，并了解关于 "SWFObject" 的内容。这里不再赘述。

15.2.2　GIS 地图

电子地图也是富媒体技术的应用之一，它为我们的生活提供了极大的方便。电子地图还有个学名，即 "地理信息系统（GIS，Geographic Information System）"，是用于输入、存储、查询、分析和显示地理数据的计算机系统。20 世纪 80 年代，由于分布式软件技术和 Internet 技术的成熟与大规模应用，GIS 逐步发展为 WebGIS，开始面向广大民众；任何人都可以通过网络搜索和查询地理相关信息，在浏览器上就可以实现测量、地点搜索等常用功能的 WebGIS 成为各大网站争相添加的项目，而用户对 Web 地图的要求也越来越高。如图 15-3 展示的便是一款国内电子地图的应用截图。

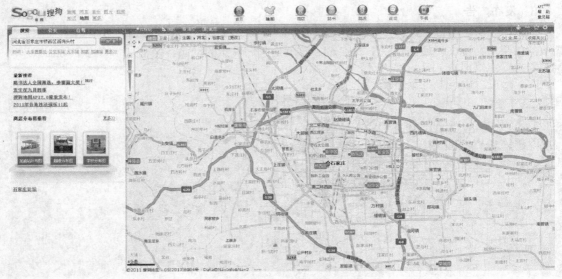

图 15-3　国内电子地图的应用截图

WebGIS 的体系结构经历了 C/S 和 B/S 模型，通过采用 B/S 模型解决了跨平台和大众化的问题，也省去了客户端维护和更新的麻烦。但也受限于浏览器和 HTML 语言，如交互能力过于简单，每次事件处理都要通过与服务器通信后刷新整个页面，而频繁地与服务器通信导致客户端相应速度降低，服务器计算负担过重等。由此，富媒体技术被引入 WebGIS 领域。

富媒体的"富"体现在两个方面：即丰富的视觉体验和丰富的界面操作体验。前者主要体现在 Web 地图无页面刷新和多媒体集成展示；后者主要可从用户对于地图元素的操作粒度以及多样的交互性来体现。

从 WebGIS 的实现技术来看，谷歌地图运用的是其自主开发的 Ajax 应用框架"Google Web Toolkit"。而 Ajax 对于丰富媒体的支持情况较差，更像一种 RIA 前期过渡技术，新一代的富媒体技术开始使用 Flash 技术。Flash 技术的优势在于以下五个方面。

（1）利用了已获广泛采用的 Flash Player 作为客户端运行环境。

（2）Flash Player 的独立安全沙箱处理机制使得 Flash 安全性更高。而 Ajax 安全性完全依赖于浏览器。

（3）采用了接近于 C/S 的事件驱动方式，是纯粹的事件模型。而 Ajax 的事件驱动方式本质上只是对请求/响应模型的包装。

（4）良好的矢量绘图机制、丰富的多媒体展示功能和绚丽的动画实现技术。

（5）出色的界面布局和交互能力。Flash Player 可以突破浏览器的制约。

电子地图是如何制作的呢？制作一张电子地图需要记录下特定位置的信息，把图片抽象为"图"这种数据结构。Flash 有先进的矢量化工具，能够方便地实现图形控制（放大、缩小、旋转等）功能，其自带的面向对象编程语言 ActionScript3.0 能完成逻辑控制（调用数据库、相应事件等）。为方便理解，下面制作一张简单的电子地图。在了解了制作原理后，读者也可以通过更加规范的制作方法自行设计更为先进人性化的电子地图。

1．新建文档

新建 Flash ActionScript 3.0 文档，选择一张地图图片导入库中。这里就从谷歌地图截取一张笔者家乡的卫星鸟瞰图吧，如图 15-4 所示。

图 15-4　卫星鸟瞰截图

2．导入地图

将地图导入舞台，将舞台大小设为与地图同宽高，通过对齐使地图铺满整个舞台，如图 15-5 所示。

图 15-5　导入地图到舞台

3．绘制街道

新建图层，用直线标出街道，直线相交处产生了节点。制作内容为一个圆形的元件，命名为 "MapPoint"。重复地将库中的 MapPoint 对象拖入地图各个节点处，并分别命名，如图 15-6 所示。

4．完成

至此，基础工作就已经基本完成了。相信对读者的启发已足够，建议有数据结构基础的读者能够继续做下去。

图 15-6　为元件命名

15.2.3　Web OS

这里的 Web OS 是对模拟桌面操作系统风格网页的通俗说法，并不是真正的操作系统。典型的 Web OS 实例就是由腾讯公司开发的 Web QQ 系统。

想必很多读者都是这个应用的用户。透过这个应用程序，可以看到腾讯公司已经开始布局未来的云计算"战场"。可以预见的是，腾讯公司将在应用程序方向发展我国的云计算技术，我们拭目以待。图 15-7 所示为 WebQQ 的截图。

图 15-7　WebQQ 截图

另外，运用 Flash 技术同样可以开发 Web OS，并且难度相对较低。如图 15-8 展示的便是一款采用 Flash 技术开发的 Web OS。不过随着 HTML5 时代的到来，纯粹的 Flash 网站正在逐步退出市场。事实上，"Flash 全站"本身并不是一个很好的网站开发选择。

图 15-8　Web OS

下面我们利用 Flash 工具制作一个能够显示新闻并且可以拖动的窗口。

1．编写 XML 文件

新建一个空白文件夹，在该文件夹中用记事本新建 XML 文档，输入下面的代码，保存为 news.xml 文件。

```
<?xml version="1.0" encoding="utf-8" ?>
<data>
    <news>
        <titleInfo>
            这是新闻的标题
        </titleInfo>
        <dateInfo>
            2011-10-09
        </dateInfo>
        <contentInfo>
            <p>
            这是新闻的内容
            </p>
        </contentInfo>
    </news>
</data>
```

2．创建元件

新建 Flash ActionScript 3.0 文档，新建元件 NewsWindow，在库中找到该元件，将 ASLinkage 属性改为 NewsWindow，右键选择"编辑类"。

3．编写代码

在弹出的代码编辑窗口中写入下面的代码。

```
package
{
    import flash.display.*;
```

```
import flash.net.*;
import flash.text.*;
import fl.managers.StyleManager;
import fl.events.*;
import fl.containers.ScrollPane;
import fl.controls.ScrollPolicy;
import flash.events.*;
import flash.system.*;
public class NewsWindow extends Sprite
{
    private var windowId:String;
    private var windowLoader:Loader;
    private var windowXML:XML;
    private var url:URLRequest;
    private var titleLabel:TextField;
    private var dateLabel:TextField;
    private var contentLabel:TextField;
    private var aSp:ScrollPane;
    private var xmlReq;
    private var xmlLoader;

    public function NewsWindow()
    {
        super();
        System.useCodePage = true;
        this.width = 620;
        this.height = 495;
        this.windowXML = windowXML;
        this.titleLabel = new TextField();
        this.dateLabel = new TextField();
        this.contentLabel = new TextField();
        this.contentLabel.autoSize = "left";
        this.contentLabel.multiline = true;
        this.contentLabel.wordWrap = true;
        this.contentLabel.autoSize = "left";
        this.contentLabel.condenseWhite = true;
        this.titleLabel.x = 10;
        this.titleLabel.y = -50;
        this.titleLabel.width = 580;
        this.titleLabel.height = 30;
        this.dateLabel.x = 480;
        this.dateLabel.y = -25;
        this.dateLabel.width = 120;
        this.dateLabel.height = 25;
        this.contentLabel.x = 0;
        this.contentLabel.y = 0;
        this.contentLabel.width = 595;

        xmlReq = new URLRequest("news.xml");
        xmlLoader = new URLLoader(xmlReq);
        xmlLoader.addEventListener(Event.COMPLETE,completeHandler);
    }
    private function completeHandler(e:Event):void
    {
        this.windowXML = new XML(e.target.data);
        this.titleLabel.text = windowXML.news[0].titleInfo;
```

```
            this.dateLabel.text = windowXML.news[0].dateInfo;
            this.contentLabel.htmlText=windowXML.news[0].contentInfo;
            this.closeBtn.x = 595;
            this.closeBtn.y = -70;
this.addEventListener(MouseEvent.MOUSE_DOWN,startDragHandler,false);
            this.closeBtn.addEventListener(MouseEvent.CLICK,closeClickHandler);
            this.addChild(this.titleLabel);
            this.addChild(this.dateLabel);
            this.addChild(this.contentLabel);

            this.aSp = new ScrollPane();
            this.aSp.source = this.contentLabel;
            this.aSp.setSize(this.contentLabel.width+10, 400);
            this.aSp.x = 0;
            this.aSp.y = 0;
            this.aSp.horizontalScrollPolicy = "OFF";
            this.addChild(aSp);
        }
        private function closeClickHandler(e:MouseEvent):void
        {
            this.visible = false;
            this.parent.removeChild(this);
        }
        private function startDragHandler(e:MouseEvent):void
        {
            if (e.target === e.currentTarget)
            {
                e.currentTarget.startDrag(false);
            }
            this.parent.setChildIndex(this,this.parent.numChildren-1);
            this.addEventListener(MouseEvent.MOUSE_UP,stopDragHandler);
        }
        private function stopDragHandler(e:MouseEvent):void
        {
            e.currentTarget.stopDrag();
            this.removeEventListener(MouseEvent.MOUSE_UP,stopDragHandler);
        }
    }
}
```

在网上阅读他人的代码时，常常就是这样，空有代码而无元件内容的制作过程。要能从代码中看到缺少的元件并且补充上，才能使代码正常运行。了解这一点，对于今后阅读代码、学习代码是有好处的。从上面的代码中可以看到，ScrollPane 是组件，需要由组件面板向库中添加；另外对象 closeBtn 并没有创建，因此还需要从头创建名叫 closeBtn 的显示对象，这个对象还需要能够添加事件侦听器，所以 closeBtn 至少是 Sprite 对象。此外，一些特殊的代码也应该有深究，如"System.useCodePage = true;"这句话是为了解决乱码问题，要使用这句代码还需要导入相应的类，即添加语句"import flash.System.*"。

初学者可能对这段话不太理解，这就需要对 ActionScript 3.0 的 API 架构和面向对象编程有一定的了解。

4. 绘制按钮

在 NewsWindow 元件的编辑窗口中绘制窗口的边框，制作一个名为 closeBtn 的 MovieClip 元件，拖入相应位置；选中该对象，在属性面板中将实例名设为 closeBtn，如图 15-9 所示。右上角的"圈叉"是 closeBtn 实例。

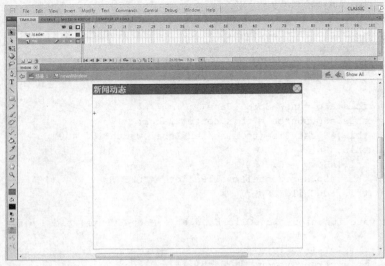

图 15-9　绘制按钮

5. 添加语句

在文档主舞台的第一帧添加几条语句，用于显示窗口。

```
var window:NewsWindow;
window = new NewsWindow();
window.x = 100;
window.y = 100;
addChild(window);
```

之后测试影片，就能看到一个可以移动的窗口了。很显然，由于文字的格式还没有设置，看起来很不整齐。至于如何设置文本框内容的文本格式，还需要读者进一步查阅资料。如图 15-10 所示为可移动的窗口。

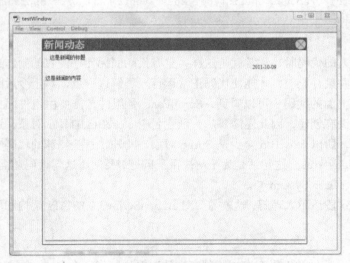

图 15-10　可移动的窗口

15.3　富媒体技术概览

接下来，我们看看富媒体涉及的主要技术。同样，下面的内容意在引起大家的注意，从而收集资料加深理解，而不是"从入门到精通"之类的教程。

15.3.1　Flash

Flash 在本书中已有多处介绍，这里介绍一些其前沿信息。

2011 年 10 月 3 日，Flash Player 11 和 AIR 3 正式版发布。这绝对是一个重量级新闻。因为这个版本的 Flash Player 标志着 Flash 正式进入硬件加速的 3D 时代。据称，Flash Player 11 和 AIR 3 的图形渲染速度比 Flash Player 10 和 AIR 2 快 1000 倍。另外从 Max 2011 大会上得到的消息，Adobe 推出了自己的 3D 框架 Proscenium，目的是帮助开发者快速开发交互 3D 内容。另外，Epic Games 的"虚幻引擎"（Unreal）也已宣布支持 Flash Player 11（见图 15-11）；而紧随其后的 Cry 引擎也会加入支持，相信未来支持 Flash Player 11 的游戏引擎会越来越多。这里要提供一个信息，Flash Player 从发布一个新版本到该版本普及（装机率超过 90%）的时间在逐步缩短，现在已经缩短到一年左右。可以想象，保守估计两年后几乎每一个机器的浏览器上都有了 Flash Player 11。届时，3D 应用、3D 游戏、3D 网页将呼之欲出甚至铺天盖地。我们应该意识到一个新时代的到来。

图 15-11　Epic Games 的"虚幻引擎"（Unreal）

至于 Flash 与 HTML5 的纷争，Adobe 公司公开声明将同等对待并致力于提供 Flash 和 HTML5 开发最好的工具。也就是说，该公司既不会为了 HTML5 而放弃 Flash，也不会花精力让一个优于另一个，未来 Flash 技术将和 HTML5 携手共进，在浏览器提供极富表现力的用户体验。

这里，笔者希望再次明确什么是 Flash 平台。这个问题大多数人甚至大多数 IT 人都不知道。Flash 平台是与 .Net 和 Java 类似的运行时平台，有自己的虚拟机、内存回收机制、快速开发语言和成熟的开发环境。Flash 的开发语言有 ActionScript，haXe，C，C++。Flash 支持的平台有 Web 平台、桌面平台、移动平台和电视平台，其中向 Web 平台提供的解决方案为 Flash Player 插件，其余平台的主要解决方案是 AIR。

15.3.2 Silverlight

Silverlight 是微软公司推出的与 Flash 相竞争的技术。虽然微软公司因为"垄断"或过于强势以及惯于抄袭等原因败坏了自己的名声，但必须承认的是 Silverlight 的确是一项很好的技术，只是过去媒体对于 Flash 与 HTML5 相争的报道掩盖了它的光芒。

2007 年 9 月，Silverlight 1.0 版发布。2011 年 9 月，Silverlight 5 RC 版发布。短短 4 年时间前进到 5.0 版，每个版本都有重大进步，足见微软公司对其投入巨大。既然是与 Flash 相竞争，所以基本上 Flash 能够做到的功能，Silverlight 都已经实现，并且基于.NET 平台可以使用 C#开发。然而苦于没有 Flash Player 的装机率，而且没有广泛地跨平台。

在 HTML5 异军突起的今天，Silverlight 和 Flash 似乎没有必要整个你死我活了，因为其已然成为"难兄难弟"。Flash 插件的主要目标已经投向了游戏，那么 Silverlight 将何去何从，还需微软定夺。可以猜测的是，Silverlight 将致力于较大型的富媒体应用开发。

如图 15-12 所示为 Silverlight 开发的应用程序——微软世界望远镜的截图。这是一款非常棒的应用，是微软推出的基于 Silverlight 的 Web 版 WorldWide Telescope，它是微软桌面望远镜软件。用户可以观看夜空，也可以将任何地域的数据放大，当查看一个地域时，可以从不同的角度观看。与谷歌推出的谷歌天空(GoogleSky)相比，Worldwide Telescope 性能更好，最主要的是其用户界面围绕天空的缩放，实现了无缝操作。欣赏微软的 Silverlight 应用不由得感慨优秀的技术只有与优秀的人才之间才能发生化学反应，而优秀是需要证明的。

图 15-12 微软世界望远镜的截图

15.3.3 JavaScript

初学者经常会混淆 Java 和 JavaScript，它们的关系就像"雷锋"和"雷峰塔"的关系、就像"美人"和"美人鱼"的关系。JavaScript 是 Web 开发领域一门重要的脚本语言，广泛用于客户端的开发，常用来为 HTML 网页添加动态效果和动态功能，如产生动画效果、响应用户的各种操作。

下面我们编写一个 JavaScript 的 Hello World 程序。

```
<html>
<body>
    <script type="text/javascript">
        document.write("Hello World!");
        alert("Hello, world!");
    </script>
</body>
</html>
```

这个代码会产生什么样的效果呢？读者试一下就知道了。从上面的代码读者或许可以看到 JavaScript 语言虽然并不像其他面向对象语言那样规范，但是编写起来相对简单、容易上手。

JavaScript 不同于服务器端脚本语言，而是不需要服务器的支持就可以在用户浏览器上独立运行的客户端脚本语言。其代码在发往客户端运行之前不需要经过编译，而是将文本格式的字符代码发送给浏览器由浏览器解释运行。虽然这样能够减少服务器端的负担，但也造成了安全性的问题，并且在 JavaScript 中如果一条运行不了，那么下面的语言也无法运行。此外，每次重新加载都要重新解释，有些代码对延迟至运行时解释甚至多次解释，造成了较慢的运行速度。加之不同浏览器解释机制不同，造成了 JavaScript 脚本在不同浏览器上运行速度差异性很大，速度相差甚至达到 1000 倍。然而经过不懈的努力和改进，JavaScript 在某些浏览器上，如 Firefox 4 浏览器中的运行速度已大幅提高。

HTML5 时代的到来给了 JavaScript 强大的能力和广阔的前景，因为 HTML5 不过是增加了一些新的标签，而真正的威力在于这些标签内容可以由 JavaScript 来创建。从某种意义上来讲，HTML5 的时代就是 JavaScript 的时代。

我们还需要了解 JavaScript 的"衍生物"——Ajax 和 JSON。或许很多人并不知道这两个强大的东西也和 JavaScript 有关，其实只要看看其全称就知道了。Ajax 的全称是 Asynchronous JavaScript XML，即异步的 JavaScript 与 XML 技术；而 JSON 的全称是 JavaScript Object Notation，即 JavaScript 对象格式。需要注意的是，Ajax 是一系列技术，而 JSON 是一种独立的文本格式。

15.3.4　HTML5

下面隆重介绍 HTML5。

当我们学习一种有前景的技术时，不必太在意这种技术某些现有的局限，而应当坚信那些局限会在将来迎刃而解。要在这些问题解决前的过渡期内掌握这一技术，之后就可大展身手了。对于贯彻"学以致用"思想的人来说，这一过渡期无疑非常重要。在 2008 年 W3C 公布 HTML5 草案的时候，有很多人对 HTML5 嗤之以鼻，认为那不过是一个规范，浏览器厂商不会这么达成一致，要等到 2014 年才会形成正式版云云。然而后面的情况想必大家都有所了解。事实上，HTML 本来就没有"确定下来"的规范，没有形成正式规范不代表浏览器不支持。HTML5 不只是标签而是武装了 JavaScript，况且各浏览器本来就没有完全一致过。倘若整天关注媒体上的口水战，则浪费了大好的学习时光，后悔晚矣。

特别要了解的一点是，HTML5 背后是有其设计原理的，就像机器人的设计有其法则一样。机器人三法则是："机器人不得伤害人类，或袖手旁观人类受伤害；机器人必须服从人类命令，除非命令违反第一法则；机器人必须自卫，只要不违背第一和第二法则。"而 HTML5 的设计者在制定标准时，脑中也时刻念叨着其设计原理。

知名学者 Jeremy Keith 在 2010 年发表的文章中讲述了 HTML5 的设计原理。

① 避免不必要的复杂性；

② 支持已有的内容；

③ 解决现实的问题；

④ 求真务实；

⑤ 平稳退化；

⑥ 网络价值同网络用户数量平方成正比；

⑦ 最终用户优先；

⑧ 简化最常见的任务，让不常见的任务不至于太麻烦；

⑨ 只为 80%设计；

⑩ 给内容创建者最大的权力；

⑪ 默认设置智能化；

⑫ 首先为人类设计，其次为机器设计；

⑬ 大多数人的意见和运行代码。

或许很多人此时更愿意了解关于 HTML5 知识点方面的内容，但了解上面的内容更加重要。因为"软件，就像所有技术一样，具有天然的政治性。代码必然会反映作者的选择、偏见和期望"。同时我们应该意识到，事物的美丽和健康在于构建其本身核心价值的正确。

下面截取一段 HTML5 的代码以供了解。

```
<!DOCTYPE HTML>
<html>
<body>
<video src="/i/movie.ogg" width="320" height="240"
controls="controls">
Your browser does not support the video tag.
</video>
</body>
</html>
```

只需加入一个 video 标签，就可以添加视频内容，这不同于以往载入 Flash 插件的做法。如图 15-13 所示便是上述代码的运行效果截图。

图 15-13 示例代码的运行效果截图

15.3.5 CSS3

CSS 全称 Cascading Style Sheet，译为层叠样式表。它定义如何显示 HTML 元素，用于控制Web 页面的外观。通过使用 CSS 实现页面的内容与表现形式分离，极大地提高了工作效率。在网页制作时采用 CSS 技术，可以有效地对页面的布局、字体、颜色、背景和其他效果实现更加精确的控制。只要对相应的代码做一些简单的修改，就可以改变同一页面的不同部分，或者页数不同的网页的外观和格式。

具体来讲，现在的网页设计不同于过去将内容和格式全部塞进一个 HTML 文件里，而是将内容装在称为 div 的标签中。每一个 div 有其锚点，CSS 通过控制锚点在页面的坐标就进行布局，同时 CSS 还控制内容的各种外观属性。接下来展示的是一段 HTML5 代码，运用的便是 div+CSS技术。

```
<!DOCTYPE html>
<html>
<head>
<meta charset="utf-8" />
<title>CSS3 Contact Form</title>
```

```
<link href="style.css" rel="stylesheet" type="text/css" media="screen" />
</head>
<body>

<div id="contact">
    <h1>Send an email</h1>
    <form action="#" method="post">
        <fieldset>
            <label for="name">Name:</label>
            <input type="text" id="name" placeholder="Enter your full name" />
            <label for="email">Email:</label>
            <input type="email" id="email" placeholder="Enter your email address" />
            <label for="message">Message:</label>
            <textarea id="message" placeholder="What's on your mind?" />
            <input type="submit" value="send message" />
        </fieldset>
    </form>
</div>

</body>
</html>
```

CSS3 是 CSS 技术的升级版本，其语言开发是朝着模块化发展的。以前的规范作为一个模块实在太庞大而且比较复杂，所以把它分解为一些小的模块，更多新的模块也被加入进来。这些模块包括：盒子模型、列表模块、超链接方式、语言模块、背景和边框、文字特效、多栏布局等。

下面展示的是一段 CSS3 文件中的代码。

```
body, div, h1, form, fieldset, input, textarea {
    margin: 0; parding: 0; border: 0; outline: none;
}
html {
    height: 100%;
}
body{
    background: #728eaa;
    background: -moz-linear-gradient(top, #25303C 0%, #728EAA 100%);
    background: -webkit-gradient(linear, left top, left bottom, color-stop(0%, #25303C),
                                                    color-stop(0%, #728EAA));
    font-family: sans-serif;
}
#contact{
    width: 430px; margin: 60px auto; padding: 60px 30px;
    background: #c9d0de; border: 1px solid #e1e1e1;
    -moz-box-shadow: 0px 0px 8px #444;
}
h1{
    font-size: 35px; color: #445668; text-transform: uppercase;
    text-align: center; margin: 0 0 35px 0; text-shadow: 0px 1px 0px #f2f2f2;
}
```

15.3.6　JavaFX

Flash 平台、.NET 平台都有自己的 RIA 攻略，Java 平台怎能落后？虽然确实有点落后。Sun 公司在 2008 年最后一个月才发布名为 JavaFX 的 RIA 解决方案，而且之后公司被收购，Java 平台也一度陷入方向选择难题，直到 2011 年 10 月才发布了 JavaFX 2.0 正式版。不过，JavaFX 毕竟是 Java 平台上的技术，可谓后劲十足，值得关注。

15.4　习　　题

1. 制作一个自己宿舍或卧室的简单电子地图。
2. 请查阅相关资料，了解 Flash 平台。
3. 使用 HTML5 制作一个带有视频的网页。

第 16 章
Flash 技术在中国的发展

笔者对 Flash 技术有着特殊的感情。小学五年级时在表哥家里发现一本介绍 Flash 技术的专业书籍，于是拿回家中慢慢研究。当时是 2000 年，Flash 刚刚传入中国不久，即便今天比较系统地了解 Flash 技术的人也不多。现在来看，Flash 的成功才刚刚开始，因为它已经在中国市场上扎根、成长，并开始绽放出美丽的花朵。

我们不得不承认，作为一个商业的技术，Flash 最终有可能被更加开放、廉价的技术所取代。然而事实却是，这种"死亡的威胁"反而使得 Flash 不断追求创新，不断给世界以惊喜。纵观 Flash 十余年的发展史，尽管在市场上屡屡出现号称"Flash Killer"的技术，但最终它们只是对 Flash 生命力的见证。Flash 技术社区与广大开发者的持续支持是 Flash 前进的保证。即便某一天 Flash 决定停止倔强的脚步，我们也应该看到，它已为多媒体技术史画上了浓墨重彩的一笔，已经深刻改变了几十亿人的生活。

本章将对 Flash 技术的发展做一个概述，并着重介绍 Flash 技术在中国的发展历程。这将有助于读者加深对 Flash 技术的理解，将 Flash 技术与其他同类技术进行比较，以更好地把握 Flash 技术的未来。

16.1　Flash 技术发展

若不是乔纳森·盖伊少年时代的一次灵感闪现，整个世界的互联网及多媒体技术的发展可能会黯淡许多。他想："如果通过程序设计，电脑能把人的设计思维以图像等形式表现出来，模拟结果和不断改进，而且还能按照自己的设计在电脑上显示，该多有意义！"沿着这个想法，通过不懈的努力和追求，他最终走向了成功。

一项技术有多大"气数"也要看它最初积累了多大的精神力量，这并不是什么玄妙的道理。如果不是抱着反法西斯的信念，靠计算导弹弹道而发展起来的计算机技术也难以成功，要知道仅凭借一套数学条文和物理公式而建造一个占满整间屋子、集成了各种电子器件的机器是件多么疯狂的事；如果不是有改变世界的豪情，微软、谷歌、苹果、脸谱恐怕也不会成功。反之，一项技术的衰落往往是由核心精神的变质引起的。这道理恐怕不仅仅适用于技术领域。

16.1.1　Flash 的前身

1993 年，乔纳森·盖伊成立了自己的公司 FutureWave Software，致力于图像的研究。1994年 1 月，公司将研究重点转向了矢量图，并开始投向动画制作软件的研发工作。1995 年，他抓住了 Web 蓬勃兴起的机遇，给出了自己的动画播放方案，并亲自将软件命名为 FutureSplash Animator，而这就是 Flash 的前身。1996 年，他相继与 Microsoft 和迪士尼合作，而当时公司一共只有 6 人。

为了让这款有潜力的软件获得更好的发展，同年 11 月，公司以 50 万美元被 Macromedia 公司并购，软件也更名为 Flash1.0，随后推出了 Flash2.0。

16.1.2　Flash 工具版本发展

Flash 好似赤兔马，屡被大公司看重。2006 年，Flash 又被收入 Adobe 公司旗下。下面是 16 年来 Flash 工具版本变换及技术发展过程。

FutureSplash Animator 即 Flash 的前身，于 1995 年发布，由简单的工具和时间线组成。如图 16-1 所示为 FutureSplash Animator 的产品界面。

Macromedia Flash 1，于 1996 年 11 月发布。Macromedia 给 FutureSplash Animator 更名后为 Flash 的第一个版本。

Macromedia Flash 2，于 1997 年 6 月发布。引入库的概念。

Macromedia Flash 3，于 1998 年 5 月 31 日发布。引入了影片剪辑、Javascript 插件、透明度和独立播放器。如图 16-2 所示为 Flash 3 的启动界面。

图 16-1　FutureSplash Animator 的产品界面

图 16-2　Flash 3 的启动界面

Macromedia Flash 4，于 1999 年 6 月 15 日发布。引入了变量、文本输入框、增强的 ActionScript、流媒体 MP3。如图 16-3 所示为 Flash 4 的启动界面。

Macromedia Flash 5，于 2000 年 8 月 24 日发布。引入了智能剪辑、HTML 文本格式。如图 16-4 所示为 Flash 5 的启动界面。

图 16-3　Flash 4 的启动界面

图 16-4　Flash 5 的启动界面

Macromedia Flash MX，于 2002 年 3 月 15 日发布。增加了 Unicode、组件、XML、流媒体视频编码功能。如图 16-5 所示为 Flash MX 的启动界面。

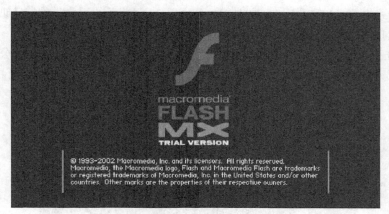

图 16-5　Flash MX 的启动界面

Macromedia Flash MX 2004，于 2003 年 9 月 10 日发布。增加了文本抗锯齿、ActionScript 2.0、增强的流媒体视频行为。如图 16-6 所示为 Flash MX2004 的启动界面。

图 16-6　Flash MX2004 的启动界面

Macromedia Flash MX 2004 Pro，于 2003 月 9 年 10 日发布。包括所有 Flash MX 2004 的特性，加上了 Web Services，ActionScript 2.0 的面向对象编程，媒体播放组件。

Macromedia Flash 8，于 2005 年 9 月 13 日发布。如图 16-7 所示为 Flash 8 的启动界面。

图 16-7　Flash 8 的启动界面

Macromedia Flash 8 Pro，于 2005 年 9 月 13 日同时发布。增强为移动设备开发的功能，方便创建 Flash Web，增强网络视频。

2005 年 12 月 5 日，Macromedia 被 Adobe 公司以 34 亿美元的天价收购，其旗下的网页三剑客也归属到 Adobe 旗下。

Adobe Flash CS3，于 2007 年 12 月 14 日发布。Adobe 公司收购 Macromedia 公司后，首次推出的版本——最新的 AS3.0 编程语言替换了原来的 AS2.0 编程语言。如图 16-8 所示为 Flash CS3 的启动界面。

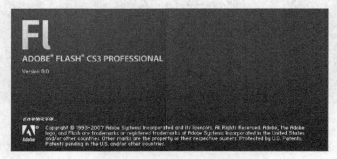

图 16-8　Flash CS3 的启动界面

Adobe Flash CS4，于 2008 年 12 月发布。在 Adobe CS4 系列中，Flex Builder 以新名称 Flash Builder 出现，这次更名有利于开发者对 Flash 工具的整体认识。如图 16-9 所示为 Flash CS4 的启动界面。

图 16-9　Flash CS4 的启动界面

Adobe Flash CS5，于 2010 年发布。新增了一大特色功能就是支持生成苹果手机执行程序。这就是后来著名的 Apple 与 Adobe 口水战的导火索。如图 16-10 所示为 Flash CS5 的启动界面。

图 16-10　Flash CS5 的启动界面

Adobe Flash CS5.5，于 2011 年发布，是目前 Flash 的最新版本。这一版本优化了针对 Android 和 iOS 应用开发的功能。如图 16-11 所示为 Flash CS5.5 的启动界面。

图 16-11　Flash CS5.5 的启动界面

16.1.3　Flash 技术发展现状

Adobe 中国总裁南宁如表示，2009 年全球有 200 万 Flash 开发人员，在全球各种流行的开发平台中，Java 占 42%，微软.net 占 35%，PHP 占 13%，Flash 占 10%，但 Flash 平台的增速明显高于其他几种。

ActionScript 3.0 的诞生，为 Flash 注入了新的血液。AS3 是一门纯粹的面向对象编程语言，较前一版本有脱胎换骨的改变，整体架构规范、合理，富有创造性。加之 Adobe 公司对 AVM2 的开源，Flash 发展进入了新纪元。

然而，Flash 也不得不面对更多的挑战。HTML5，Silverlight，JavaFX 等相似技术的出现给 Flash 带来很多压力，Adobe 公司需要开放、智慧地应对这一切，从而继续在这一领域领跑。

16.3.4　Flash 3D

Flash 网页设计师有一个梦想，就是将 3D 内容呈现在网络上，这一梦想正在逐步变为现实。在 Flash Player 过去的版本中，开发者通过编写自己的引擎来模拟 3D 效果，于是发展了各种各样的 3D 引擎。而在 Flash Player 11（正式版已于 2011 年 10 月发布）中已经加入了 3D API，并大幅优化了运行效率，这样开发者就可以使用 ActionScript3.0 编程方便地呈现 3D 内容。在 Adobe MAX 2011 大会上发布的消息，大型游戏设计引擎 Unreal 已经支持 Flash Player 11。未来的互联网将出现越来越多的大型三维游戏，这在 10 年前是难以想象的。可以预见，3D 游戏是 Flash 未来的主流发展方向。

16.3.5　Flash 与云计算

现在，Flash 已经实现了在线制作和在线编译。未来，将会产生越来越多的基于云计算的 Flash 工具。Adobe 也在其 Max 2011 大会上发布了 Adobe Creative Cloud 系列产品。此外，利用 Flash 技术平台的工具开发云计算的应用程序也是一种高效的开发方法。

16.3.6　Flash to HTML

曾经一度担心 Flash 会很快被 HTML5 取代，从而 Flash 工具也退出历史舞台。然而，Adobe 公司推出了一款新工具 Wabaly，它能够将 Flash 一键转化为 HTML5 的 canvas。相信这会使 Flash 存活更长的时间，然而这并不是长久之计，这甚至是一种暗示，将让更多的人直接去学习 HTML5，而省得去做这种转换。

16.2　Flash 技术在中国的发展

16.2.1　Flash 传入中国

1997 年 Flash 开始出现在中国。Flash 是一款技术门槛比较低，开发成本也相对比较低的优秀软件。它让不少业余爱好者很快能够加入创作者的行列中来。最初的 Flash 动画制作，大部分人的作品"不堪卒睹"，完全处于一种自娱自乐的状态中。但是因为其中有不少人曾经擅长图像、动画等制作，便慢慢成长为优秀的 Flash 创作者。渐渐地，一些比较优秀的创作脱颖而出。

16.2.2　第一次发展高潮

Flash 在中国达到第一次发展高潮出现在 2001 年前后，记得上六年级时老师已开始请我为她做 Flash 课件了。那时美国大片《黑客帝国》仍余音绕梁，"黑客"一词深入人心，由于 Flash 的中文解释是"闪光"，于是人们为 Flash 开发者起了个很酷的名字"闪客"。

随着国外优秀 Flash 作品大量传入中国，越来越多的人被这项神奇有趣的技术所吸引。Flash 开发者激增，在中国互联网上"攻城略地"，Q 版动画、MTV、广告、小游戏铺天盖地。当时著名的闪客"边城浪子"提出了"全民皆闪"的口号，希望将 Flash 推广到千家万户。这一口号影响很大，反映了当时中国人对新技术的追求，但也折射出彼时 IT 行业的狂热和盲目。不久，美国"互联网泡沫"影响波及中国，大批 Flash 从业者被迫转业。Flash 在中国的第一次发展高潮随即结束。

不过，这次高潮推动了中国 Flash 业界的产生，Flash 从此在中国扎下了根。

16.2.3　第二次发展高潮

产业的高潮来源于技术的革新，技术的革新来源于市场的需求。随着互联网的普及，信息传播速度提高，国内外几乎是同步接收 Flash 新技术，这也使得中国 Flash 开发者的技术水平与国外差距在逐步缩小。

2005 年 9 月，Flash 发布新版本，再次增强了流媒体技术，为在线视频技术的飞速发展奠定了基础。2006 年前后，Flash 技术在中国迎来了第二次高潮。仿照美国 Youtube 的先进理念，中国出现了很多视频分享网站，如优酷、土豆等。另外，视频直播功能大量出现，如 CCTV、搜狐等都开辟了自己的网络电视台。2008 年奥运会，CCTV 实现了上千万次的点播，印证了 Flash 技术的成功。

由于人们对视频的需求空间广阔，加之 Adobe 持续对视频技术追加投入，这次发展历程持续至今。但视频网站相互竞争已经非常激烈，该领域的小公司难以生存，最终演变为由几家大公司主导。2010 年 9 月刚刚发布的 Flash Media Sever 4 版本首次支持 P2P 功能，相信将催生又一批视频服务产品出现。

然而由于此次 Flash 的表现形式很隐蔽，不像动画、小游戏那么"外向"，以至于广大网民并不知道优质的视频服务背后还有 Flash 的存在，因而 Flash 并没有出现全民式的推广。

16.2.4　第三次发展高潮

2007 年年末，ActionScript3.0 编程语言伴随 Flash CS3 版本的发布而问世，为 Flash 在中国的第三次发展高潮拉开序幕。

　　AS3 几乎是对 AS2 的重写，成为一门纯粹的面向对象编程语言。与其他语言相比，AS3 相当简单，易于编写；支持类型安全性，易于维护；开发人员可以编写具有高性能的响应性代码。此外，AS3 向后兼容 ActionScript 2，并向前兼容 ECMAScript for XML（E4X）。

　　集众多优点于一身，使众多有技术嗅觉的程序设计人员转而研究 AS3。Flash 从此不再局限于动画、游戏之类的小型软件制作，而开始向 web 前端、操作系统、服务器、游戏引擎、电子商务、工业控制、移动设备、嵌入式应用等领域大步迈进。加之 Adobe 对旗下各产品整合度的提高，Flash 已经发展成一个领先的技术平台、一个庞大的生态系统。

　　然而尴尬的是，引爆这次高潮的是游戏产品。大概从 2009 年开始，各种低俗的网页游戏以隐蔽的方式赚取着点击率、注册费和流量费。在利益驱动下，Flash 开发人员悄然增加。随后，"开心农场""植物大战僵尸"等游戏在中国市场流行，Flash 技术开始加速升温，伴随着的是 Adobe 公司对 Adobe CS5 系列的高调宣传和与 Apple 公司针锋相对的口水战。一切如同有预谋一般，使得 Flash 的知名度空前提高。

　　2010 年以来，全国各地已经组织了多次 Flash 技术研讨会。而在多家大公司的合力下，出现了有全国影响力的 Flash 作品比赛，如"麻球大赛"，以挖掘国内的 Flash 技术精英。2011 年 9 月，举办了首届全国 Flash 移动游戏大赛。

　　这次发展同样暗藏危机。整个互联网行业的盈利模式还在探索之中，所谓的免费时代是不能长期持续的，"你可以一时半会不挣钱，但是不能一直不挣钱"。Flash 技术较低的门槛引来了大量的开发者，每天都有成千上万的应用程序投放市场，而大多数产品的质量不容乐观，这已经造成了巨大的泡沫。另外，HTML5 的热度持续提高，大量关于"不支持 Flash"的不实报道也对 Flash 技术发展造成很多阻力。

16.2.5　中国 Flash 技术服务

　　随着 Flash 技术在中国的发展，越来越多的 Flash 服务诞生。其中一部分利用 Flash 技术向网络用户服务，提供游戏、动画、视频、聊天等娱乐内容，以及企业级技术解决方案；另一部分面向 Flash 开发人员，建立交流和展示平台，制作教程、提供素材等。著名的网站有艾睿、9RIA、蓝色理想、51Flash 等。

16.2.6　中国 Flash 开发者就业薪金情况

　　9RIA.com 在 2010 年下半年做了一项全国范围的调查，了解了 Flash 开发者在全国各地的分布和就业薪金情况，如图 16-12 所示。

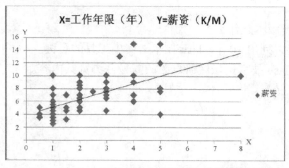

图 16-12　Flash 开发者在全国各地的就业薪金情况

16.2.7　Flash 在中国的发展局限

首先中国技术市场整体水平落后是制约 Flash 在中国发展的主要因素。没有技术水平就没有胆量创新，就没有发展需求，就没有资金投入，也就没有技术进步，这是一个现存的恶性循环。

其次，中国经济实力的不足和产业结构的落后是制约发展的深层次原因，这造成了人员普遍性的短视。事实上，研发 Flash 本身成本不高，但市场需求量没有有效地发掘。市场缺少需求，技术人员缺少创业情怀和奉献精神，使得 Flash 盈利突破口被大部分封堵。

再次，教育落后。中国技术业界对 Flash 缺少及时的认识更新，意识多停留在 20 世纪。这使得 Flash 即使有很强的能力，地位也难以提高。在大学，普遍教授的是 C、Java 这类"大路货"，而对新兴的技术 Flash 不闻不问。

最后，Flash 本身的原因。Flash 在运行效率、安全性上还需提高，以更加成熟稳重的面孔应对企业级需求。

中国 Flash 技术的发展，需要有识之士的推动和大型单位的支持。不过也应该看到，随着 Flash 原有从业者本身技术的提高，大量 C++、Java 方面的高级程序员改行做 Flash 技术；以及 Flash 平台工具的简单化，业界整体水平有了很大提高。

16.2.8　中国 Flash 的未来

笔者始终认为，单纯学习某项技术知识是不够的，还应该尝试着预测技术的未来。这样才能知道所学的东西用于何处，从而对自己的未来有所规划。下面笔者尝试着预测一下 Flash 技术在中国的未来。

Adobe 公司越来越直接推动着中国市场的成长。从 Flash 技术推动的策略来看，Adobe 公司将重点放在了对开发人员的争取上。未来将有越来越多的中国高校开设 Flash 技术相关课程。同时，各种培训机构也会加入 Flash 新技术讲授内容。企业在招聘中会加入更多 Flash 技术职位，并赞助大型比赛和讲座的举办以吸引人才，扩大影响力。

中国 Flash 从业者将继续快速增加，有预测 2010 年中国 Flash 开发总人数将较上年翻一番，达到 40 万人，占全球 15%。中国已成为世界 Flash 开发人员数增长最快的国家。众多的开发者务必在 Flash 平台上分流，否则会出现"产能过剩"。将有众多网页游戏开发人员转向移动设备应用程序开发，因为他们具有美工、程序设计方面的综合实力。

16.4　习　　题

1. Flash 工具的最新版本是什么？
2. 请查阅相关资料，列出 10 个 Flash 技术平台中工具的名称。
3. 建议在主流的 Flash 技术论坛注册自己的账号并浏览其内容。

第17章
基于二级输入设备的应用开发

先前讲解的多媒体技术似乎都是关于输出的，如输出声音、输出图像、输出动画等。事实上，多媒体技术也应用于输入设备。输入设备也有等级之分，一般来讲我们将键盘、鼠标这些计算机标准配置称为"一级输入设备"，而所谓的"二级输入设备"主要是指麦克风和摄像头。人们对于一级输入设备的使用已经相当多了，开发者根据鼠标和键盘输入的特点开发了众多应用程序，如文字处理软件、控制类游戏和射击类游戏等。现如今，麦克风和摄像头等设备已经越来越为大众所接受。越来越多的笔记本电脑开始内置麦克风和摄像头。即便没有内置，现在的麦克风几乎是即插即用的，而安装一个摄像头驱动程序也只需花费几分钟时间。既然在输入设备的大家庭中有了这两样新东西，那么我们是不是该利用它们做点什么呢？如果只是利用麦克风来录音、利用摄像头来摄像，那就太缺乏想象力了。

我们在使用输入设备的同时应该对计算机工作流程有一个认识，即计算机在进行着一个又一个的"输入-处理-输出"循环。而且不管我们输入什么，计算机都要将输入的东西转化成数字量进行处理，即核心过程是一个数学过程。有了这样一种抽象概念之后，我们就应该大胆地去推广，使我们有能力做更多的事情。只要理解了声音和图像在计算机中的数学本质，我们就可以把它们当作数字来看待了。说到这里，不知读者是否已经受到了启发。本章将使用 Flash 工具做一些基于二级输入设备的应用程序开发，以期能够使读者对输入设备有新的理解。

17.1　麦克风相关应用

首先从一个简单的例子开始。在这个例子中，我们将了解利用 Flash 工具和 ActionScript 3.0 语言如何访问麦克风设备并检测声音输入。

17.1.1　实现对麦克风设备的访问

ActionScript 的 API 中有一个 Microphone 类。该类含有一个静态的函数 getMicrophone，它返回一个 Microphone 对象，代表着在电脑上的麦克风。

事实上，getMicrophone 函数还可以有一个整数参数，用来指示返回特定的麦克风。这主要应用于计算机上有多个麦克风时的情况。如果不传值，返回的是在电脑上找到的第一个麦克风；如果传递 –1，则返回系统默认的麦克风。此外，如果希望返回传递某个麦克风，则传递相应的索引值。

来看看下面的代码，我们将建立一个 FirstMicrophoneTest 类来完成我们对于麦克风设备的第一次访问。

```
Package
{
import flash.display.Sprite;
import flash.system.*;
import flash.media.Microphone;
public class FirstMicrophoneTest extends Sprite
{
    private var mic:Microphone;
    public function FirstMicrophoneTest()
    {
        mic = Microphone.getMicrophone();
        trace(mic.name);
    }
}
}
```

在上面这个例子中，Flash 的输出栏里会显示程序在系统上找到的第一个麦克风设备的名字，如图 17-1 所示。如果返回 null 并且报错，是因为索引所指的麦克风不存在，并且我们不能访问一个不存在的设备属性。

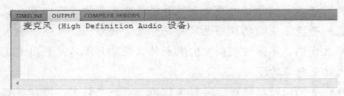

图 17-1　显示麦克风设备

如果希望程序让用户直接选择麦克风，可以利用下面的代码调出麦克风设置面板。

```
public function FirstMicrophoneTest()
{
mic = Microphone.getMicrophone();
Security.showSettings(SecurityPanel.MICROPHONE);
}
```

这样在程序运行的时候就会弹出一个选择麦克风的对话框，如图 17-2 所示。

在单击【关闭】按钮时，窗口会提示是否允许使用该设备，如图 17-3 所示。

图 17-2　选择麦克风对话框

图 17-3　麦克风设备操作对话框

出现这一步是为了征求用户的同意，否则我们可以想象一下某个 Flash 程序偷偷摸摸打开用户的摄像头或麦克风设备是种怎样的情景。事实上，Flash Player 确实出现过这一漏洞，黑客可以秘密远程开启这些设备。这一漏洞的曝光着实让人捏过一把冷汗。

17.1.2　检测麦克风声音输入

上文提到的 Microphone 类还有一大作用是返回麦克风设备当前的"活跃级数"。输入的声音越大，麦克风的活跃级数就越高，但最高不超过 100；输入的声音响度越小，麦克风的活跃级数就越小，但最低不低于 0。也就是说，Microphone 类返回的是一个代表着输入声音大小的数字，这样就达成了我们在本章之初的愿望，即获得声音的某种数字表示。接下来，我们就可以利用得到的数字做各种变幻效果了。

接下来，我们开始读取麦克风的活跃级数。

```
pubic function FirstMicrophoneTest()
{
mic = Microphone.getMicrophone();
Security.showSettings(SecurityPanel.MICROPHONE);
mic.setLoopBack(true);
this.addEventListener(Event.ENTER_FRAME, enterFrameHandler);
}
private function enterFrameHandler(e:Event):void
{
trace(mic.activityLevel);
}
```

我们来对这段程序进行一些必要的解释。由于输入的声音是不断变化着的，因此需要不断获取当前的活跃级数才有意义。这里使用的是按帧读取策略，即影片每前进一帧就读取一次数据。这里的 mic.setLoopBack(true);语句很关键。笼统地说，它表示开始访问数据，如果传递 false 或者没有这一语句则无法获得数据。事实上，它的真正含义是将麦克风的声音重新发送给本地扬声器。由此我们可以窥见一些 Flash 程序的运行机理，即 Flash 并没有直接从麦克风获取数据，而是从某个流中截取的。

运行这段程序可以发现，在我们选择麦克风并允许程序使用该设备之前，在输出栏里一直输出的是数字 –1，而之后开始有了变化。这样，我们就得到了不断变化着的数字，如图 17-4 所示。由于 setLoopBack 函数的缘故，如果不想听到计算机同时播出我们输入的声音，就把本机的扬声器关掉。

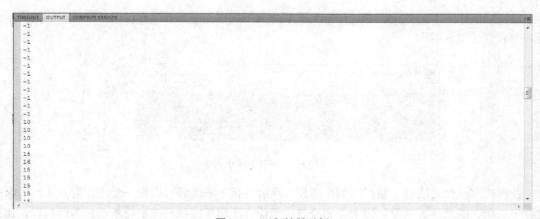

图 17-4　运行结果示例

Microphone 类对象还有一个 gain 属性，用以代码手段控制声音的增益值，即起到扩音器的作用。它的接收值在 0~100。另外，还可以在前文所示的对话框里手动设置增益值。读者不妨试验一下增益值的作用。

17.1.3 由声音控制位图绘制的小程序

我们不妨趁热打铁，做些有趣的小事情。首先利用位图将变化的活跃级数图形化表示。

```
package
{
import flash.display.*;
import flash.events.*;
import flash.media.*;
public class MicrophoneToGraphic extends Sprite
{
    private var mic:Microphone;
    private var bmpd:BitmapData;
    private var bmp:Bitmap;
    public function MicrophoneToGraphic()
    {
        super();
        init();
    }
    private function init():void
    {
        bmpd = new BitmapData(500, 80, false, 0x00ff00);
        bmp = new Bitmap(bmpd);
        mic = Microphone.getMicrophone();
        mic.setLoopBack(true);
        this.addEventListener(Event.ENTER_FRAME, enterFrameHandler);
        this.addChild(bmp);
    }
private enterFrameHandler(e:Event):void
    {
        bmpd.setPixel(450, 70-mic.activityLevel, 0);
        bmpd.scroll(-1,0);
    }
}
}
```

运行结果如图 17-5 所示，是一串随声音变化着的黑点。读者可以通过调整程序中的数值来获得一个满意的演示结果。

图 17-5　运行结果示例

这段程序显然无法满足我们的创作想象。那么，接下来读者可以做一个声控游戏了。大家一定有了灵感，既然声音能控制像素点的绘制，为什么不用来控制一些别的东西？当然可以，比如控制飞机的飞行高度、控制灯的亮度等。还可以更进一步，如果以某两次检测作为一个组合，就能产生一个二元组，从而实现在二维空间中绘制。那么，如果以某三次检测为一个组合，岂不是可以实现在三维空间中控制对象了？凡此种种，大可由读者发挥自己的想象力。

17.1.4　声控开关程序的实现

读者是否会有这样的疑问：在声控应用中，如果希望只有当声音大到一定程度时程序才做出反应，那么该如何实现呢？一种可能的解决方法是通过判断语句，但是由于程序不断地对声音做出检测，每做出一次检测就要执行一次判断语句并执行相应分支，而声音的变动又可能会造成判断语句执行得很不稳定。

幸运的是，Flash 提供了一个 ActivityEvent 事件来帮助我们解决上述问题。这个事件在声音越过某个活跃级数时就做出发布。事件带有一个 activating 参数，当 activating 为 true 时，表示声音涨过设定值时发布事件；反之，表示声音跌过设定值时发布事件。通过这个事件，程序就可以只有在音量到达指定值时再做出响应了。这样，我们的发挥空间又扩大了，由此便可以实现像"声控开关"一样的效果。有了"声控开关"，我们甚至可以为自己的房间开发一个简单的安全系统。比如安装上声控装置，在家里没人的时候启动它，于是一旦房间里出现足够大小的响动，声控开关就会响应，激活摄像头并发短信通知你，让你在远程看到家里正在发生什么。这其实已经不算是什么天马行空的想象了。

下面我们就来实现一个可以通过拍手动作来控制的声控开关程序 Clapper。

```
package
{
import flash.display.*;
import flash.events.ActivityEvent;
import flash.media.Microphone;

public class Clapper extends Sprite
{
    private var mic:Microphone;
    private var isOn:Boolean = false;
    public function Clapper()
    {
        super();
        init();
    }
    private function init():void
    {
        update();
        mic = Microphone.getMicrophone();
        mic.setSilenceLevel(30, 500);
        mic.setLoopBack();
        mic.addEventListener(ActivityEvent.ACTIVITY, clapHandler);
    }
    private function clapHandler(e:ActivityEvent):void
    {
    if(e.activating)
    {
        isOn = !isOn;
        update();
    }
    }
}
private function update():void
{
        graphics.clear();
```

```
        if(isOn)
        {
        graphics.beginFill(0xffffff);
        }
        else
        {
        graphics.beginFill(0x000000);
    }
    graphics.drawRect(0, 0, stage.stageWidth, stage.stageHeight);
    }
}
}
```

在这段程序中，setSilenceLevel 的第一个参数表示上文所说的声控临界值，一旦越过这个值，程序就会发布 ActivityEvent，进而做出响应。该临界值的默认值是 10，这里设为 50。其第二个参数表示时间跨度，单位是毫秒，默认值是 2000，这里设置为 500。它保证在事件发布后的时间跨度内，事件不会第二次发布。比如说连续拍手三次，第一次拍手就引发了事件；而第二次拍手落在了之后的 0.5 秒内，则第二次拍手不会触发事件；而第三次拍手在第一次之后的 0.5 秒外发生，则会触发事件。

下面看看程序运行效果。程序运行之初，屏幕为黑色，如图 17-6 所示。

一拍手，发现屏幕变成了白色，如图 17-7 所示。

图 17-6　程序运行结果

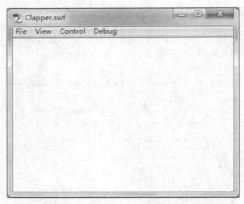

图 17-7　程序运行效果

至此，我们完成了对麦克风的访问、声音检测和处理等内容的介绍。虽然内容都很简单，但相信这些已经足够激发读者的想象力了。下面我们转入对摄像头设备应用的介绍。

17.2　摄像头相关应用

在 Flash 中，摄像头由 Camera 类控制。与 Microphone 类相似的是，该类用 getCamera 函数获得设备的引用，也有 activityLevel 属性和类似 setSilenceLevel 的 setMotionLevel 函数，同样也发布 activityEvent 事件。因此，对于相似的内容我们无须赘述。所不同的是，摄像头可以做比麦克风更多的事情。这一点仅凭生活经验就可以知道。这里想说的是，摄像头的背后是 Flash 强大的图形图像处理 API。我们可以使用 video 对象显示摄像头拍摄到的内容。而 video 对象是一个显示对象，我们对于显示对象可以进行过滤、变形、混合等，还可以使用 BitmapData 绘制出视频内容，再进行图像分析、比较等。学习本章之后，相信读者就可以创意无限了。

17.2.1　视频的输出

关于摄像头的访问方法相信读者可以类比得到，因此不再设立专门小节介绍。下面的代码将实现声控开关开启摄像头，之后利用 video 对象将视频输出。

```
package
{
import flash.display.*;
import flash.events.*;
import flash.system.*;
import flash.media.*;

public class Mic2Camera extends Sprite
{
    private var mic:Microphone;
    private var cam:Camera;
    private var vid:Video;
    private var isOn:Boolean = false;

    public function Mic2Camera()
    {
        super();
        init();
    }
    private function init():void
    {
        mic = Microphone.getMicrophone();
        mic.setSilenceLevel(50, 500);
        mic.setLoopBack();
        mic.addEventListener(ActivityEvent.ACTIVITY, clapHandler);
    }
    private function clapHandler(e:ActivityEvent):void
    {
        if (e.activating)
        {
            isOn = ! isOn;
            mic.removeEventListener(ActivityEvent.ACTIVITY, clapHandler);
            turnOnCamera();
        }
    }
    private function turnOnCamera():void
    {
        cam = Camera.getCamera();
        vid = new Video();
        vid.attachCamera(cam);
        this.addChild(vid);
    }
}
}
```

运行程序，一个视频版的"Hello World！"便诞生了，如图 17-8 所示。

但是上面的视频明显画面不够大，也不是很清晰。此外，举起的是右手，而视频里出现的好像是左手。改进这些都需要进行额外的设置。

一个 video 对象的默认大小是 320×240，我们可以进行自定义设置。

```
vid = new video(640, 480);
```

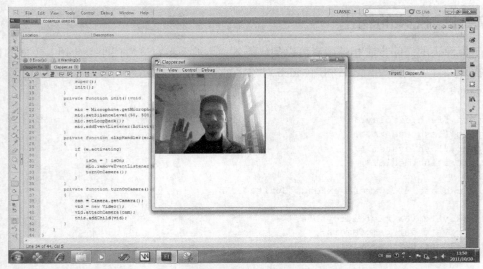

图 17-8　视频版的"Hello World!"效果

或者，在将 vid 对象加入显示列表之前对其属性进行设置。

```
vid.width = 640;
vid.height = 480;
```

不过，单纯改变视频大小无助于改善画面的质量。因为画面是以一定的帧频进行播放，增大画面等于增大了重绘区域。更关键的是，这其中还有一个矩阵转化的运算过程，加重了机器的负担。于是，我们可以适当降低帧频来"提高"画面播放流畅程度。

Camera 类的 setMode 函数用于设置视频的宽、高和帧频，可以将 Camera 的宽和高设置得和 Video 对象的一样。改写部分代码如下：

```
cam = Camera.getCamera();
cam.setMode(640, 480, 15);
vid = new Video(640, 480);
vid.attachCamera(cam);
this.addChild(vid);
```

再次运行程序，观看一下效果吧！

17.2.2　视频和位图

经过前面的"热身"之后，我们要用 BitmapData 类来做出一些更高级的应用。先不做过多解释，看一段代码。

```
package
{
import flash.display.*;
import flash.events.*;
import flash.geom.Matrix;
import flash.media.*;

public class Camera2Bitmap extends Sprite
{
    private var cam:Camera;
    private var vid:Video;
```

```
    private var bmpd:BitmapData;
    private var bmp:Bitmap;
    pubic function Camera2Bitmap()
    {
        cam = Camera.getCamera();
        cam.setMode(320, 240, 15);
        vid = new Video(320, 240);
        vid.attachCamera(cam);
        bmpd = new BitmapData(320, 240, false);
        bmp = new Bitmap(bmpd);
        this.addChild(bmp);
        this.addEventListener(Event.ENTER_FRAME, enterFrameHandler);
    }
    private function enterFrameHandler(e:Event):void
    {
        bmpd.draw(vid, new Matrix(-1, 0, 0, 1, bmpd.width, 0));
    }
  }
}
```

这段程序的原理是创建一个 BitmapData 对象，包装在 Bitmap 对象之中，并将 Bitmap 对象放到显示列表之中。摄像头捕捉到的每帧图像都会通过 draw 函数绘制到 BitmapData 中。这样，我们就可以在像素级别控制图像了。

此外，为了解决前文说到的"右手像左手"的问题，需要对位图进行翻转。位图中的像素点事实上是以矩阵的形式存储的，进行整体变换的方法就是使用一个变换矩阵。因此，我们看到了 bmpd.draw(vid, new Matrix(-1, 0, 0, 1, bmpd.width, 0));这行代码。为了使用矩阵，需要事先导入 flash.geom.Matrix 类。Matrix 的前四个参数控制着缩放、旋转和形变效果。第一个参数表示 x 轴缩放率，−1 意味着水平反转；第二个参数表示图形的旋转角度，0 表示没有旋转；第三个参数表示图形的形变，0 表示无形变；第四个参数表示 y 轴的缩放率，1 意味着 y 轴无缩放；后面两个参数分别是 Matrix 对象的横纵坐标位置。注意：由于进行了水平翻转，此时的矩阵是从右向左扩展的，因此要将坐标原点放在位图的右上角，这样才使得矩阵落在了可视范围内。

到目前为止，我们已经拥有了对像素的控制权。但这时我们要考虑一个问题，仅就上面的位图来说，320×240=76800，即每一帧要处理 76800 个像素，而每一个像素有 24 位的颜色信息，可见信息量是庞大的。因此在实际的控制过程中，要使用一定的手段降低信息量。

17.2.3　视频运动检测

下面我们来进行一项更加高级的工作，通过两次位图的对比来检测视频的运动情况。首先还是看代码：

```
package
{
import flash.display.*;
import flash.events.*;
import flash.filters.BlurFilter;
import flash.geom.Matrix;
import flash.media.*;

public class MotionTracking extends Sprite
{
    private var cam:Camera;
```

```
            private var vid:Video;
            private var newBmpd:BitmapData;
            private var oldBmpd:BitmapData;
            private var blendBmpd:BitmapData;

            public function MotionTracking()
            {
                super();
                init();
            }
            private function init():void
            {
                cam = Camera.getCamera();
                cam.setMode(320, 240, 15);
                vid = new Video(320, 240);
                vid.attachCamera(cam);
                vid.filters = [new BlurFilter(10, 10, 1)];
                newBmpd = new BitmapData(320, 240, false);
                oldBmpd = newBmpd.clone();
                blendBmpd = newBmpd.clone();
                this.addChild(new Bitmap(blendBmpd));
                this.addEventListener(Event.ENTER_FRAME, enterFrameHandler);
            }
            private function enterFrameHandler(e:Event):void
            {
                blendBmpd.draw(oldBmpd);
                newBmpd.draw(vid, new Matrix(-1, 0, 0, 1, newBmpd.width, 0));
                oldBmpd.draw(newBmpd);
                blendBmpd.draw(newBmpd, null, null, BlendMode.DIFFERENCE);
            }
        }
    }
```

　　我们知道，如果画面中有物体移动，一般会造成每帧的画面出现明显不同。于是检测视频运动的问题可以转化为，显示出位图中发生颜色变化的像素点。于是，我们至少需要两张位图。但是，遍历每个像素点进行比较显然是一种低效的做法，Flash 里提供了一种称为"混合模式"的技巧。想一下不使用混合模式时的情况，新的位图会覆盖并取代旧的位图；如果使用混合模式，新的像素会影响已存在的像素，两张位图会以一种特殊的方式混合在一起。在这段程序中，我们连续保存摄像头读取到的两帧位图，将混合模式设置为 DIFFERENCE，即让两位图红、蓝、绿三个通道的对应像素点的数字相减并给出差值。显然，如果两个像素点的颜色完全一致，就会返回 0x000000 即黑色，否则就是其他颜色。

　　这样仍然不够完美。因为环境中的亮度总有着微小的变化，这使得即使一个物体没有移动，也会在不同的时间显示不同的颜色。因此需要一种"模糊"手段，将检测的"敏感度"调低，只有颜色变动超过一定值的时候才显示。这里的手段是在位图上加一个"模糊滤镜"，即 BlurFilter，设定参数可以调节模糊程度。

　　开始运行程序。可以看到一片漆黑，而当自己开始发生移动时，就会看到像幽灵一样的移动轮廓了，如图 17-9 所示。

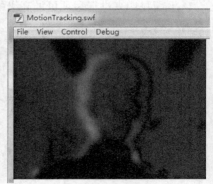

图 17-9　运行程序效果

17.2.4 视频边缘检测

在本节中我们将实现一个更有趣的效果——让雪花落在我们的身上。也就是说，雪花"智能地"落在肩上、眉毛上、头顶上。这就要用到视频边缘检测技术了。如何检测一幅图像的边界呢？这个问题先留给读者考虑一下。

Flash 中可以使用卷积滤镜（ConvolutionFilter）来创建边缘检测。读者可以在网上搜索"卷积矩阵"，会有大量信息来讲解其原理。

好了，更多道理留给数学家去解释，我们似乎更关注这个应用程序的实现和效果。进入代码！

首先，创建一个简单的雪花类。

```
package
{
import flash.display.*;

public class Snow extends Sprite
{
    public var sx:Number;
    public var sy:Number;
    public function Snow()
    {
        graphics.beginFill(0xffffff, 0.7);
        graphics.drawCircle(0, 0, 2);
        graphics.endFill();
        sx = 0;
        sy = 1;
    }
    public function update():void
    {
        sx += Math.random()*0.2-0.1;
        sx *=0.95;
        this.x += sx;
        this.y += sy;
    }
}
}
```

接下来，创建主体类。

```
package
{
import flash.display.*;
import flash.events.*;
import flash.filters.*;
import flash.geom.*;
import flash.media.*;

public class EdgeTracking extends Sprite
{
    private var cam:Camera;
    private var vid:Video;
    private var bmpd:BitmapData;
    private var flakes:Array;

    public function EdgeTracking()
```

```
    {
        cam = Camera.getCamera();
        cam.setMode(320, 240, 15);
        vid = new Video(320, 240);
        vid.attachCamera(cam);
        vid.filters = [new ConvolutionFilter(1,3,[0,4,-4]), new BlurFilter()];
        var vid2:Video = new Video(320, 240);
        vid2.attachCamera(cam);
        vid2.scaleX = -1;
        vid2.x = 320;
        this.addChild(vid2);
        bmpd = new BitmapData(320, 240, false);
        flakes = new Array();
        this.addEventListener(Event.ENTER_FRAME, enterFrameHandler);
    }
    private function enterFrameHandler(e:Event):void
    {
        bmpd.draw(vid, new Matrix(-1, 0, 0, 1, bmpd.width, 0));
        bmpd.threshold(bmpd, bmpd.rect, new Point(), "<", 0x00220000, 0xff000000,
0x00ff0000, true);
        var snow:Snow = new Snow();
        snow.x = Math.random()*bmpd.width;
        this.addChild(snow);
        flakes.push(snow);
        for(var i:int=flakes.length - 1; i>=0; i--)
        {
            snow = flakes[i] as Snow;
            if(bmpd.getPixel(snow.x, snow.y) == 0)
            {
                snow.update();
                if(snow.y > bmpd.height)
                {
                    removeChild(snow);
                    flakes.spice(i, 1);
                }
            }
        }
    }
}
```

运行程序，结果如图 17-10 所示。可以看到，雪花落到了头顶和肩上，还有后面的空调及旁边的窗帘盒上。

学习完这一章，读者大概可以猜想到"电子警察"技术是如何实现的了。

图 17-10　运行程序效果

<h1 style="text-align:center">17.3　习　　题</h1>

1. 阅读 Flash API 的帮助文档中关于 Micphone 和 Camera 类的内容。
2. 练习使用 Microphone 类制作一个声控开关。
3. 练习使用 Camera 类制作一个小游戏。